一般相対性理論

現代物理学叢書

一般相対性理論

佐藤文隆・小玉英雄著

岩波書店

現代物理学叢書について

小社は先年，物理学の全体像を把握し次世代への展望を拓くことを意図し，第一級の物理学者の絶大な協力のもとに，岩波講座「現代の物理学」(全21巻)を2度にわたって刊行いたしました．幸い，多くの読者の厚いご支持をいただき，その後も数多くの巻についてさらに再刊を望む声が寄せられています．そこで，このご要望にお応えするための新しいシリーズとして，「現代物理学叢書」を刊行いたします．このシリーズには，読者のご要望に応じながら，岩波講座「現代の物理学」の各巻を順次できるかぎり収めてまいります．装丁は新たにしましたが，内容は基本的に岩波講座の第2次刊行のものと同一です．本シリーズによって貴重な書物群が末永く読みつがれることを願ってやみません．

まえがき

一般相対論がA. Einsteinによって提出されたのは1915年である．それは今日の社会に欠かせないものになった量子力学よりも古い．しかし，一般相対論は現在でもあまり馴染みのない物理学の基礎に留まっている．その主な理由は，時間空間自体をダイナミカルな存在とみなす定式化が他の物理学の時間空間の概念から大きく飛躍しているからであろう．さらに補助的な理由としては，それに関わる現象が身近にないこと，およびその数学的手段が他の物理学のそれから大きくかけ離れていること，が挙げられよう．そしてこうした他の物理学からの「飛躍」は，今日の物理学の基礎概念の再構築が要求されている状況を表わしているとも言えよう．

今日，一般相対論は，その提唱当時より他の物理学と密接な関係をもつようになっている．1960年代から飛躍的に進歩した宇宙の探求は，一般相対論が天体の重力崩壊や膨張宇宙の研究に欠かせない理論であることを明らかにした．また，1970年代初頭において，素粒子物理学は物質の相互作用がゲージ理論によって統一的に記述されることを明らかにした．そしてこの前進で，重力相互作用としての一般相対論の理論形式が例外的なものではなく，むしろそれを先取りしていたことが明らかになった．このようにして一般相対論は，宇宙現象の解析の道具あるいは相互作用の統一理論を目指す際の出発点として，欠かせない物理学の基礎を成すようになっている．

提出以来すでに多くの年を重ねている一般相対論の教科書は，これまでも数多く出版されている．それらは各々に上述のいくつかの「飛躍」の理解に重点がおかれている．本書では，題材としては宇宙物理学で重要となる宇宙モデル，ブラックホール，時空の動力学，幾何学的な統一理論と重力量子化の試み，などを取り上げ，それらを微分幾何学の手法に重点をおいて記述した．数学手段に重点をおいたのは，一般相対論で用いられているこれらの手法が，他の物理学においても今後は役立つ場面があるのではないかということを期待してのことである．また，邦書として執筆，翻訳されたものにはそうした性格の教科書が皆無であることも理由の1つである．「数学的」といっても数学的に完璧な記述という意味ではなく，数学的概念がどのように用いられるかが分かるように記述したという意味である．また，近年研究が活発になった大域的トポロジーに関した一般相対論の題材は本書の主題からは外した．

このように本書は，物理学としての一般相対論を最初に学ぶための教科書としてはやや高度であり，入門的な教科書で概要を学んだ後に本格的な学習をしようとする人たちに大いに参考になるであろう．また，研究者のレファランス・ブックとしても役立つものと期待している．

1992年5月

佐藤文隆
小玉英雄

目次

1 多様体の力学

一般相対論は重力の相対論をめざして構築された理論であるが，完成された姿は時間空間，すなわち時空(spacetime)多様体の力学である．このことは，一方で重力が，その際だった特徴である万有性と等価原理とを通じて，すべての物質の記述に関係していること，また他方では時空的な記述が物質の記述としては普遍的であったこととちょうど符合している．時空自体の変化を課題とする時空多様体の力学の形式は，それ以外の物理現象の通常の記述法から大きくかけ離れている．一般相対論は，不動の時空の枠組みの中に対象を表現する通常の物理学の方法には明らかに納まらない．このため一般相対論は，概念的にも，また数学的手段においても，他の力学の形式と一見したところ大変かけ離れたものに見えるのである．ところが，最近の弦理論などの統一理論への試みの中で，多様体の力学というものが一般的に考察されるようになり，一般相対論の形式がその先駆けであったことが明らかにされている．

第1章においては，はじめに「多様体の力学」の簡単な描像を与えた後，第2章からの数学的記述に先だって，一般相対論で用いる数学的諸量の物理的描像を素描しておく．ただし，この方面での本格的記述は他書にゆずる(巻末参考書参照)．

1-1 重力と時間空間

重力の現象は天体宇宙においてのみ顕著である．ミクロの世界では，他の力に比べて重力は圧倒的に小さい．たとえば陽子と電子の間に働く重力と電気力の比は，Newton 重力定数を G，電荷を e として，

$$\frac{Gm_{\mathrm{p}}m_{\mathrm{e}}}{e^2} = \frac{1}{\alpha}\frac{m_{\mathrm{p}}m_{\mathrm{e}}}{M_{\mathrm{P}}{}^2} \cong 10^{-39}$$

と小さい．ここで $M_{\mathrm{P}} \equiv \sqrt{\hbar c/G}$ は **Planck 質量**((7.136)式参照)，$\alpha \cong 1/137$ は微細構造定数である．しかしマクロの世界では，重力以外の力はすべて遮蔽されていて，直接的な力としては作用しない．このため遮蔽がない重力は，膨大な質量が関与する天体現象において支配的な役割を演ずるようになるのである．

素粒子の相互作用においても，高エネルギーでは重力は他の力と同程度に強くなると考えられている．強さはエネルギーとともに 2 乗で増加し，古典的重力の限界である **Planck エネルギー** $M_{\mathrm{P}}c^2 \cong 10^{19}$ GeV でようやく同程度になる．

一般相対論は，重力の効果をすべて時空多様体の数学的性質に解消する理論である．すなわち重力の数学的モデルは 4 次元多様体である．そして他の物質場はすべてこの時空上の存在である．ここに重力の万有性の根拠があるといえる．この仮定の物理的根拠は等価原理であるが，これはまだ完全に実証されたものではない．「第 5 の力」の話題などがこれに関係する．

1-2 多様体の力学

物理学の多くの問題では，対象とするある実体の時間発展の記述がテーマである．定常な現象でも時間発展の特殊な場合とみなされる．一般相対論はこの記述法の枠には，基本的には，入っていない．このことは，一般相対論の対象が時間を含む時空自体であることを考えれば明らかであろう．もちろん，第 6 章

で述べるように，古典理論としての一般相対論を3次元空間の時間発展という理論形式に書くことはできる．しかし，これはあくまで特殊な観点であって，理論自体には時間発展の意味は存在していない．

いま，この時間発展の見方をすることにすれば，一般相対論は3次元多様体の力学である．そしてこうした多様体の力学の見方でいえば，特殊相対論での質点の運動は0次元多様体の力学とみなせる．時間発展の結果は$1\,(=0+1)$次元の多様体(世界線)を構成する．同様に3次元多様体の時間発展の結果は$4\,(=1+3)$次元多様体を構成する．この関係は，0と3の間の次元をもつ多様体もあわせて想定してみるとよりわかりやすい．弦理論では，1次元多様体である弦の発展が2次元多様体(世界面)をつくる．2次元多様体についても同様である．

このような対応を念頭に入れて比較してみると，質点の力学では，1次元多様体がより次元の大きい多様体の中にどのような形で埋め込まれているかにのみもっぱら関心をもち，他方，一般相対論においては，4次元多様体の内部にだけ関心をもち，それを埋め込んでいるかもしれないより大きな次元の空間については言及だにしないのである．このために各々の記述は似ても似つかないものになるのである．

両者の関係は，たとえば弦理論の世界面を外側と内側からの両方の見方で記述してみるとよくわかる．いまd次元の空間M，その座標を$X^i\ (i=1,\cdots,d)$とし，その中の閉じた弦(ループ)が描く世界面Sを考える．世界面S上の点は2次元の曲線座標$x^\mu\ (\mu=1,2)$で表わすことができ，その点のMでの軌跡は$X^i(x^1,x^2)$と書ける．そしてS上の近接した2点間の距離は，Mでの計量をG_{ij}として

$$ds^2 = G_{ij}dX^idX^j = g_{\mu\nu}dx^\mu dx^\nu \qquad (1.1)$$

ただし$g_{\mu\nu}=G_{ij}\partial_\mu X^i\partial_\nu X^j$，$\partial_\mu\equiv\partial/\partial x^\mu$と書ける．

ここで$X^i(x^1,x^2)$に関心を向けるのが質点の力学の立場であり，$g_{\mu\nu}$に関心を向けるのが一般相対論の立場であるといえよう．確かに，関心をもつ現象がS上に局限され，S上の諸量のみで関心のある量が表わせるなら，われわれは

M を想定する必要がないのである．このような多様体 M とその部分多様体 S の関係は Gauss の曲面論で最初に展開されたものである．そこでは曲面は，上述の(1.1)式に相当する第1基本形式および第2基本形式によって完全に記述されるとした．ここで第2基本形式とは，曲面の法線ベクトルの変化率を面上に射影した量である(2-2節b)の(2)参照)．このように，曲面上の量のみによって S を完全に決定する形式が得られているのである．このうち第2基本形式は，主に S を M におく“形”を決めている．したがって S そのものにのみ関心があるのなら $g_{\mu\nu}$ で十分ということになる．これとの対応でいえば，一般相対論とは4次元の曲面 S を対象としているのである．

1-3 多様体と変分原理

量子力学まで含めれば明白なように，いかなる力学の基本も変分原理で与えられなければならない．質点の力学の場合には，作用 S はラグランジアンを L と書いて

$$S = \int L(q^i, \dot{q}^i, t)dt \tag{1.2}$$

となり，S が古典軌道に対して停留値をとるという変分原理 $\delta S=0$ から

$$\frac{d}{dt}\left(\frac{\partial L}{\partial \dot{q}^i}\right)-\frac{\partial L}{\partial q^i} = 0 \tag{1.3}$$

なる運動方程式が導かれる．

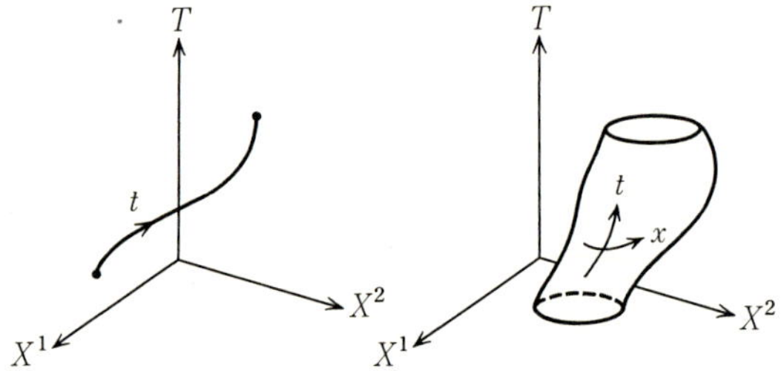

図1-1　時空多様体と一般座標

われわれはとかくこの運動方程式を基本原理とみなして，ある時刻で初期値を与えれば，(1.3)という時間についての発展方程式に従って軌道が決まっていくという描像で力学をみてしまう．これは変分原理 $\delta S=0$ が(1.3)より基本であるという論理からいうと必ずしも正しくない．$\delta S=0$ はもろもろの軌道(世界線という1次元多様体)から S を極値にする軌道を選び出せという原理を表現しているのである．そして，ここで選択の対象になっているのは1次元多様体(世界線)である．すなわち，本来はこの1次元多様体を時間的に分解してみる運動方程式の操作は不用なのである．

このように，変分原理は古典軌道として実現される多様体を選択する原理であるという観点に立てば，力学の描像はけっして時間発展ではない．一般相対論でも，どのような時空多様体が実現されるかという問題をこのような多様体を選択する原理として表現すればよいのである．

1-4　多様体上の質点の運動

時空多様体を選択する変分原理は少し後にして，まず与えられた時空での質点の運動を考察してみる．固有時を τ として L は

$$L=\frac{1}{2}g_{\mu\nu}\frac{dx^\mu}{d\tau}\frac{dx^\nu}{d\tau} \tag{1.4}$$

で与えられる．x^μ は図1-1でいえば S 上に張られた座標系で，S が時空多様体の場合は $\mu=0,\cdots,3$ である．座標系はまったく任意に張れるから，それによって L が不変であるためには，一般座標変換 $y^\alpha=f^\alpha(x^\mu)$ に対して，$g_{\mu\nu}$ は

$$g_{\alpha\beta}(y)=\frac{\partial x^\mu}{\partial y^\alpha}\frac{\partial x^\nu}{\partial y^\beta}g_{\mu\nu}(x) \tag{1.5}$$

のように Jacobi 行列 $\partial x^\mu/\partial y^\alpha$ によって変換されるとしなければならない．この L に対して運動方程式(1.3)は

$$\frac{d^2x^\mu}{d\tau^2}+\Gamma^\mu_{\nu\lambda}\frac{dx^\nu}{d\tau}\frac{dx^\lambda}{d\tau}=0 \tag{1.6}$$

$$\Gamma^{\mu}_{\nu\lambda} \equiv \frac{1}{2} g^{\mu\sigma}\left(\frac{\partial g_{\sigma\lambda}}{\partial x^{\nu}}+\frac{\partial g_{\nu\sigma}}{\partial x^{\lambda}}-\frac{\partial g_{\nu\lambda}}{\partial x^{\sigma}}\right) \tag{1.7}$$

となる．ここで $\Gamma^{\mu}_{\nu\lambda}$ は **Christoffel 記号**と呼ばれる Riemann 接続における接続係数である．

式(1.6)は世界線の長さ

$$I = \int ds = \int \sqrt{2L}\, d\tau \tag{1.8}$$

を極値にするという変分原理から得られるものと同じであり，この観点からは**測地線の方程式**と呼ばれる．

式(1.6)はまた 4 元速度ベクトル $U^{\mu}=dx^{\mu}/d\tau$ に対して

$$U^{\nu}\left(\frac{\partial}{\partial x^{\nu}}U^{\mu}+\Gamma^{\mu}_{\nu\lambda}U^{\lambda}\right) \equiv U^{\nu}\nabla_{\nu}U^{\mu} = \nabla_{U}U^{\mu} = 0 \tag{1.9}$$

と書ける．ここで微分 ∇_{ν} は共変微分と呼ばれる．$\nabla_{\nu}U^{\mu}$ がテンソルであるためには，$\Gamma^{\mu}_{\nu\lambda}$ は一般座標変換に対して

$$\Gamma^{\alpha}_{\beta\gamma}(y) = \frac{\partial x^{\nu}}{\partial y^{\beta}}\frac{\partial x^{\lambda}}{\partial y^{\gamma}}\frac{\partial y^{\alpha}}{\partial x^{\mu}}\Gamma^{\mu}_{\nu\lambda}(x)+\frac{\partial y^{\alpha}}{\partial x^{\sigma}}\frac{\partial^2 x^{\sigma}}{\partial y^{\beta}\partial y^{\gamma}} \tag{1.10}$$

なる変換を受ける．これは Jacobi 行列によるテンソルの変換ではなく，接続係数 $\Gamma^{\mu}_{\nu\lambda}$ はテンソルでないことが分かる．また(1.10)の右辺第 2 項の存在は，適当な座標をとれば，ある点では必ず $\Gamma^{\alpha}_{\beta\gamma}(y)=0$ にできることを教えている．このような座標はその点での正規座標と呼ばれる．このことは，(1.6)式が示すように，局所的には常に重力の働かない慣性系がとれることを物理的に意味している．このような座標系は**自由落下系**あるいは**無重力系**とも呼ばれる．

運動方程式(1.6)は一見したところ慣性系で Descartes 座標を用いた場合の運動方程式「加速度」=「力」の形に見えるが，これはまったく見かけ上に過ぎない．たとえば x^{μ} は一般には曲線座標でもよく，その場合には，たとえ直線運動でも $d^2x/d\tau^2 \neq 0$ である．特殊相対論での自由運動の方程式 $d^2X^i/d\tau^2=0$ を一般座標系で書いただけでも(1.6)の形になる．このように時空多様体上では物理的に特別優先されるべき座標系はないから，特殊相対論での物理法則の

方程式はすべて一般座標変換に対して共変的な形に書き直しておかねばならない．この共変性の要請は一般相対論において重要な部分を占めている．

1-5 測地線偏移の方程式

多様体にとって座標系はあくまでも仮のものであり，どの座標系にも特別の物理的意味はない．したがって，そのような座標系に相対的に運動を記述するだけでは，その運動が行なわれている背景の時空多様体についての情報は座標系の任意性の中に埋没してしまう．ところが，このような運動による測地線群の相対的な振舞いに着目すれば，多様体に固有な情報を得ることができる．

いま，(1.9)式を用いれば，$\nabla_U V^\mu = \nabla_V U^\mu$ となる2つのベクトル場 U と V に対して次の関係式が導ける．

$$(\nabla_V \nabla_U - \nabla_U \nabla_V) U^\mu = V^\nu \nabla_\nu (U^\lambda \nabla_\lambda U^\mu) - U^\lambda \nabla_\lambda (V^\nu \nabla_\nu U^\mu)$$
$$= ((\nabla_\nu \nabla_\lambda - \nabla_\lambda \nabla_\nu) U^\mu) V^\nu U^\lambda \equiv R^\mu{}_{\sigma\nu\lambda} U^\sigma V^\nu U^\lambda \tag{1.11}$$

ここで $R^\mu{}_{\sigma\nu\lambda}$ は曲率テンソルと呼ばれる．曲率テンソルがゼロテンソル(全成分ゼロ)であれば平坦であるといわれる．

U を測地線への接ベクトル，V を $\nabla_V U^\mu = \nabla_U V^\mu$ を満たし，測地線上のある一点で U に垂直となるベクトル場とする．このとき，$\nabla_U U^\mu = 0$, $g_{\mu\nu} U^\mu U^\nu =$ 一定より $\nabla_U (U_\mu V^\mu) = \dfrac{1}{2} \nabla_V (U^\mu U_\mu) = 0$ が成り立つので V はいたるところ測地線に垂直となる．したがって，(1.11)は

$$\nabla_U \nabla_U V^\mu + R^\mu{}_{\sigma\nu\lambda} U^\sigma U^\lambda V^\nu = 0 \tag{1.12}$$

となる．ここで V 方向への短い距離 $l^\mu = V^\mu \delta\sigma$, $V^\mu \equiv dx^\mu / d\sigma$ を考えれば，この式は

$$\frac{d^2 l^\mu}{d\tau^2} + R^\mu{}_{\sigma\nu\lambda} U^\sigma U^\lambda l^\nu = 0 \tag{1.13}$$

と書ける．これは測地線から微小距離 l だけ離れた別の測地線との間の距離が時間的にどう変化するかを記述している．そこで**測地線偏移の式**と呼ばれる．

接続係数と違って曲率テンソルはテンソルであるから，ある座標系でゼロテ

ンソルでなければ，いかなる座標系でもゼロテンソルではない．すなわち，測地線の間に相対運動があれば，それはその背景の時空が平坦ではないことを意味している．このように，時空上において値をもつベクトル(テンソル)場の振舞いを通じて，背景にある時空の固有の性質を取り出してくることができるのである．ここでベクトル場は物質を表わす量であるから，物質の振舞いを通してそれがのっている背景の時空多様体の性格が検出可能であると表現することもできる．

1-6 時空を決める変分原理

つぎに時空多様体自身を選択する変分原理に進む．Einstein の一般相対論では，作用は

$$S = \int d^4x\sqrt{-g}(\mathcal{L}_G + \mathcal{L}_m) \tag{1.14}$$

で与えられる．ここで $\mathcal{L}_G = R/2\kappa^2$ は重力のラグランジアン，$g = \det(g_{\mu\nu})$，κ^2 はある定数，$\mathcal{L}_m$ は物質のラグランジアンである．また $R \equiv g^{\mu\nu}R_{\mu\nu}, R_{\mu\nu} \equiv R^{\lambda}{}_{\mu\lambda\nu}$. $R_{\mu\nu}$ は **Ricci テンソル**，R は**スカラ曲率**と呼ばれる．

運動方程式は次のように $g_{\mu\nu}$ について変分をおこなって得られる．まず S の重力の部分 S_G に対しては

$$\begin{aligned}2\kappa^2\delta S_G &= \int d^4x\delta(\sqrt{-g}g^{\mu\nu}R_{\mu\nu}) \\ &= \int d^4x(\sqrt{-g}R_{\mu\nu}\delta g^{\mu\nu} + \delta\sqrt{-g}g^{\mu\nu}R_{\mu\nu} + \sqrt{-g}g^{\mu\nu}\delta R_{\mu\nu})\end{aligned}$$

第2項は $\delta\sqrt{-g} = -(1/2)\sqrt{-g}g_{\mu\nu}\delta g^{\mu\nu}$ で書き換え，また第3項は表面積分として落とせることを考慮して，結局

$$\delta S_G = \frac{1}{2\kappa^2}\int d^4x\sqrt{-g}\left(R_{\mu\nu} - \frac{1}{2}g_{\mu\nu}R\right)\delta g^{\mu\nu} \tag{1.15}$$

となる．他方，物質の部分 S_m の変分は

$$\delta S_{\mathrm{m}} = \int d^4x\delta(\sqrt{-g}\mathcal{L}_{\mathrm{m}}) = -\frac{1}{2}\int d^4x\sqrt{-g}T_{\mu\nu}\delta g^{\mu\nu} \tag{1.16}$$

$$T_{\mu\nu} = T_{\nu\mu} \equiv \frac{-2}{\sqrt{-g}}\frac{\delta(\sqrt{-g}\mathcal{L}_{\mathrm{m}})}{\delta g^{\mu\nu}} \tag{1.17}$$

と表わされる．ここで $T_{\mu\nu}$ はエネルギー運動量テンソルである．(1.15)と(1.16)から $\delta S=0$ の要請は $G_{\mu\nu}\equiv R_{\mu\nu}-(1/2)g_{\mu\nu}R$ として

$$G_{\mu\nu} = \kappa^2 T_{\mu\nu} \tag{1.18}$$

となる．これが(1.3)に対応した運動方程式で **Einstein 方程式**と呼ばれる．また $G_{\mu\nu}$ は **Einstein テンソル**と呼ばれる．

場の理論では，時空での無限小変換に対して，作用が不変であればエネルギー運動量の保存則が導かれることが Noether の定理として知られている．無限小変換を $\delta x^{\mu}=\xi^{\mu}$ と書けば $\delta g^{\mu\nu}=\nabla^{\nu}\xi^{\mu}+\nabla^{\mu}\xi^{\nu}$ ((3.13)式参照)となるので，これを(1.16)に代入して

$$\begin{aligned}\delta S_{\mathrm{m}} &= -\int d^4x\sqrt{-g}T_{\mu\nu}\nabla^{\nu}\xi^{\mu} \\ &= -\int d^4x\sqrt{-g}\nabla_{\nu}(T_{\mu}{}^{\nu}\xi^{\mu})+\int d^4x\sqrt{-g}\xi^{\mu}\nabla_{\nu}T_{\mu}{}^{\nu}\end{aligned}$$

を得る．ここで第1項はベクトルの発散だから表面積分として落とせる．したがって，S_{m} の不変性の要請は $\nabla_{\nu}T_{\mu}{}^{\nu}=0$ を導く．$G_{\mu\nu}$ は $\nabla^{\nu}G_{\mu\nu}=0$ を満たすことが Bianchi の恒等式を縮約して示せる．したがって(1.14)式は Bianchi 恒等式がエネルギー運動量保存となるように選ばれたといえる．しかし，このことは保存則が物質と重力各々のエネルギー運動量テンソルの総和について成立しているのではないことに注意する必要がある．実際には，重力のエネルギー運動量テンソルは共変的には定義できず，この総和に関する保存則の概念そのものが一般的には意味をなさなくなる．

1-7 エネルギー運動量テンソル

$T_{\mu\nu}$ の実例をいくつか与えておく．まず，エネルギー密度 ρc^2，圧力 P の粘性のない理想流体に対しては

$$T^{\mu}{}_{\nu} = (\rho c^2+P)U^{\mu}U_{\nu}+\delta^{\mu}_{\nu}P \tag{1.19}$$

$U^0=1$，$U^j=0$，$j=1,2,3$ の静止系では，$T^0{}_0=-\rho c^2$，$T^j{}_j=P$ 以外の非対角成分はゼロである．Newton 重力との対応を見るために，1-7 節，1-8 節では光速 c を記入した．他ではすべて $c=1$ の単位で記す．また，Minkowski 時空の計量 η_{ab} の対角成分を $(-1,1,1,1)$ とする．

次にスカラー場 $\phi(x)$ に対するエネルギー運動量テンソルを与えておく．場が励起されていない$(\partial\phi/\partial x^{\mu}=0)$状態のエネルギーを真空のエネルギーと呼び，$V(\phi(x))$ と書くことにする．そうすれば一般に

$$T^{\mu}{}_{\nu} = g^{\mu\lambda}\frac{\partial\phi}{\partial x^{\lambda}}\frac{\partial\phi}{\partial x^{\nu}}-\delta^{\mu}_{\nu}\left(\frac{1}{2}g^{\alpha\beta}\frac{\partial\phi}{\partial x^{\alpha}}\frac{\partial\phi}{\partial x^{\beta}}+V(\phi)\right) \tag{1.20}$$

となる．真空状態ではゼロでない成分は対角成分のみで，$T^{\mu}{}_{\nu}=-V(\phi)\delta^{\mu}_{\nu}$ とすべて等しい．これは，理想流体の静止系での $T^{\mu}{}_{\nu}$ と対応させれば，エネルギー密度が $\rho c^2=V(\phi)$ で圧力が $P=-V(\phi)$ の流体と見なせる．したがってエネルギー密度が正なら圧力は負となる．また一般の $T_{\mu\nu}$ をこの真空からの寄与とそれ以外からの寄与に分けて $T_{\mu\nu}=T^{\mathrm{vac}}_{\mu\nu}+T^{\mathrm{m}}_{\mu\nu}$ と書き，(1.18)の Einstein 方程式に代入すれば

$$G_{\mu\nu}+\Lambda g_{\mu\nu} = \kappa^2 T^{\mathrm{m}}_{\mu\nu} \tag{1.21}$$

と書くことができる．ここで $\Lambda=\kappa^2 V(\phi)$ であるが，これが定数の場合は**宇宙項**と名づけ，(1.21)式を宇宙項を含む Einstein 方程式と呼ぶ．

1-8 弱い重力場

一般相対論の重力が Newton の重力とどう関係しているのかはまだ明確では

ない．この関係を見るには，時空がほとんど平坦である場合から僅かにずれている“弱い”重力の近似を(1.18)にほどこしてみる必要がある．平坦時空は Minkowski 時空であり，その計量 $\eta_{\mu\nu}$ を用いて

$$g_{\mu\nu} = \eta_{\mu\nu} + h_{\mu\nu} \tag{1.22}$$

と書けば，弱い重力の近似とは $h_{\mu\nu} \ll 1$ を意味する．この時空での速度の遅い非相対論的な質点の運動，すなわち $U^0 \cong 1$, $U^j \cong 0$ を考えると，(1.6)式は

$$\frac{d^2 x^\mu}{d\tau^2} \cong -c^2 \Gamma^\mu_{00} U^0 U^0 \cong -c^2 \Gamma^\mu_{00} \tag{1.23}$$

また $h_{\mu\nu}$ が静的とすれば

$$\Gamma^0_{00} = 0, \qquad \Gamma^j_{00} = -\frac{1}{2}\frac{\partial h_{00}}{\partial x^j}$$

いま ϕ を Newton 重力ポテンシャルとして $h_{00} = -2\phi/c^2$ とおけば，この式は Newton 重力による運動方程式になる．また(1.13)は

$$\frac{d^2 l^j}{d\tau^2} = -\frac{\partial^2 \phi}{\partial x^j \partial x^k} l^k \tag{1.24}$$

となり，これは潮汐力の方程式であることが分かる．すなわち Riemann 曲率テンソルは潮汐力の大きさを表わしていることが分かる．

次に Einstein 方程式(1.18)に弱い重力の近似をしてみる．Newton 重力での重力の源は流体的に記述できる物体であったから，(1.18)式右辺の $T_{\mu\nu}$ としては(1.19)式の理想流体のエネルギー運動量テンソルを採用する．再び弱い重力での重力源が遅い運動をしている場合を考えると，$T^0{}_0 = \rho c^2$, $T^j{}_j = -P$ 以外の成分はゼロである．さらに Newton 重力を適用してきた源では静止質量のエネルギー密度が圧力と同程度の内部エネルギーに勝っていて，$\rho c^2 \gg P$ である．この場合には(1.18)の主な成分は R_{00} になり，一方 $R_{00} \cong \partial \Gamma^j_{00}/\partial x^j = c^{-2}\nabla^2\phi$ だから，

$$\nabla^2 \phi = \frac{1}{2}\kappa^2 \rho c^4 \tag{1.25}$$

となる．これは ϕ を決める Poisson 方程式であると見なせば，定数 κ は

Newton 重力定数 G と関係して $\kappa^2=8\pi G/c^4$ となる．こうして Einstein 方程式は，重力ポテンシャルを決める Poisson 方程式を弱い重力の近似で含む一般化になっていることが分かるのである．

上述の関係からわかるように，ϕ/c^2 が重力の相対論効果の大きさを表わしている．この値は物体の重力エネルギーと質量エネルギーの比，あるいはこの重力で束縛された運動の最大速度と光速の比の 2 乗と解してもよい．この値は太陽では 10^{-6}，地球では 10^{-9} と小さいが，ブラックホールや膨張宇宙では 1 のオーダーになる．

1-9 時空の動力学の例：一様等方膨張宇宙モデル

Poisson 方程式などの場の方程式の多くの解法は，物質源を与えて場を求めるという問題として定式化されている．Green 関数の方法がその典型である．しかし Einstein 方程式の解法は，多くの場合このような発想ではなされていない．特に厳密解を求める場合は，時空多様体の対称性を特定して Einstein 方程式を解くという手法が通常とられる．これは真空の時空自体が無限に豊富な自由度をもち，それらは物質の状態を特定しただけでは決まるようなものではないから当然のことである．本書の第 3～5 章はそのような課題に当てられている．また対称性の特定は 4 次元時空全体になされるのではなく，たとえば部分多様体である 3 次元空間についてなされることもある．膨張宇宙モデルの解はそれにあたり，これは第 6 章で述べる時空の動力学的見方の典型例にもなっている．ここでは 4-2 節 c)で述べる一様等方宇宙モデルを例に，時空の動力学的見方の概要を述べておく．

まず一様等方という最大限の対称性をもつ 3 次元空間を宇宙空間のモデルとする．一方，最大限の対称性をもつ Riemann 空間は定曲率空間であり，定曲率空間は断面曲率の符号に応じて 3 つの型の空間になる．そして適当な座標をとれば次のような計量で表わせる．

$$d\sigma^2 = d\chi^2+f(\chi)^2 d\Omega_2{}^2 \tag{1.26}$$

ここで，$f(\chi)=\sin\chi$（球面），χ（Euclid 空間），$\sinh\chi$（双曲空間），また

$$d\Omega_2{}^2 = d\theta^2+\sin^2\theta d\varphi^2$$

は単位 2 次元球上の計量である．つぎにこの 3 次元空間を部分多様体として含む 4 次元擬 Riemann 多様体の計量は，第 4 番目の座標（時間座標）を 3 次元空間に垂直にとれば（同期座標），

$$ds^2 = -N^2dt^2+a^2d\sigma^2 \tag{1.27}$$

と表わすことができ，未知関数 N, a は t のみの関数となる．

ここで注意すべきことは，この計量の形は対称性の特定という数学的要請からのみ得られたものであり，Einstein 方程式という物理法則は用いていないことである．このような意味での計量（1.27）は **Robertson-Walker 計量**と呼ばれている．

つぎに $T_{\mu\nu}$ に理想流体の物質をとって Einstein 方程式を書き下してみる．物質は（1.27）式の座標に対して静止していて一様とする．このような座標系を共動座標系と呼ぶ．（1.18）のゼロでない成分は $G_{\mu\nu}$ の対角成分のみで，各 G_{jj} は同じ関係を与える．また N の時間微分は現われず，常に Ndt の形でしか現われないので，これを新しい時間座標の dt と見なせば，はじめから $N=1$ としてよいことが分かる．したがって，G_0^0, G_1^1 に対する関係は各々

$$\frac{3}{a^3}(\dot{a}^2+k) = \kappa^2\rho \tag{1.28}$$

$$\frac{1}{a^2}(2a\ddot{a}+\dot{a}^2+k) = -\kappa^2 P \tag{1.29}$$

と表わされる．ここで $\dot{a}\equiv da/dt$ である．

また Bianchi 恒等式と同等な保存則 $\nabla_\nu T_\mu{}^\nu=0$ からは次の関係が得られる．

$$\frac{1}{a^3}\frac{d(a^3\rho)}{dt}+3P\frac{\dot{a}}{a} = 0 \tag{1.30}$$

この式を用いると（1.29）式は（1.28）式を時間で微分して得られることが分かる．したがって，（1.28）～（1.30）のうちの 2 式のみが独立である．

a を力学変数と見なせば，（1.28）は時間について 1 階微分までしか含まず，

通常の時間発展方程式とは異なる構造をもつことに気づく．実際，6-1節a)で見るように(1.28)式は拘束条件であり，(1.29)式が発展方程式である．拘束条件は各時刻において満たされなければならないが，初期条件として与えられるaと$\dot{a}$がこれを満たしていれば，以後どの時刻でも満たされることが示される．このようにして，一様等方3次元空間の拘束条件(1.28)を満たしながら，発展方程式(1.29)に従って時間的に展開して4次元の世界時空を構成するという描像が得られる．

2
時空多様体

一般相対論で扱う時空の数学的モデルは，Lorentz 計量を付加された 4 次元微分多様体である．もちろん，これは統一理論の段階で修正される可能性があるが，これまでの経験では十分に広い範囲の現象に対して有効なモデルであることが確かめられている．この数学的モデルがより一般の数学的対象の中でどう位置づけられるかを見るのが，第 2 章の目的である．これはまた，一般相対論自体の構造を知る上でも重要である．ただし，ここでは本書で必要となる基本的な数学的概念の定義を与え，それらが物理的概念とどう対応しているかを素描するにとどめる．多様体とその幾何学についてのより完全な記述は他書にゆずる(巻末参考書参照)．

2-1　テンソルと微分形式

a)　多様体

自然現象は常に有限の時間的，空間的広がりをもち，その広がりは互いに重なり合っている．われわれが経験的にもっている時空像は，これらの有限な広がりをもつ自然現象を互いに重なりのない要素的な事象に分解することによって，時間的な順序や空間的な位置関係を抽象して得られた点の集合である．

各自然現象の広がりはこれらの点の部分的な集合としてとらえられ，十分小さな時空的広がりをもつ事象を構成する点は互いに近くに存在すると考える．ただし，この近さの概念は，空間や時間の尺度の延び縮みに対して不変である．この意味で，時空は数学で**位相空間**と呼ばれる構造をもつことになる．

位相空間は，開集合と呼ばれる部分集合の族(位相)が与えられた集合として定義される．開集合は点が近いかどうか判定する基準となるもので，開集合の有限個の交わりおよび任意個の合併は再び開集合となる．ただし，空集合および全空間も開集合に含める．開集合の補集合は閉集合と呼ばれる．時空における開集合は，各事象を構成する点集合に対応する．当然，異なった時空の2点には，それぞれを含む互いに重ならない事象が存在する．そこで，通常，時空を表わす位相空間では，異なった2点にはそれぞれを含む互いに重ならない開集合が存在すると仮定する．このような位相空間は **Hausdorff 空間**と呼ばれる．

位相は近さの基準を与えるので，集合の間の写像の連続性を定義するのに用いられる．すなわち，位相空間 X から位相空間 Y への写像 F は，Y の任意の開集合 $\mathcal{U}$ に対して $F^{-1}(\mathcal{U})$ が常に X の開集合となるとき連続であるという．

少なくとも各観測者の近くで起こる現象に限定すると，時空点は時間と位置を表わす4個の実数の組により表現されることが経験的に知られている．したがって，時空全体は4次元の数空間 $\boldsymbol{R}^4$ の開集合を貼り合わせたものとして捉えられる．このような位相空間は一般に**位相多様体**と呼ばれる．

数学的には，各点が n 次元数空間 $\boldsymbol{R}^n$ の開集合と適当な1対1連続写像(同相写像) ϕ で結ばれる開集合 $\mathcal{U}$ に含まれる Hausdorff 空間 M を n 次元位相多様体と定義する．$(\mathcal{U},\phi)$の組は**座標近傍**，その全体は**座標近傍系**という．M の点 p に対応する $\boldsymbol{R}^n$ の点 $\phi(p)$ の座標を $(x^1(p),\cdots,x^n(p))$ とすると，$x^1,\cdots,x^n$ は $\mathcal{U}$ 上の連続関数となる．組 $(x^1,\cdots,x^n)$ を**局所座標系**，その点 p における値を p の**局所座標**と呼ぶ．以下では，しばしば局所座標系を単に x^μ と略記する．局所座標は，抽象的な時空多様体を代数的演算の可能な数に対応づけ，本来数でない物理量を定量的に表現する手段を与える．

通常，物理量は時空座標の滑らかな関数で表わされ，物理法則はそれに対する微分方程式として表現される．この滑らかさの概念を大域的な多様体にまで拡張するために導入されたのが微分多様体である．

正確には，位相多様体 M の交わりをもつ任意の2つの座標近傍 $(\mathcal{U}, \phi)$，$(\mathcal{V}, \varphi)$ に対して，$\boldsymbol{R}^n$ の開集合 $\phi(\mathcal{U} \cap \mathcal{V})$ から $\boldsymbol{R}^n$ の開集合 $\varphi(\mathcal{U} \cap \mathcal{V})$ への写像およびその逆写像が C^r 級のとき，M を C^r **級微分可能多様体**と呼ぶ．この条件は，ϕ, φ に対応する局所座標系を x^μ, y^μ とし，y^μ を x^μ の関数と見なしたとき，$y^\mu(x)$ が x^μ に関して r 階連続微分可能で，かつ Jacobi 行列 $\partial y^\mu / \partial x^\nu$ が正則となることと同等である．以下では，特に断わらない限り C^∞ 多様体のみを考える．

微分可能多様体に対しては，関数の滑らかさは次のように定義される．多様体 M の開集合 $\mathcal{U}$ 上の関数 f は，各座標近傍 $(\mathcal{V}, \phi)$ に対して $f(x) = f \circ \phi^{-1}(x)$ が $\boldsymbol{R}^n$ の開集合 $\phi(\mathcal{U} \cap \mathcal{V})$ 上の関数として C^r 級のとき，$\mathcal{U}$ 上で C^r 級と呼ぶ．以下，C^∞ 級の関数を滑らかな関数と呼び，$\mathcal{U}$ 上の滑らかな関数の全体を $\mathcal{F}(\mathcal{U})$ と表わす．

b）ベクトルと1形式

多様体としての時空の構造を規定し，物理法則をそれにより表現するには，そこに物理量を導入し，その振舞いを通して時空を見ることが必要となる．その際に基本的な役割を果たすのがベクトルとテンソルである（これらと並んで重要なものにスピノールがあるが，本書では議論しない）．

多様体上の各点 p に対して，線形空間 $\mathcal{F}(M)$ 上の実数値線形汎関数 V_p で，任意の $f, g \in \mathcal{F}(M)$ に対して

$$V_p(fg) = f(p) V_p g + g(p) V_p f \tag{2.1}$$

が成り立つものを考える．これより $V_p(g \cdot (f - f(p))) = g(p) V_p f$ および定数 c に対して $V_p c = 0$ となるので，$V_p f$ は f の点 p の近傍の振舞いのみで決まる．そこで，$x^\mu(p) = 0$ となる点 p のまわりの局所座標系を取り，f を x の関数と見なすと，$f(x)$ は滑らかなので，原点の近傍で適当な滑らかな関数 $f_{\mu\nu}$ を用い

て $f(x)=f(0)+(\partial f/\partial x^{\mu})(0)x^{\mu}+f_{\mu\nu}(x)x^{\mu}x^{\nu}$ と表わされる．(2.1)式を用いると，これより

$$V_p f = \frac{\partial f}{\partial x^{\mu}}(0)\,V_p x^{\mu} \tag{2.2}$$

を得るので，V_p の作用は $V_p x^{\mu}$ で決定されることがわかる．そこで，

$$(\partial_{\mu})_p x^{\nu} = \delta^{\nu}_{\mu} \tag{2.3}$$

により定義される n 個の1次独立な線形汎関数 $(\partial_{\mu})_p$ ($\mu=0,\cdots,n-1$) を導入すると，$(\partial_{\mu})_p f=\partial f/\partial x^{\mu}(0)$ となるので，$V_p x^{\mu}=V_p^{\mu}$ として V_p は

$$V_p = V_p^{\mu}(\partial_{\mu})_p \tag{2.4}$$

と表わされる．したがって，(2.1)の条件を満たす V_p の全体の作る線形空間を $T_p(M)$ とおくと，この空間は $(\partial_{\mu})_p$ を基底とする n 次元線形空間となる．$(\partial_{\mu})_p$ は局所座標系 x^{μ} から決まる**座標基底**と呼ばれる．

点 p を通る M 上の滑らかな曲線を考え，その局所座標系による表示を $x^{\mu}(t)$ (p は $t=0$ に対応) として，その接ベクトル $dx^{\mu}/dt(0)=V^{\mu}$ に $T_p(M)$ の元 $V_p=V^{\mu}(\partial_{\mu})_p$ を対応させると，(2.2)式より任意の $f\in\mathscr{F}(M)$ に対して

$$\frac{d}{dt}f(x(t))\bigg|_{t=0} = V_p f \tag{2.5}$$

が成り立つ．すなわち V_p は局所座標系の取り方によらず曲線のみで決まる．これより，$T_p(M)$ の各元 V は p を通る曲線の接ベクトルと1対1に対応することが分かる．そこで，$T_p(M)$ は点 p における**接ベクトル空間**と呼ばれる．以下，曲線 $x(t)$ の接ベクトルを記号的に $V=\dfrac{dx}{dt}$ と表わす．

M の開集合 $\mathcal{U}$ の各点 p にその点の接ベクトル V_p を対応させたものを $\mathcal{U}$ 上の**ベクトル場** V と呼ぶ．V を C^{r+1} 級の関数 f に作用させたもの $(Vf)(p)=V_p f$ は再び $\mathcal{U}$ 上の関数となるが，それが常に C^r 級の関数となるとき V は C^r 級のベクトル場と呼ぶ．各局所座標系 x^{μ} のもとでは，座標基底 $(\partial_{\mu})_p$ から自然に定義されるベクトル場の基底 ∂_{μ} を用いて V は一意的に $V=V^{\mu}(x)\partial_{\mu}$ と表わされる．$V^{\mu}(x)$ は V の**座標成分**と呼ばれる．V 自体は局所座標系の取り方によらないので，2つの局所座標系 x^{μ}, x'^{μ} に関する成分 V^{μ}, V'^{μ} の間には

$$V'^{\mu}(x') = \frac{\partial x'^{\mu}}{\partial x^{\nu}} V^{\nu}(x) \tag{2.6}$$

の関係がある．V が C^r 級であるという条件は，座標成分 $V^{\mu}(x)$ が x^{μ} の C^r 級関数であることと同等である．以下，$\mathcal{U}$ 上の C^{∞} 級のベクトル場の全体を $\mathfrak{X}(\mathcal{U})$ と表わす．

ベクトル場の集合 $\mathfrak{X}(\mathcal{U})$ には，$X, Y \in \mathfrak{X}(\mathcal{U})$ に対して

$$[X, Y]f := X(Yf) - Y(Xf) \qquad (f \in \mathcal{F}(\mathcal{U})) \tag{2.7}$$

とおくことにより，**括弧積** $[X, Y]$ が定義される（ここで記号 := は左辺が右辺で定義されることを意味する．以下でも定義であることを強調したいときはこの記号を用いる）．局所座標を用いるとこれは

$$[X, Y]^{\mu} = X^{\nu}\partial_{\nu}Y^{\mu} - Y^{\nu}\partial_{\nu}X^{\mu} \tag{2.8}$$

と表わされ，定義より反対称で Jacobi の恒等式を満足する：

公式 2.1.1

反対称性：　$[X, Y] = -[Y, X]$

Jacobi の恒等式：$[X, [Y, Z]] + [Y, [Z, X]] + [Z, [X, Y]] = 0$

点 p における接ベクトル空間 $T_p(M)$ 上の実数値線形関数 ω_p を**双対ベクトル**，その全体の作る線形空間 $T_p^*(M)$ を**双対ベクトル空間**と呼ぶ．$T_p(M)$ が n 次元なので $T_p^*(M)$ も n 次元の線形空間となる．M の開集合 $\mathcal{U}$ 上の点 p にその点の双対ベクトル ω_p を対応させた双対ベクトル場 ω を **1 形式**と呼ぶ．ω は $\mathfrak{X}(\mathcal{U})$ から $\mathcal{F}(\mathcal{U})$ への線形写像 $\omega(V)(p) = \omega_p(V_p)$ $(V \in \mathfrak{X}(\mathcal{U}))$ で $\omega(fV) = f\omega(V)$ を満たすものとして特徴づけられる．この対応により，ω が C^r 級のベクトル場を常に C^r 級の関数に写すとき ω は C^r 級と呼ばれる．以下，$\mathcal{U}$ 上の C^{∞} 級の 1 形式の全体を $\mathcal{D}^1(\mathcal{U})$ と書く．

$e_a \in \mathfrak{X}$ $(a = 0, \cdots, n-1)$ をベクトル場の基底とするとき，$V = V^a e_a$ に対して

$$\omega(V) = V^a \omega_a \qquad (\omega_a = \omega(e_a)) \tag{2.9}$$

となる．したがって，$\theta^a \in \mathcal{D}^1$ $(a = 0, \cdots, n-1)$ を

$$\theta^a(e_b) = \delta^a_b \tag{2.10}$$

により定義される1形式の系とすると，ω は

$$\omega = \omega_a \theta^a \tag{2.11}$$

と表わされる．すなわち，θ^a は $\mathscr{D}^1$ の基底となる．この基底は e_a の**双対基底**と呼ばれる．

$f \in \mathscr{F}$ に対して $df \in \mathscr{D}^1$ を $df(X) = Xf$（$X \in \mathscr{X}$）で定義し，f の**微分**と呼ぶ．この微分を用いると，局所座標系 x^μ から定義される座標基底 ∂_μ に対して，dx^μ はその双対基底となり，$df = \partial_\mu f dx^\mu$ が成り立つ．ω が C^r 級という条件は，この基底に関する成分 ω_μ（$\omega = \omega_\mu dx^\mu$）が C^r 級ということと同等である．2つの局所座標 x^μ, x'^μ に関する成分 ω_μ, ω'_μ の間には

$$\omega'_\mu(x') = \frac{\partial x^\nu}{\partial x'^\mu} \omega_\nu(x) \tag{2.12}$$

の関係がある．

c）テンソル

ベクトルと1形式を用いると，それらの一般化であるテンソルを導入することができる．そのために，まず，線形空間のテンソル積を定義しておく．

2つの線形空間 L, N の要素の形式的な積 $v \otimes w$（$v \in L, w \in N$）の有限個の線形和の全体の作る集合 S に次のような同値関係を入れる：

$$\begin{aligned} &(av_1 + bv_2) \otimes w = av_1 \otimes w + bv_2 \otimes w \\ &v \otimes (aw_1 + bw_2) = av \otimes w_1 + bv \otimes w_2 \\ &(a, b \text{ は定数}, \ v, v_1, v_2 \in L, \ w, w_1, w_2 \in N) \end{aligned} \tag{2.13}$$

この同値関係によって結ばれる要素を同一視することにより，S から得られる集合を L と N の**テンソル積**と呼び $L \otimes N$ と表わす．また，$v \otimes w \in S$ に対応する $L \otimes N$ の要素を同じ記号で表わし，v と w のテンソル積と呼ぶ．$L \otimes N$ はその定義から自然に線形空間となる．L, N が有限次元の場合には，$L \otimes N$ は再び有限次元となり，L の基底を $e_1, \cdots, e_l$，N の基底を $f_1, \cdots, f_n$ とすると，$e_j \otimes f_k$ の全体が $L \otimes N$ の基底となる．特に，$L \otimes N$ は ln 次元となる．

3つ以上の線形空間の間のテンソル積も，2つのテンソル積を基礎として定義される．その際，

$$(v_1 \otimes v_2) \otimes v_3 = v_1 \otimes (v_2 \otimes v_3) \qquad (v_1 \in L_1,\ v_2 \in L_2,\ v_3 \in L_3) \tag{2.14}$$

が成り立つ．

多様体 M の点 p において，r 個の接ベクトル空間 $T_p(M)$ と s 個の双対ベクトル空間 $T_p^*(M)$ のテンソル積により得られる n^{r+s} 次元線形空間

$$(\mathcal{T}^r_s)_p = \overbrace{T_p(M) \otimes \cdots \otimes T_p(M)}^{r\text{個}} \otimes \overbrace{T_p^*(M) \otimes \cdots \otimes T_p^*(M)}^{s\text{個}} \tag{2.15}$$

を点 p における (r, s) 型の**テンソル空間**，その要素を (r, s) 型の**テンソル**，$r+s$ をその階数と呼ぶ．定義から (r_1, s_1) 型のテンソルと (r_2, s_2) 型のテンソルのテンソル積は (r_1+r_2, s_1+s_2) 型のテンソルとなる．

開集合 $\mathcal{U}$ 上の各点 p にその点の (r, s) 型のテンソル $T \in (\mathcal{T}^r_s)_p$ を対応させたものを (r, s) 型の**テンソル場**と呼ぶ．ベクトル場および 1 形式はそれぞれ $(1, 0)$ 型，$(0, 1)$ 型のテンソル場に対応する．また，通常の関数は $(0, 0)$ 型のテンソル場と見なし，それを**スカラ場**と呼ぶ．一般相対論では，接ベクトル場を**反変ベクトル場**，1 形式を**共変ベクトル場**，さらに一般に (r, s) 型のテンソル場を r 階反変，s 階共変テンソル場と呼ぶことも多い．

e_a を $\mathcal{X}(\mathcal{U})$ の基底，θ^a をその双対基底とすると，T は一意的に

$$T = T^{a_1 \cdots a_r}{}_{b_1 \cdots b_s} e_{a_1} \otimes \cdots \otimes e_{a_r} \otimes \theta^{b_1} \otimes \cdots \otimes \theta^{b_s} \tag{2.16}$$

と表わされる．この展開係数を基底 e_a に関する T の成分と呼ぶ．特に，座標基底 ∂_μ に関する T の成分が C^r 級の場合に T を C^r 級テンソル場と呼ぶ．以下特に断わらない限り C^∞ 級のテンソル場のみを考える．

逆に，ベクトル場の各基底 e_a ごとに関数の組 $T^{a\cdots}{}_{b\cdots}$ が対応していて，基底の変換

$$e'_a = e_b (\Lambda^{-1})^b{}_a, \qquad \theta'^a = \Lambda^a{}_b \theta^b \tag{2.17}$$

に対して，

$$T'^{a\cdots}{}_{b\cdots} = \Lambda^a{}_c \cdots T^{c\cdots}{}_{d\cdots} (\Lambda^{-1})^d{}_b \cdots \tag{2.18}$$

と変換するとき，それらから作られる(2.16)式の形の量は基底の取り方に依存せず，テンソル場となる．特に，座標基底に対する変換行列は

$$\Lambda^{\mu}{}_{\nu} = \frac{\partial x'^{\mu}}{\partial x^{\nu}}, \qquad (\Lambda^{-1})^{\mu}{}_{\nu} = \frac{\partial x^{\mu}}{\partial x'^{\nu}} \tag{2.19}$$

となる．

成分表示(2.16)から，(r,s)型テンソル場は，

$$\omega^1 \otimes \cdots \otimes \omega^s (X_1, \cdots, X_s) = \omega^1(X_1) \cdots \omega^s(X_s) \tag{2.20}$$

とおくことにより，$\mathfrak{X}$ の s 個の直積から$(r,0)$型テンソル場の空間への多重線形写像で

$$T(fX_1, \cdots, X_s) = \cdots = T(X_1, \cdots, fX_s)$$
$$= fT(X_1, \cdots, X_s) \in \mathcal{T}^r_0 \qquad (X_j \in \mathfrak{X}) \tag{2.21}$$

を満たすものと見なすこともできる．

テンソル積は，2つ以上のテンソルから高い階数のテンソルを構成する方法を与えるが，逆に1つのテンソルから階数の低いテンソルを作ることもできる．実際，e_a をベクトル場の基底，θ^a をその双対基底とするとき，$T \in \mathcal{T}^r_s\ (r, s \geqq 1)$ に対して，その成分 $T^{a_1 \cdots a_r}{}_{b_1 \cdots b_s}$ から j 番目の反変添え字と k 番目の共変添え字が同じ値 c を取るものを取り出し，c について0から $n-1$ まで和を取って得られる量

$$C(j,k)T = T^{a_1 \cdots \overset{j}{c} \cdots}{}_{b_1 \cdots \underset{k}{c} \cdots}\, e_{a_1} \otimes \cdots \theta^{b_1} \otimes \cdots \tag{2.22}$$

は基底 e_a の取り方によらず，$(r-1, s-1)$ のテンソルとなる．T に $C(j,k)T$ を対応させる作用素 $C(j,k)$ は $\mathcal{T}^r_s$ から $\mathcal{T}^{r-1}_{s-1}$ への線形作用素となり，**縮約作用素**と呼ばれる．

d） 微分形式

$\mathcal{F}(\mathcal{U})$ に値を取る $\mathfrak{X}(\mathcal{U})$ 上の p 重線形写像のうち，完全反対称なものを開集合 $\mathcal{U}$ 上の **p 形式**と呼び，その全体を $\mathcal{D}^p(\mathcal{U})$ と書く．すなわち，$\omega \in \mathcal{D}^p$ は，$f, g \in \mathcal{F}$，$X, Y, X_j, X_k, \cdots \in \mathfrak{X}$ として，

$$\omega(fX + gY, \cdots) = f\omega(X, \cdots) + g\omega(Y, \cdots) \tag{2.23}$$

$$\omega(\cdots, X_j, \cdots, X_k, \cdots) = -\omega(\cdots, X_k, \cdots, X_j, \cdots) \tag{2.24}$$

を満たす．p 形式は，基底 e_a に関する成分 $\omega_{a_1, \cdots, a_p} = \omega(e_{a_1}, \cdots, e_{a_p})$ が添え字に

関して完全反対称な特殊な$(0,p)$型テンソル場である．特に，$p>n=$(多様体の次元)に対しては$\mathcal{D}^p=0$となる．p形式は一般に**微分形式**とも呼ばれる．

微分形式どうしのテンソル積により得られる共変テンソル場は一般に微分形式とならない．しかし，その結果を適当に反対称化することにより微分形式の間の積を定義することができる．すなわち，$\omega\in\mathcal{D}^p, \chi\in\mathcal{D}^q$に対して，$\omega\wedge\chi\in\mathcal{D}^{p+q}$を

$$\omega\wedge\chi(X_1,\cdots,X_{p+q}) := \sum_\sigma \frac{\mathrm{sign}\,\sigma}{p!q!}\omega(\mathrm{X}_{\sigma(1)},\cdots,\mathrm{X}_{\sigma(p)}) \times\chi(\mathrm{X}_{\sigma(p+1)},\cdots,\mathrm{X}_{\sigma(p+q)}) \tag{2.25}$$

により定義する．ここで，σは$(1,2,\cdots,p+q)$の置換であり，和はすべての置換にわたるものとする．この積は**外積**と呼ばれ，次の性質をもつことが容易に確かめられる：

公式 2.1.2

i) $(f\omega_1+g\omega_2)\wedge\chi = f\omega_1\wedge\chi+g\omega_2\wedge\chi$

ii) $\omega\wedge\chi = (-1)^{pq}\chi\wedge\omega \qquad (\omega\in\mathcal{D}^p, \chi\in\mathcal{D}^q)$

iii) $(\omega_1\wedge\omega_2)\wedge\omega_3 = \omega_1\wedge(\omega_2\wedge\omega_3)$

特に，$\omega^j\,(j=1,\cdots,r)$を1形式とするとき，$X_j\in\mathcal{X}\,(j=1,\cdots,r)$に対して，

$$\omega^1\wedge\cdots\wedge\omega^r(X_1,\cdots,X_r) = \det(\omega^j(X_k)) \tag{2.26}$$

が成り立つ．これより，$e_a\,(a=0,\cdots,n-1)$をベクトル場の基底，θ^aをその双対基底とするとき，$\omega\in\mathcal{D}^p$は

$$\omega = \frac{1}{p!}\omega_{a_1\cdots a_p}\theta^{a_1}\wedge\cdots\wedge\theta^{a_p}\,; \quad \omega_{a_1\cdots a_p} = \omega(e_{a_1},\cdots,e_{a_p}) \tag{2.27}$$

と表わされる．すなわち，$\theta^{a_1}\wedge\cdots\wedge\theta^{a_p}$の形の元が$\mathcal{D}^p$の基底となる．特に，座標基底に対しては

$$\omega = \frac{1}{p!}\omega_{\mu_1\cdots\mu_p}dx^{\mu_1}\wedge\cdots\wedge dx^{\mu_p} \tag{2.28}$$

となる．

微分形式が応用上重要である理由の1つは，そこに**外微分**と呼ばれる自然な微分作用素が定義されることである．外微分は p 形式 $\omega\in\mathscr{D}^p$ に $(p+1)$ 形式 $d\omega\in\mathscr{D}^{p+1}$ を対応させる線形作用素で，次の性質を持つものとして定義される：

公式 2.1.3

i）$d:\mathscr{D}^0=\mathscr{F}\ni f\to df\in\mathscr{D}^1$

ii）$d(\omega\wedge\chi)=d\omega\wedge\chi+(-1)^p\omega\wedge d\chi \qquad (\omega\in\mathscr{D}^p)$

iii）$d^2=0$

成分表示(2.27)を用いると，これらの条件は帰納的にすべての p 形式に対する d の作用を一意的に決定する．具体的な表式は次のようになる：

公式 2.1.4　1形式に対して

$$d\omega(X,Y)=X(\omega(Y))-Y(\omega(X))-\omega([X,Y])$$

一般の p 形式に対して

$$d\omega(X_0,\cdots,X_p)=\sum_{j=0}^{p}(-1)^jX_j(\omega(X_0,\cdots,\check{X}_j,\cdots,X_p))$$
$$+\sum_{0\leqq j<k\leqq p}(-1)^{j+k}\omega([X_j,X_k],X_0,\cdots,\check{X}_j,\cdots,\check{X}_k,\cdots)$$

ここで $\check{X}_j$ は X_j を取り除くことを意味する．

微分形式に対するもう1つの重要な演算として，ベクトル場と微分形式の**内部積** I_X (interior product)がある．これは外積とは逆で p 形式に $(p-1)$ 形式を対応させる線形作用素で，ベクトル場 X に依存し，次の性質で特徴付けられる：

公式 2.1.5

i）$I_Xf=0 \qquad (f\in\mathscr{F})$

ii）$I_X\omega=\omega(X) \qquad (\omega\in\mathscr{D}^1)$

iii）$I_X(\omega\wedge\chi)=I_X\omega\wedge\chi+(-1)^p\omega\wedge I_X\chi \qquad (\omega\in\mathscr{D}^p)$

iv）$I_X{}^2=0$

p 形式($p>0$)に対する I_X の具体的な作用は単純で，

$$(I_X\omega)(Y_1, \cdots, Y_{p-1}) = \omega(X, Y_1, \cdots, Y_{p-1}) \tag{2.29}$$

となる．

e) Lie 微分と共変微分

多くの自然法則は通常，微分方程式として表現されるので，物理量の時空多様体上での自然な表現であるテンソルに対しても微分を定義することが必要となる．微分幾何学ではさまざまな微分作用素が現われるが，一般相対論で特に重要なものは Lie 微分と共変微分である．通常，これらの微分は座標成分を用いて個別に定義されることが多いが，ここではテンソル場に対する特殊な線形作用素という視点から統一的に扱うことにする．

タイプを保つテンソル場に対する線形作用素 $\mathscr{D}: \mathscr{T}^r_s \to \mathscr{T}^r_s$ で次の性質をもつものを**テンソル場に対する微分作用**と呼ぶ：

$$\mathscr{D}(T\otimes S) = \mathscr{D}T\otimes S + T\otimes\mathscr{D}S \tag{2.30}$$

$$\mathscr{D}\mathscr{C} = \mathscr{C}\mathscr{D} \tag{2.31}$$

ここで $\mathscr{C}$ は縮約作用素である．

微分作用素の一般のテンソルに対する作用は，関数およびベクトル場に対する作用が決まれば一意的に決まってしまう．実際，まず 1 形式 ω とベクトル場 X に対して，$\mathscr{C}(\omega\otimes X)=\omega(X)$ であるので，(2.31)式から

$$(\mathscr{D}\omega)(X) = \mathscr{D}(\omega(X)) - \omega(\mathscr{D}X) \tag{2.32}$$

となる．したがって，1 形式に対する作用も決まる．ところが，一般のテンソルは(2.16)式のように関数といくつかのベクトル場と 1 形式のテンソル積の和で書けるので，(2.30)を用いると任意のテンソルに対する作用が決まる．

関数 f およびベクトル場 V に対して次のように作用する，ベクトル場 X に依存した微分作用素 $\mathscr{L}_X$ を **Lie 微分作用素**と呼ぶ：

$$\mathscr{L}_X f = Xf = X^\mu \partial_\mu f \tag{2.33}$$

$$\mathscr{L}_X V = [X, V] \tag{2.34}$$

微分作用素は，スカラ場とベクトル場に対する作用で決まるので，これより任意のテンソルに対する $\mathscr{L}_X$ の作用が決まる．たとえば，座標基底のもとで次の

ようになる：

公式 2.1.6 1形式 ω に対して

$$(\mathcal{L}_X\omega)_\mu = X^\nu\partial_\nu\omega_\mu + \omega_\nu\partial_\mu X^\nu$$

一般のテンソル場 T に対して

$$(\mathcal{L}_X T)^{\mu_1\cdots\mu_p}_{\nu_1\cdots\nu_q} = X^\alpha\partial_\alpha T^{\mu_1\cdots\mu_p}_{\nu_1\cdots\nu_q} - \sum_{j=1}^{p} T^{\mu_1\cdots\overset{j}{\alpha}\cdots\mu_p}_{\nu_1\cdots\nu_q}\partial_\alpha X^{\mu_j}$$

$$+ \sum_{j=1}^{q} T^{\mu_1\cdots\mu_p}{}_{\nu_1\cdots\underset{j}{\alpha}\cdots\nu_q}\partial_{\nu_j}X^\alpha$$

同様の考察により，Lie 微分に対する次の公式が導かれる．

公式 2.1.7 ベクトル場 X, Y に対して

$$\mathcal{L}_{[X,Y]} = [\mathcal{L}_X, \mathcal{L}_Y] := \mathcal{L}_X\mathcal{L}_Y - \mathcal{L}_Y\mathcal{L}_X$$

微分形式に対して作用するとき

$$\mathcal{L}_X = d\circ I_X + I_X\circ d$$

$$d\circ\mathcal{L}_X = \mathcal{L}_X\circ d$$

$$[\mathcal{L}_X, I_Y] = I_{[X,Y]}$$

多様体 M 上のベクトル場 X ごとに決まる微分作用素 ∇_X で次の性質を持つものをベクトル場 X に沿う**共変微分**ないし**線形接続**と呼ぶ：

$$\nabla_X\phi = X\phi = X^\mu\partial_\mu\phi \qquad (\phi\in\mathcal{F}(M)) \tag{2.35}$$

$$\nabla_{X+Y}Z = \nabla_X Z + \nabla_Y Z \quad (Y, Z\in\mathfrak{X}(M)) \tag{2.36}$$

$$\nabla_{\phi X}Y = \phi\nabla_X Y \tag{2.37}$$

Lie 微分の場合と同様に，ベクトル場の共変微分が与えられると，任意のテンソル場に対する共変微分が一意的に決定される．

性質(2.36),(2.37)のおかげで各座標近傍で $\nabla_X T = X^\mu\nabla_{\partial_\mu}T$ となる．したがって T が(r,s)型のテンソルのとき，∇T は座標成分 $(\nabla T)_\mu{}^{\nu\cdots}{}_{\lambda\cdots} = (\nabla_{\partial_\mu}T)^{\nu\cdots}{}_{\lambda\cdots}$ をもつ$(r,s+1)$型のテンソルと見なすことができる．以下では，この成分を混乱の恐れのない場合には単に $\nabla_\mu T^{\nu\cdots}{}_{\lambda\cdots}$ と表わす．

∂_μ を座標基底として，

$$\nabla_\mu \partial_\nu := \nabla_{\partial_\mu} \partial_\nu = \Gamma^\lambda_{\mu\nu} \partial_\lambda \tag{2.38}$$

により**Christoffel 記号** $\Gamma^\lambda_{\mu\nu}$ を導入すると，ベクトル場および1形式の共変微分は

$$\nabla_\mu X^\nu := (\nabla_\mu X)^\nu = \partial_\mu X^\nu + \Gamma^\nu_{\mu\lambda} X^\lambda \tag{2.39}$$

$$\nabla_\mu \omega_\nu := (\nabla_\mu \omega)_\nu = \partial_\mu \omega_\nu - \Gamma^\lambda_{\mu\nu} \omega_\lambda \tag{2.40}$$

と表わされる．一般のテンソル場に対する表式も容易に導くことができる．この表式から，テンソル場 T のベクトル場 X に沿う共変微分の各点 x での値は，X と T の x における値と，T のその点での X 方向の微係数のみで決まる．したがって，1点での値を問題にするときには，X や T がある領域で場として定義されている必要はない．たとえば，曲線や曲面上のみで定義されたテンソル場に対しても，それらに沿った方向の共変微分は意味をもつ．

線形接続が与えられると，滑らかな曲線に沿ったベクトル場の平行移動を定義することができる．すなわち，曲線 γ の接ベクトル V に対して，γ に沿ったベクトル場 X が $\nabla_V X = 0$ を満たすとき，X は γ に沿って平行と約束する．平行の概念は，一般のテンソル場に直ちに拡張される．

曲線に沿う平行移動を用いると，多様体上の離れた2点でのテンソルの比較が可能となる．ただし，この比較は移動に用いる経路に依存する．この依存性を表現するのが，

$$\Theta(X, Y) := \nabla_X Y - \nabla_Y X - [X, Y] \tag{2.41}$$

$$\mathcal{R}(X, Y)Z := \nabla_X \nabla_Y Z - \nabla_Y \nabla_X Z - \nabla_{[X, Y]} Z \tag{2.42}$$

により定義される**トーションテンソル** Θ と**曲率テンソル** $\mathcal{R}$ である．トーションテンソルは(1,2)型，曲率テンソルは(1,3)型のテンソルで，基底 e_a を用いて

$$\Theta(e_a, e_b) = e_c \Theta^c{}_{ab} \tag{2.43}$$

$$\mathcal{R}(e_a, e_b) e_c = e_d R^d{}_{cab} \tag{2.44}$$

と成分表示される．特に，座標基底に対しては成分はChristoffel 記号を用いて次のように表わされる．

公式 2.1.8

$$\Theta^{\mu}{}_{\nu\lambda} = \Gamma^{\mu}_{\nu\lambda} - \Gamma^{\mu}_{\lambda\nu}$$

$$R^{\sigma}{}_{\lambda\mu\nu} = \partial_\mu \Gamma^{\sigma}_{\nu\lambda} - \partial_\nu \Gamma^{\sigma}_{\mu\lambda} + \Gamma^{\sigma}_{\mu\alpha}\Gamma^{\alpha}_{\nu\lambda} - \Gamma^{\sigma}_{\nu\alpha}\Gamma^{\alpha}_{\mu\lambda}$$

さらに，定義より，これらのテンソルが次の恒等式を満たすことも容易に確かめられる：

公式 2.1.9

$$R^{a}{}_{bcd} = -R^{a}{}_{bdc}, \qquad \Theta^{a}{}_{bc} = -\Theta^{a}{}_{cb}$$

$$R^{a}_{[bcd]} = \nabla_{[b}\Theta^{a}{}_{cd]} + \Theta^{a}{}_{e[b}\Theta^{e}{}_{cd]} \qquad \text{（第 1 Bianchi 恒等式）}$$

$$\nabla_{[b}R^{a}{}_{|e|cd]} + \Theta^{f}{}_{[bc}R^{a}{}_{|ef|d]} = 0 \qquad \text{（第 2 Bianchi 恒等式）}$$

この公式で［　］はそれで囲まれた添え字についての反対称化を，また $|a|$ は添え字 a をこの反対称化の操作から除外することを意味する．以下でもこの記号をしばしば用いる．

接ベクトル自身が曲線に沿って平行であるとき，その曲線を測地線と呼ぶ．これは Euclid 空間における直線の一般化である．曲線の接ベクトルを $V^{\mu} = dx^{\mu}/d\lambda$ とおくとき，この条件は一般には，c を λ の適当な関数として

$$\nabla_V V = cV \tag{2.45}$$

と表わされる．容易に分かるように，λ を適当に取り替えると $c=0$ となるようにできる．この時の λ を**アフィンパラメーター**という．アフィンパラメーターを用いると，測地線の方程式は

$$\frac{d^2x^{\mu}}{d\lambda^2} + \Gamma^{\mu}_{\alpha\beta}\frac{dx^{\alpha}}{d\lambda}\frac{dx^{\beta}}{d\lambda} = 0 \tag{2.46}$$

と表わされる．

f）　写像

時空構造や物理法則の研究では，2 つの時空や同じ時空の異なった領域の比較をしばしばおこなう．そのためには，多様体の間の写像の滑らかさや，物理量の写像による対応を定義することが必要となる．

F を m 次元多様体 M の開集合 $\mathcal{U}$ から n 次元多様体 N への写像とする．$\mathcal{U}_\alpha \cap \mathcal{U} \neq \phi$ となる M の座標近傍 $(\mathcal{U}_\alpha, \phi_\alpha)$ および $F(\mathcal{U}_\alpha \cap \mathcal{U}) \cap \mathcal{V}_\beta \neq \phi$ となる N の座標近傍 $(\mathcal{V}_\beta, \phi_\beta)$ に対して，$\phi_\beta \circ F \circ \phi_\alpha^{-1}$ は $\boldsymbol{R}^m$ の開集合から $\boldsymbol{R}^n$ への写像となる．この写像が常に C^r 級のとき，F を $\mathcal{U}$ から N への C^r 級写像と呼ぶ．以下，特に断わらない限り C^∞ 級の写像，すなわち滑らかな写像のみを考える．

$\mathcal{V}$ を N の開集合，F を $\mathcal{U} \in M$ から N への写像で $F(\mathcal{U}) \subset \mathcal{V}$ となるものとする：

$$F : \mathcal{U} \to \mathcal{V} \tag{2.47}$$

このとき，$\mathcal{V}$ 上の関数 f に対して F と f の合成 $f \circ F$ は $\mathcal{U}$ 上の関数となる．これを f の F による引き戻しと呼び，F^*f と表わす：

$$F^* : \mathscr{F}(\mathcal{U}) \leftarrow \mathscr{F}(\mathcal{V}) \tag{2.48}$$

さらに，X を $p \in \mathcal{U}$ 上の接ベクトルとするとき，$F(p) \in \mathcal{V}$ の接ベクトル $(F_*)_p X$ を $((F_*)_p X)(f) = X(F^*f)\ (f \in \mathscr{F}(\mathcal{V}))$ により定義し，F による接ベクトル X の像と呼ぶ：

$$(F_*)_p : T_p(M) \to T_{F(p)}(N) \tag{2.49}$$

また，ω を $\mathcal{V}$ 上の 1 形式とするとき，$\mathcal{U}$ 上の 1 形式 $F^*\omega$ を $(F^*\omega)_p(X) = \omega_{F(p)}((F_*)_p X)$ により定義し，ω の F による引き戻しと呼ぶ．これは容易に共変テンソル場の引き戻しに拡張される：

$$F^* : \mathcal{T}^0_s(\mathcal{U}) \leftarrow \mathcal{T}^0_s(\mathcal{V}) \tag{2.50}$$

引き戻しは常に $\mathcal{V}$ 上の滑らかな共変テンソル場を $\mathcal{U}$ 上の滑らかな共変テンソル場に写すが，接ベクトルの線形写像 $(F_*)_p$ は必ずしもベクトル場の写像に拡張できない．しかし，M と N が同じ次元 n をもち，F が M の開集合 $\mathcal{U}$ から N の開集合 $\mathcal{V}$ への微分同相写像の場合には，F_* および F^* をベクトル場，さらに一般のテンソル場に拡張することができる．ここで，F が微分同相であるとは，1 対 1 の写像で F および逆写像 F^{-1} がともに滑らかなことを意味する．

実際，1 形式に対しては $F_* = (F^{-1})^*$，ベクトル場に対しては $F^* = (F^{-1})_*$ と定義することにより，1 形式とベクトル場の両者に対して F_*, F^* を定義す

ることができる．さらに，これらがテンソル積と可換であること，すなわち

$$F_*(T\otimes S) = (F_*T)\otimes(F_*S) \tag{2.51}$$

$$F^*(T\otimes S) = (F^*T)\otimes(F^*S) \tag{2.52}$$

を要求することにより，F_*, F^* はテンソル場に拡張され，互いに逆写像を与える：

$$F_* : \mathcal{T}^r_s(\mathcal{U}) \to \mathcal{T}^r_s(\mathcal{V}) \tag{2.53}$$

$$F^* : \mathcal{T}^r_s(\mathcal{U}) \leftarrow \mathcal{T}^r_s(\mathcal{V}) \tag{2.54}$$

これらの写像は，定義から容易に分かるように，ベクトル場の交換子積，Lie 微分および微分形式に対する外微分と可換となる：

公式 2.1.10

$$F_*[X, Y] = [F_*X, F_*Y]$$

$$F_*(\mathcal{L}_X Y) = \mathcal{L}_{F_*X} F_*Y$$

$$dF_* = F_*d$$

$M=N$ のとき，すなわち多様体(の開集合)から自分自身への微分同相写像は(局所)変換と呼ばれる．

g) 無限小変換

多様体 M の 1 個のパラメーターをもつ滑らかな変換の集合 $f_\lambda : x \mapsto x' = f_\lambda(x)$ が群をなす，すなわち条件

$$\begin{aligned} f_0(x) &= x \\ f_{\lambda_2}\circ f_{\lambda_1} &= f_{\lambda_1+\lambda_2} \end{aligned} \tag{2.55}$$

を満たすとき，M の **1 径数変換群**と呼ぶ．この条件より，1 径数変換群に属する変換はすべて逆変換をもち，したがって，微分同相変換となる．f_λ が与えられると，各点 x に対して，$f_\lambda(x)$ は λ を径数とする滑らかな曲線となる．(2.55)から，これらの曲線は決して交わらず，多様体全体を埋め尽くす．この曲線の接ベクトル

$$X_x := \frac{d}{d\lambda} f_\lambda(x)\bigg|_{\lambda=0} \tag{2.56}$$

を，1径数変換群に対する**無限小変換**と呼ぶ．条件(2.55)から，無限小変換はもとの1径数変換群に対して不変となる：

$$f_{\lambda *}X_x = X_{f_\lambda(x)} \qquad (2.57)$$

無限小変換は，その名の通り，多様体をほんのわずかに動かしたときに各点がどのように運動するかを表わす．一般に，任意の連続的な変換はこのような微小な変換を繰り返したものと考えられるので，無限小変換が与えられれば，もとの1径数変換群が完全に決まることが予想される．実際，この予想は正しく次の定理が成り立つ．

定理 2.1.11 任意の滑らかなベクトル場 X に対して，それを無限小変換としてもつ1径数変換群 f_λ が局所的に存在し，かつ一意的である．f_λ は X の生成する変換群と呼ばれる．もしベクトル場 X が完備，すなわち，その積分曲線がその自然な径数に関して無限に延長可能ならば，f_λ は完全な群となる．

証明 適当な局所座標のもとで，常微分方程式

$$\frac{dy^\mu(\lambda)}{d\lambda} = X^\mu(y(\lambda))$$
$$y^\mu(0) = x^\mu$$

を考える．この方程式の解 $y=y(\lambda\,;x)$ を用いて，変換の集合を $f_\lambda(x):=y(\lambda\,;x)$ と定義すると，f_λ は明らかに(2.56)式を満たし，かつ $f_0(x)=x$ となる．さらに，$z(\lambda):=f_{\lambda+\lambda'}(x)$ で定義される $z(\lambda)$ は f_λ の定義から，$y(\lambda)$ と同じ微分方程式

$$\frac{dz^\mu(\lambda)}{d\lambda} = X^\mu(f_{\lambda+\lambda'}(x)) = X^\mu(z(\lambda))$$
$$z(0) = f_{\lambda'}(x)$$

を満たす．したがって，常微分方程式の解の存在と一意性より $z(\lambda)=y(\lambda, f_{\lambda'}(x))=f_\lambda(f_{\lambda'}(x))$，すなわち $f_{\lambda+\lambda'}=f_\lambda\circ f_{\lambda'}$ となり，f_λ は群をなす．ただし，各点 x に対して，そこを通る X の積分曲線 $y(\lambda\,;x)$ は一般に λ の有限な範囲

でしか存在せず，かつこの範囲は点 x に依存する．この場合には，f_λ は完全な群とはならないが，各点 x の近傍では f_λ は λ の絶対値が十分小さい限り常に定義され(2.55)の条件を満たす．この場合 f_λ は **1 径数局所変換群**と呼ばれる．▌

無限小変換を用いると，Lie 微分の幾何学的意味を明らかにすることができる．

> **命題 2.1.12** 滑らかなベクトル場 X に対して，その生成する 1 径数(局所)変換群を f_λ とするとき，任意の滑らかなテンソル場 T の Lie 微分は
>
> $$(\mathcal{L}_X T)_x = \lim_{\lambda\to 0}[T_x - ((f_\lambda)_* T)_x]/\lambda \qquad (2.58)$$
>
> と表わされる．

証明 右辺は明らかに微分作用素の条件を満たし，スカラ場に対しては確かに両辺は一致するので，ベクトル場に対して示せばよい．これは，$(f_\lambda)_*$ の定義

$$((f_\lambda)_* V)^\mu(x) = \frac{\partial f_\lambda{}^\mu}{\partial x^\nu}(f_{-\lambda}(x))\, V^\nu(f_{-\lambda}(x))$$

と，

$$\begin{aligned}\frac{\partial}{\partial\lambda}\frac{\partial f_\lambda{}^\mu}{\partial x^\nu}(f_{-\lambda}(x))\Big|_{\lambda=0} &= \frac{\partial}{\partial\lambda}\frac{\partial f_\lambda{}^\mu}{\partial x^\nu}(x)\Big|_{\lambda=0} + \frac{\partial^2 f_\lambda{}^\mu}{\partial x^\nu \partial x^\alpha}\frac{d}{d\lambda}f^\alpha_{-\lambda}(x)\Big|_{\lambda=0} \\ &= \frac{\partial X^\mu}{\partial x^\nu}(x)\end{aligned}$$

$$\frac{\partial}{\partial\lambda}V^\nu(f_{-\lambda}(x))\Big|_{\lambda=0} = \frac{\partial V^\nu}{\partial x^\alpha}(x)\frac{\partial f^\alpha_{-\lambda}(x)}{\partial\lambda}\Big|_{\lambda=0} = -\frac{\partial V^\nu}{\partial x^\alpha}X^\alpha(x)$$

より示される．▌

h) 計量

一般相対論では，重力場は計量テンソルにより記述される．計量テンソルは，各点でのベクトルの内積を与えるものであるが，数学的には一般に次のように

定義される．

n 次元多様体 M 上の 2 階対称共変テンソル場 $g\in\mathcal{T}^0_2(M)$ でその成分がすべての点で正則な行列となるものを多様体上の**計量テンソル場**，多様体とその上の計量の組 (M,g) を**擬 Riemann 多様体**と呼ぶ．g は座標基底のもとで対称正則行列 $g_{\mu\nu}$ $(\mu,\nu=0,\cdots,n-1)$ を用いて，$g=g_{\mu\nu}dx^\mu dx^\nu$ と表わされる．ここで，$dx^\mu\otimes dx^\nu$ を単に $dx^\mu dx^\nu$ と書いた．これは，$g_{\mu\nu}$ の対称性から，$dx^\mu\otimes dx^\nu$ が常に $dx^\mu\otimes dx^\nu+dx^\nu\otimes dx^\mu$ という μ,ν に関して対称な組合せとして現われるので，因子 dx^μ, dx^ν の順序が重要でないためである．以下，3 階以上の対称テンソルについても同様の簡略表記を用いる．また，計量に関しては，しばしばテンソル表記とともに伝統的な表記法

$$ds^2 = g_{\mu\nu}dx^\mu dx^\nu \qquad (2.59)$$

も用いる．

g の成分を表わす行列の値は基底の取り方により変化する．しかし，その負の固有値の個数 r（と正の固有値の個数 $n-r$）は Sylvester の慣性律から基底に依存しない．また，g の連続性から r は場所にもよらない．特に，$r=0$ のとき，(M,g) は **Riemann 多様体**，$r=1$ のとき **Lorentz 多様体**と呼ばれる．以下では，r 個の負固有値と s 個の正固有値をもつ計量は (s,r) 型と呼ぶことにする．

以後しばらく (s,r) 型の計量をもつ多様体を考える．η_{ab} $(a,b=0,\cdots,n-1)$ を対角成分が r 個の -1 と $n-r$ 個の $+1$ からなる対角行列とすると，各点の近傍 $\mathcal{U}$ では

$$g(e_a,e_b) = \eta_{ab} \qquad (2.60)$$

となるベクトル場の基底 $e_a\in\mathcal{X}(\mathcal{U})$ $(a=0,\cdots,n-1)$ が存在する．この基底を $\mathcal{U}$ 上の**正規直交基底**と呼ぶ．e_a の双対基底 θ^a を用いると，計量は

$$ds^2 = \eta_{ab}\theta^a\theta^b \qquad (2.61)$$

と表わされる．ただし多様体全体で滑らかな正規直交基底は必ずしも存在しないことを注意しておく．

正規直交基底が与えられると，それから自然な n 形式が

$$\Omega = \theta^0 \wedge \cdots \wedge \theta^{n-1} \tag{2.62}$$

により決まる．この n 形式は，正規直交基底の取り替え，

$$\theta'^a = O^a{}_b \theta^b \qquad (O^a{}_b \text{ は } n \text{ 次の直交行列}) \tag{2.63}$$

に対して，

$$\Omega' = \det O \Omega = \pm \Omega \tag{2.64}$$

と変化し，基底の向きにしか依存しない．したがって，正規直交基底が局所的にしか存在しなくとも，M が向き付け可能なら Ω は M 全体で矛盾なく定義される．Ω は計量 g に付随する M の体積要素と呼ばれる．

$g_{\mu\nu} = \eta_{ab} \theta^a{}_\mu \theta^b{}_\nu$ から

$$|\theta| := \det \theta^a{}_\mu = \pm \sqrt{|g|} \qquad (g = \det(g_{\mu\nu})) \tag{2.65}$$

となることに注意すると，Ω は座標基底を用いて

$$\Omega = \pm \frac{1}{n!} \varepsilon_{\mu_1 \cdots \mu_n} dx^{\mu_1} \wedge \cdots \wedge dx^{\mu_n} \tag{2.66}$$

と計量のみで表わされる．ここで，$\varepsilon_{\mu_1 \cdots \mu_n}$ は，n 個の添え字をもつ完全反対称なシンボル

$$\overset{0}{\varepsilon}_{\cdots i \cdots j \cdots} = -\overset{0}{\varepsilon}_{\cdots j \cdots i \cdots} \tag{2.67}$$

$$\overset{0}{\varepsilon}_{01 \cdots n-1} = 1 \tag{2.68}$$

を用いて，

$$\varepsilon_{\mu_1 \cdots \mu_n} = \sqrt{|g|}\, \overset{0}{\varepsilon}_{\mu_1 \cdots \mu_n} \tag{2.69}$$

で与えられる．この量は座標系の向きの変化にともなう符号の変化を別にしてテンソルとして振る舞い，**Levi-Civita 擬テンソル**と呼ばれる．

計量 g が与えられると，各点 p で接ベクトルの内積が $g_p(X, Y)$ $(X, Y \in T_p(M))$ により定義される．この内積を用いると，各ベクトル場 $X \in \mathfrak{X}$ に対してそれに双対的な 1 形式 $X_* \in \mathcal{D}^1$ が $X_*(Y) = g(X, Y)$ $(Y \in \mathfrak{X})$ により定義される．X_* の成分は具体的には一般的な基底のもとで

$$X_a := (X_*)_a = g_{ab} X^b \tag{2.70}$$

と表わされる．同様に，1 形式 ω に対して双対的なベクトル場 ω^* が $\omega(X) = g(X, \omega^*)$ により定義され，

$$\omega^a := (\omega^*)^a = g^{ab}\omega_b \qquad (2.71)$$

と表わされる．ここで g^{ab} は g_{ab} の逆行列である．この対応は，一般のテンソルに拡張され，g^{ab} と g_{ab} を用いて成分の添え字を上げ下げすることにより反変的テンソルから共変的なテンソル，あるいはその逆に写すことが可能となる．

g により定義される内積から，この対応を利用して 1 形式どうしの内積を

$$\langle\omega, \chi\rangle = g(\omega^*, \chi^*) = g^{ab}\omega_a\chi_b \qquad (2.72)$$

により定義することができる．この定義は

$$\langle\omega^1\wedge\cdots\wedge\omega^p, \chi^1\wedge\cdots\wedge\chi^p\rangle = \det\langle\omega^j, \chi^k\rangle \qquad (2.73)$$

とおくことにより，p 形式どうしの内積に拡張される．具体的には，ベクトル場の基底を e_a とするとき，$\omega_{a_1\cdots a_p}=\omega(e_{a_1}, \cdots, e_{a_p})$，$\chi_{a_1\cdots a_p}=\chi(e_{a_1}, \cdots, e_{a_p})$ に対して

$$\langle\omega, \chi\rangle = \frac{1}{p!}\omega_{a_1\cdots a_p}\chi^{a_1\cdots a_p} \qquad (2.74)$$

となる．

内積と体積要素を用いると，p 形式と $(n-p)$ 形式の間の 1 対 1 の変換が定義可能となる．この対応は **Hodge の * 作用素**と呼ばれ，$\omega\in\mathcal{D}^p$ に対応する $*\omega\in\mathcal{D}^{n-p}$ を，任意の $\chi\in\mathcal{D}^p$ に対して

$$*\omega\wedge\chi = \langle\omega, \chi\rangle\Omega \qquad (2.75)$$

を満たすものとして定義する．成分表示のもとで $*\omega$ は具体的には

$$(*\omega)_{\nu_1\cdots\nu_{n-p}} = \frac{1}{p!}\varepsilon_{\nu_1\cdots\nu_{n-p}}{}^{\mu_1\cdots\mu_p}\,\omega_{\mu_1\cdots\mu_p} \qquad (2.76)$$

となる．

* 作用素に対しては次の公式が成り立つことが容易に示される．

公式 2.1.13 $\omega\in\mathcal{D}^p$，$X, Y\in\mathcal{X}$，$|\eta|=\det(\eta_{ab})$ として

$$*1 = \Omega, \qquad *\Omega = |\eta|$$

$$**\omega = (-1)^{p(n-p)}|\eta|\omega$$

$$*\omega\wedge\chi = *\chi\wedge\omega \qquad (\chi\in\mathcal{D}^p)$$

$$*I_X*\omega = |\eta|X_*\wedge\omega$$

$$*I_X*I_Y+I_Y*I_X* = |\eta|g(X, Y)$$

i） Riemann 接続とその微分形式による表現

共変微分としては，一般にはさまざまなものが定義可能であるが，一般相対論で中心的な役割を果たすのは

$$\Theta = 0 \tag{2.77}$$

$$\nabla_X g = 0 \tag{2.78}$$

の 2 条件を満たす **Riemann 接続**である．この第 2 の条件はベクトルの長さが平行移動で変わらないことを保証する．

これらの条件は座標基底のもとで，

$$\Gamma^\mu_{\nu\lambda} = \Gamma^\mu_{\lambda\nu} \tag{2.79}$$

$$\partial_\mu g_{\nu\lambda} - \Gamma^\alpha_{\nu\mu} g_{\alpha\lambda} - \Gamma^\alpha_{\lambda\mu} g_{\alpha\nu} = 0 \tag{2.80}$$

と表わされる．この方程式は接続係数 $\Gamma^\mu_{\nu\lambda}$ を一意的に決定し(1.7)式を与える．したがって Riemann 接続は，計量テンソル g が与えられれば一意的に決まる．

計量テンソルを用いると，曲率テンソルから第 1 章で登場した Ricci テンソル，Ricci スカラなどさまざまなテンソルを作ることができる．特に，

$$\mathcal{R}(W, Z, X, Y) = g(W, \mathcal{R}(X, Y)Z) \tag{2.81}$$

により定義される 4 階共変テンソルは，成分表示のもとで $R_{abcd} = g_{ae}R^e{}_{bcd}$ と表わされ，次の対称性をもつことが定義と第 1 Bianchi 恒等式から示される：

公式 2.1.14

$$R_{bacd} = -R_{abcd}$$

$$R_{abcd} = R_{cdab}$$

Riemann 接続に対する曲率テンソルは，座標基底に関する成分表示を用いて計算されることが多い．しかし，この方法は見通しが悪く，また幾何学的な意味もわかりにくい．そうした状況で役に立つのが微分形式を用いる計算法である．この方法は，一般論だけでなく，具体的な計算でも有用である．

多様体 M において，e_a $(a=0, \cdots, n-1)$ をベクトル場の基底，θ^a をその双対基底とするとき，それらの共変微分から

$$\nabla_X e_a = e_b \omega^b{}_a(X) \Leftrightarrow \nabla_X \theta^a = -\omega^a{}_b(X)\theta^b \tag{2.82}$$

で定義される n^2 個の1形式 $\omega^a{}_b$ を共変微分 ∇ に対する**接続形式**という．さらに，曲率テンソル $\mathcal{R}$ から

$$\mathcal{R}(X, Y)e_a = e_b\mathcal{R}^b{}_a(X, Y) \tag{2.83}$$

$$\mathcal{R}^a{}_b = \frac{1}{2}R^a{}_{bcd}\,\theta^c\wedge\theta^d \tag{2.84}$$

で定義される2形式 $\mathcal{R}^a{}_b$ を**曲率形式**と呼ぶ．

微分形式を用いて接続係数および曲率テンソルを計算する際の基本公式は次の命題で与えられる：

命題 2.1.15

i）計量テンソル $g=g_{ab}\theta^a\theta^b$ に対応する Riemann 接続の接続形式 $\omega^a{}_b$ は次の2条件を満たす：

$$\Theta^a = d\theta^a + \omega^a{}_b\wedge\theta^b = 0 \tag{2.85}$$

$$(\nabla g)_{ab} = dg_{ab} - \omega_{ab} - \omega_{ba} = 0 \tag{2.86}$$

ここで $\omega_{ab} := g_{ac}\omega^c{}_b$．逆に，$\omega^a{}_b$ は θ^a と g_{ab} が与えられれば，これらの条件から一意的に決まる．具体的には，

$$d\theta^a = \frac{1}{2}f^a{}_{bc}\theta^b\wedge\theta^c \tag{2.87}$$

$$dg_{ab} = \partial_c g_{ab}\theta^c \tag{2.88}$$

$$\omega^a{}_b = \omega^a{}_{bc}\theta^c \tag{2.89}$$

とおくとき，$\omega^a{}_{bc}$ は次式で与えられる：

$$\omega^a{}_{bc} = \frac{1}{2}(f^a{}_{bc} + f_{bc}{}^a + f_{cb}{}^a) + \frac{1}{2}g^{af}(\partial_b g_{fc} + \partial_c g_{fb} - \partial_f g_{bc}) \tag{2.90}$$

ここで $f^a{}_{bc}$ の添え字の上げ下げは g_{ab} とその逆行列 g^{ab} で行なうものとする．

ii）曲率形式 $\mathcal{R}^a{}_b$ は接続形式を用いて

$$\mathcal{R}^a{}_b = d\omega^a{}_b + \omega^a{}_c\wedge\omega^c{}_b \tag{2.91}$$

で与えられる．

証明　i) Riemann 接続に対する条件(2.77)から

$$
\begin{aligned}
0 = \Theta^a(X, Y) &= \theta^a(\nabla_X Y - \nabla_Y X - [X, Y]) \\
&= X\cdot(\theta^a(Y)) - Y\cdot(\theta^a(Y)) - \theta^a([X, Y]) \\
&\quad - (\nabla_X \theta^a)(Y) + (\nabla_Y \theta^a)(X) \\
&= d\theta^a(X, Y) + \omega^a{}_b(X)\theta^b(Y) - \omega^a{}_b(Y)\theta^b(X) \\
&= d\theta^a(X, Y) + \omega^a{}_b \wedge \theta^b(X, Y)
\end{aligned}
$$

となり，(2.85)式が得られる．同様に条件(2.78)から

$$
0 = \nabla_X g = (dg_{ab}(X) - g_{cb}\omega^c{}_a(X) - g_{ac}\omega^c{}_b(X))\theta^a \otimes \theta^b
$$

となり，(2.86)が得られる．

逆に $f^a{}_{bc}$ と g_{ab} が与えられたとき，ω_{abc} を $\omega_{abc}=(f_{abc}+S_{abc})/2$ と後ろ 2 つの添え字に関して反対称部分 f_{abc} と対称部分 S_{abc} に分けると，(2.85)式と(2.86)式は

$$
S_{abc} = 2\omega_{abc} - f_{abc}
$$

$$
\omega_{abc} + \omega_{bac} = \partial_c g_{ab}
$$

と表わされる．これから，

$$
\begin{aligned}
2S_{abc} &= (S_{abc}+S_{bac}) - (S_{bca}+S_{cba}) + (S_{cab}+S_{acb}) \\
&= 2(f_{bca} - f_{cab} + \partial_c g_{ab} - \partial_a g_{bc} + \partial_b g_{ca})
\end{aligned}
$$

となり，定理の式が導かれる．

ii ）曲率テンソルの定義を接続形式で書き換えると

$$
\begin{aligned}
\mathcal{R}(X, Y)e_b &= \nabla_X(e_c\omega^c{}_b(Y)) - \nabla_Y(e_c\omega^c{}_b(X)) - e_a\omega^a{}_b([X, Y]) \\
&= e_a\{X\cdot(\omega^a{}_b(Y)) - Y\cdot(\omega^a{}_b(X)) - \omega^a{}_b([X, Y])\} \\
&\quad + e_a\omega^a{}_c(X)\omega^c{}_b(Y) - e_a\omega^a{}_c(Y)\omega^c{}_b(X) \\
&= e_a(d\omega^a{}_b(X, Y) + (\omega^a{}_c \wedge \omega^c{}_b)(X, Y))
\end{aligned}
$$

となり，(2.91)式を得る．▌

j）　共形変換

時空構造の研究ではしばしば角度を保存し長さを局所的に変化させる写像が重要な役割を果たす．このような写像は**共形写像**と呼ばれる．共形写像は，正確には，擬 Riemann 多様体 (M, g) から擬 Riemann 多様体 $(\hat{M}, \hat{g})$ への微分同相

写像 $F : M \to \hat{M}$ で，$\hat{g}$ の F による引き戻しが局所的に g に比例するものとして定義される：

$$F^*\hat{g} = e^{2\Phi}g \tag{2.92}$$

ここで Φ は M 上の滑らかな関数である．特に，M と $\hat{M}$ が一致し F が M の変換となる場合の共形写像は**共形変換**と呼ばれる．一般の共形写像に対しても，F により対応する M と $\hat{M}$ の点を同一視すれば，実質的に M の共形変換と見なすことができる．また，同じ意味で F は M の恒等写像としても一般性は失われない．この場合には，M 上で

$$\hat{g} = e^{2\Phi}g \tag{2.93}$$

の関係にある 2 つの計量 $g, \hat{g}$ を考えることと同等となる．以下では，このタイプの共形変換に話を限り，2 つの計量に対する接続形式と曲率テンソルの関係式を導く．

計量 g に関する正規直交基底を e_a，その双対基底を θ^a とすると，

$$\hat{e}_a := e^{-\Phi}e_a, \qquad \hat{\theta}^a := e^{\Phi}\theta^a \tag{2.94}$$

で定義される $\hat{e}_a$, $\hat{\theta}^a$ が計量 $\hat{g}$ に対する正規直交基底とその双対基底を与える．e_a に関する計量 g の Riemann 接続 ∇ の接続形式を $\omega^a{}_b$ とおくと，

$$\begin{aligned} d\hat{\theta}^a &= e^{\Phi}d\theta^a + d\Phi \wedge e^{\Phi}\theta^a \\ &= -(\omega^a{}_b - \hat{\nabla}_c\Phi\delta^a_b\hat{\theta}^c) \wedge \hat{\theta}^b \end{aligned}$$

となるので，命題 2.1.15 から，$\hat{e}_a$ に関する計量 $\hat{g}$ の Riemann 接続 $\hat{\nabla}$ の接続形式 $\hat{\omega}^a{}_b$ は

$$\hat{\omega}^a{}_b = \omega^a{}_b + \nabla_b\Phi\theta^a - \nabla^a\Phi\theta_b \tag{2.95}$$

となる．ここで添え字の上げ下げは η_{ab} を用いて行なうものとする．

この表式を命題 2.1.15 の曲率形式に対する式に代入すると

$$\begin{aligned} \hat{\mathcal{R}}^a{}_b = \mathcal{R}^a{}_b &+ \nabla_c\nabla_b\Phi\theta^c \wedge \theta^a - \nabla_c\nabla^a\Phi\theta^c \wedge \theta_b \\ &+ \nabla_b\Phi\nabla_c\Phi\theta^a \wedge \theta^c - \nabla^a\Phi\nabla_c\Phi\theta_b \wedge \theta^c - \nabla^c\Phi\nabla_c\Phi\theta^a \wedge \theta_b \end{aligned} \tag{2.96}$$

を得る．この式の成分を比較することにより，Riemann 曲率の関係式を求めることができる．結果は次のようになる．

公式 2.1.16 共形変換(2.93)で結ばれた n 次元多様体上の 2 つの計量 $g, \hat{g}=e^{2\Phi}g$ に対する Riemann 曲率テンソルのそれぞれの正規直交基底に関する成分の間には次の関係がある：

$$e^{2\Phi}\hat{R}^a{}_{bcd} = R^a{}_{bcd}+2\delta^a_{[d}\nabla_{c]}\nabla_b\Phi-2\eta_{b[d}\nabla_{c]}\nabla^a\Phi$$

$$-2\nabla_b\Phi\nabla_{[c}\Phi\delta^a_{d]}+2\nabla^a\Phi\nabla_{[c}\Phi\eta_{d]b}-2(\nabla\Phi)^2\delta^a_{[c}\eta_{d]b}$$

$$e^{2\Phi}\hat{R}_{ab} = R_{ab}-\eta_{ab}\nabla^2\Phi-(n-2)\nabla_a\nabla_b\Phi$$

$$+(n-2)\nabla_a\Phi\nabla_b\Phi-(n-2)(\nabla\Phi)^2\eta_{ab}$$

$$e^{2\Phi}\hat{R} = R-2(n-1)\nabla^2\Phi-(n-1)(n-2)(\nabla\Phi)^2$$

ここで $\nabla^2\Phi = \eta^{ab}\nabla_a\nabla_b\Phi$, $(\nabla\Phi)^2 = \nabla^a\Phi\nabla_a\Phi$ である.

2-2 部分多様体と時空の分解

第 1 章で導入した，一般相対論は時空多様体の力学であるという観点に基づいて，前節では多様体とその上の幾何学的構造がどう定義されるかを見てきた．第 1 章で述べたように，対象とする多様体をそれより高次元の多様体に埋め込んで“形”を見るのも，特徴を表現する 1 つの手段であるが，一般にはそのような高次元の多様体には物理的意味がない．特に，一般相対論では 4 次元時空がそれ自身で閉じた実体である．したがって，時空を記述するには，むしろそれを低次元の部分多様体に分解して，各部分多様体が時空にどう埋め込まれているかを見る方が自然である．もちろん，このような分解は，「重力の正準理論」の場合のように時空の力学的側面に基づいて行なわれることもあれば，時空の対称性という数学的側面に基づくこともある．また，それらが密接に結びついていることもある．たとえば，第 1 章で述べた膨張宇宙モデルの例では，3 次元一様等方空間という対称性をもつ部分多様体の集りとして時空の力学的モデルが構成されている．膨張宇宙モデルにおけるこの分解は，時空の振舞いに関する物理的考察の基礎となっている．

a) 部分多様体とFrobeniusの定理

一般に，k 次元多様体 $\tilde{M}$ の部分集合 Σ の各点で，適当な座標近傍 $\mathcal{U}$ と局所座標 z^μ $(\mu=1,\cdots,k)$が存在して，$\mathcal{U}$ の点のうち $k-m$ 個の座標 $y^j=z^{m+j}$ $(j=1,\cdots,k-m)$がある一定値をとる部分と $\mathcal{U}\cap\Sigma$ とが一致するとき，Σ を $\tilde{M}$ の m 次元**部分多様体**という．逆に，$\tilde{M}$ 上の $k-m$ 個の独立で滑らかな関数の組 y^j $(j=1,\cdots,k-m)$が与えられると，これらの関数の組が一定値をとる各部分集合 Σ_y は部分多様体となり，k 次元多様体 $\tilde{M}$ は (y^j) により分類される m 次元部分多様体の $k-m$ 次元的集合に $\tilde{M}=\bigcup_y \Sigma_y$ と分解される．

多様体 $\tilde{M}$ のこのような分解が与えられると，$\tilde{M}$ のベクトル場のうち各点で Σ_y に接するものの全体 L_Σ $(\subset\mathcal{X}(\tilde{M}))$は，$\tilde{M}$ の関数を係数として m 次元の線形空間となり，$\tilde{M}$ の分解を局所的に特徴づける．これに対して，逆に $\tilde{M}$ の関数を係数として m 次元の線形集合となる $\tilde{M}$ のベクトル場の集合 L が与えられたとき，一般にはそれらのすべてに接する部分多様体の集合が存在するとは限らない．この逆が成り立つための条件を与えるのがFrobeniusの定理である．

線形集合 L に属する任意のベクトル場は，L に属する適当な1次独立なベクトル場 X_j $(j=1,\cdots,m)$と m 個の関数 a^j を用いて $X=a^jX_j$ と表わされる．まず，特殊な場合として，X_j が交換子積について可換である場合について次の命題が成り立つことを示しておこう．

> **命題 2.2.1**　k 次元多様体 $\tilde{M}$ 上の1次独立な m $(\leqq k)$ 個のベクトル場 X_j が交換子積について互いに可換ならば，適当な局所座標 x^μ $(\mu=1,\cdots,k)$を用いて，$X_j=\partial_j$ $(j=1,\cdots,m)$と表わされる．

証明　m についての帰納法による．まず，$m=1$ のとき，X_1 の積分曲線の全体は互いに交わらず，$\tilde{M}$ を埋め尽くす $k-1$ 次元の集合となる．与えられた点 p を通り，その近傍 $\mathcal{U}$ でこれらの積分曲線に接しない $k-1$ 次元部分多様体 N を1つとり，その内部座標 $x^2,\cdots,x^k$ を積分曲線に沿って一定という条件で $\mathcal{U}$ に広げる．このとき，X_1 の生成する1径数変換群 f_t を用いて，$q\in N$ に対し

て $f_t(q)$ の x^1 座標を $x^1=t$ とすると，$x^1,\cdots,x^k$ は点 p の近傍での局所座標となる．$X_1x^\mu=dx^\mu/dt$ から，明らかに $X_1{}^1=1, X_1{}^2=\cdots=X_1{}^k=0$，すなわち $X_1=\partial_1$ となる．

次に，$l(<m)$ 個の場合が示されたとすると，$l+1$ 個の可換で1次独立なベクトル場は各点 p の近傍で適当な局所座標系 x^μ を用いて

$$X_1=\partial_1,\ \cdots,\ X_l=\partial_l,\ X_{l+1}=a^\mu(x)\partial_\mu$$

と表わされる．このとき，$[X_j, X_{l+1}]=0\ (j=1,\cdots,l)$ という条件から，$a^\mu=a^\mu(x^{l+1},\cdots,x^n)$ となる．いま，新たな局所座標系 x'^μ に対して，これらのベクトル場が再び同じ形に書かれたとすると，

$$X_jx'^\mu=\partial'_jx'^\mu=\delta^\mu_j \qquad (j=1,\cdots,l)$$

から，

$$x'^j=x^j+b^j(x^{l+1},\cdots,x^k) \qquad (j=1,\cdots,l)$$
$$x'^p=x'^p(x^{l+1},\cdots,x^k) \qquad (p=l+1,\cdots,k)$$

となる．このとき，$X_{l+1}=\partial'_{l+1}$ となる条件は $Y=a^p\partial_p$ とおくと，

$$X_{l+1}x'^j=a^j+Yb^j=0 \qquad (j=1,\cdots,l)$$
$$X_{l+1}x'^p=Yx'^p=\delta^p_{l+1} \qquad (p=l+1,\cdots,k)$$

と表わされる．これらは $k-l$ 次元空間 $(x^{l+1},\cdots,x^k)$ における b^j, x'^p に対する独立な常微分方程式となるので，解が常に存在する．▌

L_Σ に属する各ベクトル場の生成する変換は各部分多様体を自分自身に写すので，それは交換子積について閉じたLie代数をなす．実は，この交換子積に関して閉じているという条件が，ベクトル場が部分多様体に接するための十分条件であることを主張するのがFrobeniusの定理である．

定理 2.2.2（Frobenius の定理） k 次元多様体の m 個の1次独立なベクトル場 $X_1,\cdots,X_m$ が m 次元の部分多様体に接する，すなわち $X_Iy^p=0\ (I=1,\cdots,m)$ となる $k-m$ 個の独立な関数 $y^p\ (p=m+1,\cdots,k)$ が存在するための必要十分条件は，適当な関数の組 $f^K_{IJ}(x)$ を用いて

$$[X_I, X_J] = f_{IJ}^K X_K \qquad (I, J, K=1, \cdots, m)$$

となることである．また，$\omega^P\ (P=m+1, \cdots, k)$ を $\omega^P(X_I)=0$ となる $k-m$ 個の1次独立な1形式とするとき，この条件は $(k-m)^2$ 個の1形式 $\Omega^P{}_Q$ を適当に取れば

$$d\omega^P = \Omega^P{}_Q \wedge \omega^Q$$

が成り立つことと同等である．

証明　必要性は明らかなので，十分性のみを示せばよい．局所座標系 x^μ に関して $X_I = X_I{}^\mu(x)\partial_\mu$ と表わされるとすると，X_I の1次独立性から，座標の順序を適当に入れ換えることにより $X_I{}^i\ (i, I=1, \cdots, m)$ は正則行列となる．その逆行列 $X_i{}^I$ を用いて $Y_i = X_i{}^I X_I$ とおくと，$Y_i = \partial_i + Y_i^p \partial_p\ (p=m+1, \cdots, m+n)$ となる．したがって，その交換子積は

$$[Y_i, Y_j] = (Y_i Y_j^p - Y_j Y_i^p)\partial_p$$

と表わされる．ところが，Y_i は X_I と同様に交換子積に対して閉じているので，この式の右辺は Y_i の1次結合とならねばならない．明らかに Y_i と ∂_p は1次独立であるので，これはこの式の右辺がゼロ，すなわち，Y_i が可換であることを意味する．したがって，上に示したように適当な局所座標 $(x^\mu)=(x^i, y^p)$ を用いて $Y_i = \partial_i$ と表わされる．このとき $(X_I y^p) = X_I^i (Y_i y^p) = 0$ となるので，確かに条件を満たす独立な n 個の関数が存在する．

次に定理の後半を証明する．公式2.1.4から

$$d\omega^P(X_I, X_J) = X_I(\omega^P(X_J)) - X_J(\omega^P(X_I)) - \omega^P([X_I, X_J])$$

となるので，X_I に対する条件は $d\omega^P(X_I, X_J)=0$ と同等である．$d\omega^P$ が定理の形に書かれれば，明らかにこの条件は満たされる．逆を示すために，$\omega^I\ (I=1, \cdots, m)$ を $\omega^I(X_J)=\delta^I_J$ となるように取ると，k 個の1形式 ω^I, ω^P は1形式の基底となる．$d\omega^P$ はこの基底を用いると一般に

$$d\omega^P = \Omega^P_{IJ}\omega^I \wedge \omega^J + \Omega^P_{IQ}\omega^I \wedge \omega^Q + \Omega^P_{RQ}\omega^R \wedge \omega^Q$$

と表わされる．この表示のもとで，$d\omega^P(X_I, X_J)=0$ の条件は $\Omega^P_{IJ}=0$ と同等である．したがって，

$$\Omega^P{}_Q = \Omega^P_{IQ}\omega^I + \Omega^P_{RQ}\omega^R$$

とおけば，$d\omega^P$ は定理の形に書かれる．▌

b）擬 Riemann 多様体の分解

$n+m$ 次元多様体 $\tilde{M}$ が計量 $\tilde{g}$ をもつ擬 Riemann 多様体のときには，$\tilde{M}$ を m 次元の多様体の集合 Σ_y に分解すると，各部分多様体上には自然に計量 g が誘導され，擬 Riemann 多様体となる．このような擬 Riemann 多様体はもとの擬 Riemann 多様体の部分擬 Riemann 多様体という．

部分擬 Riemann 多様体に誘導された計量から決まる Riemann 接続ともとの多様体の Riemann 接続には密接な関係がある．ここではその関係を調べてみよう．

(1) テンソルの分解

計量 $\tilde{g}$ が与えられると，$\tilde{M}$ の各点の接ベクトル空間 $T_p(\tilde{M})$ は，その点を通る部分多様体に接するベクトルの集合 $T_p{}^{/\!/}(\tilde{M})$ とそれに垂直なベクトルの集合 $T_p{}^{\perp}(\tilde{M})$ に直和分解される．この分解により $\tilde{M}$ 上のベクトル場は部分多様体に平行な成分と垂直な成分に自然に分解される：$V=V^{/\!/}+V^{\perp}$.

いま，$\tilde{M}$ の正規直交基底 $\tilde{e}_a$ とその双対基底 $\tilde{\theta}^a$ を，$e_I:=\tilde{e}_I$ $(I=1,\cdots,m)$ が Σ_y に平行，$n_P:=\tilde{e}_P$ $(P=m+1,\cdots,m+n)$ が Σ_y に垂直となるように取る．この分解に対応して，$\tilde{\theta}^P$ $(P=m+1,\cdots,m+n)$ を ν^P と書くことにする．また，必要ならば添え字 $a=I,P$ の上げ下げは定数行列 $\eta_{ab}=\tilde{g}(\tilde{e}_a,\tilde{e}_b)$ を用いて行なうものとする．このとき，上記のベクトル場の分解は

$$V^{/\!/} = e_I\tilde{\theta}^I(V) \tag{2.97}$$

$$V^{\perp} = n_P\nu^P(V) \tag{2.98}$$

と表わされる．

ベクトル場と同様に，1 形式も垂直成分と平行成分に分解される．まず，Σ_y に垂直な任意のベクトル場 $V^{\perp}$ に対して $\omega(V^{\perp})=0$ となる 1 形式 ω は Σ に平行，Σ に平行な任意のベクトル場 $V^{/\!/}$ に対して $\omega(V^{/\!/})=0$ となる 1 形式 ω は Σ に垂直と約束する．このとき，任意の 1 形式 ω に対して，$\omega^{/\!/}(V)=\omega(V^{/\!/})$ および $\omega^{\perp}(V)=\omega(V^{\perp})$ により 1 形式 $\omega^{/\!/}$ と $\omega^{\perp}$ を定義すると，$\omega^{/\!/}$ は Σ_y に平

行，$\omega^{\perp}$ は Σ_y に垂直となり，$\omega=\omega^{/\!/}+\omega^{\perp}$ となる．$\tilde{\theta}^I$ は平行な1形式の基底，ν^P は垂直な1形式の基底となるので，ω の分解は基底を用いて

$$\omega^{/\!/} = \omega(e_I)\tilde{\theta}^I \tag{2.99}$$

$$\omega^{\perp} = \omega(n_P)\nu^P \tag{2.100}$$

と表わされる．この分解により，各点の双対ベクトル空間 $T_p^*(\tilde{M})$ が Σ_y に平行な成分と垂直な成分に直和分解される．

部分多様体に平行，垂直という概念はさらに一般のテンソル場に容易に拡張される．すなわち，各点で $T_p^{/\!/}(\tilde{M})$ と $T_p^{*/\!/}(\tilde{M})$ のテンソル積に値を取るテンソル場は部分多様体に平行と約束する．垂直についても同様である．基底を用いると，平行なテンソル場は

$$T^{/\!/} = T^{I\cdots}{}_{J\cdots}\, e_I\otimes\cdots\otimes\tilde{\theta}^J\otimes\cdots \tag{2.101}$$

垂直なテンソル場は

$$T^{\perp} = T^{P\cdots}{}_{Q\cdots}\, n_P\otimes\cdots\otimes\nu^Q\otimes\cdots \tag{2.102}$$

と成分表示される．

成分表示を用いると，任意のテンソル T に対してその平行成分 $T^{/\!/}$ と垂直成分 $T^{\perp}$ を曖昧さなく分離することができる．ただし，2階以上のテンソル場に対しては，一般には $T\neq T^{/\!/}+T^{\perp}$ である．

(2) 共変微分の分解

$\tilde{\nabla}$ を計量 $\tilde{g}$ に対応する $\tilde{M}$ 上の Riemann 接続とし，前項で用いた正規直交基底 $\tilde{e}_a, \tilde{\theta}^a$ に関する接続形式を $\tilde{\omega}^a{}_b$ とする．このとき，ベクトル場 V の部分多様体に関する平行，垂直成分への分解を用いて次のような微分を定義する：

$$\nabla_X^{/\!/}V := (\tilde{\nabla}_X V^{/\!/})^{/\!/} = (\tilde{\nabla}_X V)^{/\!/} - e_I\tilde{\omega}^I{}_P(X)\nu^P(V) \tag{2.103}$$

$$\nabla_X^{\perp}V := (\tilde{\nabla}_X V^{\perp})^{\perp} = (\tilde{\nabla}_X V)^{\perp} - n_P\tilde{\omega}^P{}_I(X)\tilde{\theta}^I(V) \tag{2.104}$$

$$\hat{\nabla}_X V := \nabla_X^{/\!/}V + \nabla_X^{\perp}V \tag{2.105}$$

同様に，1形式の微分を

$$\nabla_X^{/\!/}\chi := (\tilde{\nabla}_X\chi^{/\!/})^{/\!/} = \tilde{\nabla}_X\chi^{/\!/} + \chi(e_I)\tilde{\omega}^I{}_P(X)\nu^P \tag{2.106}$$

$$\nabla_X^{\perp}\chi := (\tilde{\nabla}_X\chi^{\perp})^{\perp} = \tilde{\nabla}_X\chi^{\perp} + \chi(n_P)\tilde{\omega}^P{}_I(X)\tilde{\theta}^I \tag{2.107}$$

$$\hat{\nabla}_X\chi := \nabla_X^{/\!/}\chi + \nabla_X^{\perp}\chi \tag{2.108}$$

で定義する．

成分表示(2.101)，(2.102)を用いると，$\nabla^{/\!/}_X$ は任意の平行テンソル場に対するテンソル微分作用素に，$\nabla^{\perp}_X$ は任意の垂直テンソル場に対するテンソル微分作用素に拡張されることが容易に確かめられる．したがって，$\nabla^{/\!/}$, $\nabla^{\perp}$ はそれぞれ，平行なテンソル場，垂直なテンソル場に対する共変微分と見なすことができる．ただし，これらの共変微分を一般のテンソル場に拡張することはできない．これに対して，$\hat{\nabla}$ は一般のテンソル場に対する微分作用素に拡張可能で，$\tilde{g}$ に対する計量接続，すなわち $\hat{\nabla}\tilde{g}=0$ となることが上記の定義を用いて容易に示される．もちろん，この共変微分はもとの Riemann 接続と一般に異なっている．実際，この接続に対するトーションテンソルは一般にはゼロとならない．

これら 3 つの共変微分のうち，$\nabla^{/\!/}_X$ は X を部分多様体 Σ_y に平行に取ると，$\tilde{g}$ から誘導される Σ_y の計量 g に関する Riemann 接続と一致する．これは通常，次の Gauss の公式として表わされる．

> **命題 2.2.3(Gauss の公式)**　部分多様体 Σ 上のベクトル場 X, Y に対して，$\tilde{M}$ の共変微分を
>
> $$(\tilde{\nabla}_X Y)_x = (\nabla^{/\!/}_X Y)_x + h_x(X, Y)$$
>
> と，Σ に平行な成分 $\nabla^{/\!/}_X Y$ と垂直な成分 $h(X, Y)$ に分解すると，$\nabla^{/\!/}_X Y$ は Σ の計量 g に関する共変微分，h は Σ の法ベクトルに値をとる対称な 2 階共変テンソルとなる．h は接続形式を用いて次のように表わされる：
>
> $$h(X, Y) = n_P h^P(X, Y)\,; \quad h^P(X, Y) = \tilde{\omega}^P{}_I(X)\tilde{\theta}^I(Y)$$

証明

$$\begin{aligned}\nabla^{/\!/}_X Y - \nabla^{/\!/}_Y X &= (\tilde{\nabla}_X Y - \tilde{\nabla}_Y X)^{/\!/} - e_I(\tilde{\omega}^I{}_P \wedge \nu^P)(X, Y)\\ &= [X, Y]^{/\!/} - e_I(\tilde{\omega}^I{}_P \wedge \nu^P)(X, Y)\end{aligned}$$

から，$X, Y /\!/ \Sigma$ ならば，$[X, Y]^{/\!/} = [X, Y]$ となることに注意すると，トーションがゼロとなることが分かる．さらに，$X, Y, Z /\!/ \Sigma$ のとき，

$$X(g(Y,Z)) = X(\tilde{g}(Y,Z)) = \tilde{g}(\tilde{\nabla}_X Y, Z) + \tilde{g}(Y, \tilde{\nabla}_X Z)$$
$$= \tilde{g}(\nabla^{/\!/}_X Y, Z) + \tilde{g}(Y, \nabla^{/\!/}_X Z) = g(\nabla^{/\!/}_X Y, Z) + g(Y, \nabla^{/\!/}_X Z)$$

から，$\nabla^{/\!/}$ は g に関する計量接続，したがって Riemann 接続となる．

つぎに，h がテンソル場となることは

$$h(X, fY) = (\tilde{\nabla}_X(fY))^{\perp} = f(\tilde{\nabla}_X Y)^{\perp} = fh(X, Y)$$

から，また対称テンソルとなることは，Σ に平行なベクトル場に対して $\tilde{\nabla}$，$\nabla^{/\!/}$ のトーションがともにゼロなので

$$h(X, Y) - h(Y, X) = [X, Y] - [X, Y] = 0$$

となることから示される．最後に，h に対する接続形式による表現は，$X, Y /\!/ \Sigma$ に対して $\nabla^{\perp}_X Y = 0$ となることと(2.104)式から得られる．▌

Σ に垂直なベクトル場の共変微分 $\nabla^{\perp}$ は Σ の内部構造と無関係であるが，Σ が $\tilde{M}$ の中にどのように埋め込まれているかを記述する情報として重要である．この垂直なベクトルの共変微分の分解に関しては次の Weingarten の公式が成り立つ：

命題 2.2.4（Weingarten の公式） n を Σ に垂直なベクトル場として，$\tilde{\nabla}_X n$ を

$$(\tilde{\nabla}_X n)_x = -(h_n(X))_x + (\nabla^{\perp}_X n)_x$$

と平行成分 $h_n(X)$，垂直成分 $\nabla^{\perp}_X n$ に分解すると，任意の Σ に接するベクトル場 X, Y および垂直なベクトル場 n_1, n_2 に対して

$$g(h_n(X), Y) = \tilde{g}(h(X, Y), n)$$
$$X(\tilde{g}(n_1, n_2)) = \tilde{g}(\nabla^{\perp}_X n_1, n_2) + \tilde{g}(n_1, \nabla^{\perp}_X n_2)$$

が成り立つ．

証明

$$g(h_n(X), Y) = -\tilde{g}(\tilde{\nabla}_X n, Y) = \tilde{g}(n, \tilde{\nabla}_X Y) = \tilde{g}(n, h(X, Y))$$

および

$$X(\tilde{g}(n_1, n_2)) = \tilde{g}(\tilde{\nabla}_X n_1, n_2) + \tilde{g}(n_1, \tilde{\nabla}_X n_2)$$
$$= \tilde{g}(\nabla^{\perp}_X n_1, n_2) + \tilde{g}(n_1, \nabla^{\perp}_X n_2)$$

から明らか. ▎

Weingarten の公式から, $\tilde{g}(h(X,Y),n)=-\tilde{g}(\tilde{\nabla}_X n, Y)$ となるので, $h(X,Y)$ は Σ の法ベクトルが Σ に沿う平行移動に対してどの程度法ベクトルからずれるかを表わす. たとえば, n 次元 Euclid 空間の半径 a の球面 : $(y^1)^2+\cdots+(y^n)^2=a^2$ に対して, その法ベクトル $n=y/a$ の球面に沿う共変微分は $\tilde{\nabla}_X n=\partial_X y/a=X/a$ から $h(X,Y)=-g(X,Y)n/a$ となり, $-h_n=a^{-1}\mathbf{1}$ の固有値は球面の曲率半径と一致する. これから, 一般に共変テンソル h は部分擬 Riemann 多様体 Σ が全擬 Riemann 多様体 $\tilde{M}$ の中でどの程度曲がっているかを表わす量と考えられる. Σ の法ベクトル場の基底 n_P $(P=m+1,\cdots,m+n)$ に関する h の成分である n 個の 2 階対称テンソル場 h^P は, この法ベクトル基底に関する Σ の**第 2 基本形式**と呼ばれる.

(3) 曲率の分解

$\tilde{\nabla}_X^{/\!/}$ は部分多様体に垂直なベクトル場に作用するとゼロとなる. 一方, $\nabla_X^{\perp}$ は部分多様体に平行なベクトル場に作用するとゼロとなる. このことに注意すると, $\hat{\nabla}$ に対する曲率テンソル $\hat{\mathcal{R}}$ は

$$\hat{\mathcal{R}}(X,Y)Z=\mathcal{R}^{/\!/}(X,Y)Z^{/\!/}+\mathcal{R}^{\perp}(X,Y)Z^{\perp} \tag{2.109}$$

と $\nabla^{/\!/}$ に対する曲率テンソル $R^{/\!/}$ と $\nabla^{\perp}$ に対する曲率テンソル $R^{\perp}$ の直和に分解することが容易に確かめられる. また, 定義(2.105)から $\tilde{\nabla}$ と $\hat{\nabla}$ が

$$\tilde{\nabla}_X Y=\hat{\nabla}_X Y+e_I\tilde{\omega}^I{}_P(X)\nu^P(Y)+n_P\tilde{\omega}^P{}_I(X)\tilde{\theta}^I(Y) \tag{2.110}$$

で与えられることを用いると, $\tilde{\nabla}$ に対する曲率テンソル $\tilde{\mathcal{R}}$ が

$$\begin{aligned}\tilde{\mathcal{R}}(X,Y)=\;&\hat{\mathcal{R}}(X,Y)+(\tilde{\omega}^I{}_P\wedge\tilde{\omega}^P{}_J)(X,Y)e_I\otimes\tilde{\theta}^J\\&+(\tilde{\omega}^P{}_I\wedge\tilde{\omega}^I{}_Q)(X,Y)n_P\otimes\nu^Q+[(\hat{\nabla}_X\tilde{\omega})^I{}_P(Y)-(\hat{\nabla}_Y\tilde{\omega})^I{}_P(X)\\&-\tilde{\omega}^I{}_{PJ}(\tilde{\omega}^J{}_Q\wedge\nu^Q)(X,Y)-\tilde{\omega}^I{}_{PQ}(\tilde{\omega}^Q{}_J\wedge\tilde{\theta}^J)(X,Y)]\\&\times(e_I\otimes\nu^P-n^P\otimes\tilde{\theta}_I)\end{aligned} \tag{2.111}$$

と表わされることが, 単純な計算で示される.

この表式を e_I, n_P に関する成分表示で表わすと次の公式が得られる :

公式 2.2.5

$$\tilde{R}_{IJKL} = R^{/\!/}_{IJKL} + h_{PIL}h^{P}{}_{JK} - h_{PIK}h^{P}{}_{JL} \quad (\textbf{Gauss の方程式})$$

$$\tilde{R}_{PIJK} = \tilde{R}_{JKPI} = (\hat{\nabla}_J h)_{PIK} - (\hat{\nabla}_K h)_{PIJ} \quad (\textbf{Codazzi の方程式})$$

$$\tilde{R}_{PQIJ} = \tilde{R}_{IJPQ} = -h_{PIK}h_{QJ}{}^{K} + h_{PJK}h_{QI}{}^{K} + R^{\perp}_{PQIJ}$$

$$\tilde{R}_{PIQJ} = (\hat{\nabla}_Q h)_{PIJ} + (\hat{\nabla}_J l)_{IPQ} - h_{PIK}h_{Q}{}^{K}{}_{J} - l_{IPR}l_{J}{}^{R}{}_{Q}$$

$$\tilde{R}_{PIQR} = \tilde{R}_{QRPI} = -(\hat{\nabla}_Q l)_{IPR} + (\hat{\nabla}_R l)_{IPQ} + h_{PIJ}(l^{J}{}_{QR} - l^{J}{}_{RQ})$$

$$\tilde{R}_{PQRS} = R^{\perp}_{PQRS} - l_{IPR}l^{I}{}_{QS} + l_{IPS}l^{I}{}_{QR}$$

ここで $h^{P}{}_{IJ}$, $l^{I}{}_{PQ}$ は接続形式を用いて

$$h^{P}{}_{IJ} = \tilde{\omega}^{P}{}_{IJ}, \qquad l^{I}{}_{PQ} = \tilde{\omega}^{I}{}_{PQ}$$

また $\hat{\nabla}_X$ は

$$(\hat{\nabla}_X V)^{IP} = X^{\mu}\partial_{\mu}V^{IP} + \tilde{\omega}^{I}{}_{J}(X)V^{JP} + \tilde{\omega}^{P}{}_{Q}(X)V^{IQ}$$

と表わされる.

この公式より直ちに Ricci テンソルおよび Ricci スカラに対する次の分解公式が得られる：

公式 2.2.6

$$\tilde{R}_{IJ} = R^{/\!/}_{IJ} + (\hat{\nabla}_P h)^{P}{}_{IJ} - h^{P}h_{PIJ} + (\hat{\nabla}_J l)_{I} - l_{IPQ}l_{J}{}^{QP}$$

$$\tilde{R}_{IP} = (\hat{\nabla}_I h)_{P} - (\hat{\nabla}_J h)_{P}{}^{J}{}_{I} - (\hat{\nabla}_Q l)_{I}{}^{Q}{}_{P} + (\hat{\nabla}_P l)_{I} - h^{Q}{}_{IJ}(l^{J}{}_{PQ} - l^{J}{}_{QP})$$

$$\tilde{R}_{PQ} = R^{\perp}_{PQ} + (\hat{\nabla}_Q h)_{P} + (\hat{\nabla}_I l)^{I}{}_{PQ} - h_{PIJ}h_{Q}{}^{IJ} - l^{I}l_{IPQ}$$

$$\tilde{R} = R^{/\!/} + R^{\perp} + 2\hat{\nabla}_P h^{P} + 2\hat{\nabla}_I l^{I} - h_P h^{P} - h_{PIJ}h^{PIJ} - l_I l^{I} - l_{IPQ}l^{IQP}$$

ここで h_P, l_I は

$$h_P = h_{P}{}^{I}{}_{I}, \qquad l_I = l_{I}{}^{P}{}_{P}$$

である．また一般に $R^{\perp}_{PQ} \neq R^{\perp}_{QP}$ であることを注意しておく.

以上の公式を用いて実際に曲率テンソルを計算するには，接続形式に対する表式が必要となる．もちろん，その具体的な表式は計量テンソルや時空の分解の詳細に依存するが，法ベクトルの成分表示を用いるとある程度具体的な一般表式を導くことができる.

各点の近傍で，部分多様体上で一定値をとる関数系 y^p と独立な m 個の関数 x^i $(i=1,\cdots,m)$をとり，$(x^\mu)=(x^i, y^p)$ を局所座標とするとき，双対基底 $\tilde{\theta}^a$ は $\tilde{\theta}^p(\tilde{e}_I)=0$ および $dy^p(e_I)=e_I{}^\mu\partial_\mu y^p=0$ から

$$\tilde{\theta}^I = \theta^I+\zeta^I \qquad (\theta^I=\theta^I{}_i(x,y)dx^i,\ \zeta^I=\zeta^I{}_q(x,y)dy^q) \tag{2.112}$$

$$\tilde{\theta}^P = \nu^P \qquad (\nu^P=\nu^P{}_q(x,y)dy^q) \tag{2.113}$$

と表わされる．$\tilde{\theta}^I(\tilde{e}_J)=\delta^I_J$ から θ^I は各部分 Riemann 多様体上でその基底 e_I の双対基底となる．最後に，$\tilde{\theta}^I(n_P)=0$, $\tilde{\theta}^P(n_Q)=\delta^P_Q$ から法ベクトル n_P は ν^P_q と ζ^I_q を用いて

$$n_P = n^q_P\partial_q+n^I_Pe_I = n^q_P(\partial_q-\zeta^I_qe_I) \tag{2.114}$$

と表わされる．ここで，n^q_P は ν^P_q の逆行列

$$n^p_P\nu^P_q = \delta^p_q \tag{2.115}$$

である．これらの表式を用いると計量テンソル $g=ds^2$ は

$$\begin{aligned} ds^2 &= \eta_{PQ}\tilde{\theta}^P\tilde{\theta}^Q+\eta_{IJ}\tilde{\theta}^I\tilde{\theta}^J \\ &= \gamma_{pq}dy^pdy^q+\eta_{IJ}(\theta^I+\zeta^I_pdy^p)(\theta^J+\zeta^J_qdy^q) \end{aligned} \tag{2.116}$$

と表わされる．ここで γ_{pq} は

$$\gamma_{pq} = \eta_{PQ}\nu^P_p\nu^Q_q \tag{2.117}$$

で定義される正則な n 次の行列である．

双対基底に対するこの分解式を接続形式の定義に代入し，dx^i に依存した部分と dy^p に依存した部分に分離することにより，直ちに次の一般式を得る．

公式 2.2.7

$$\tilde{\omega}_{IJK} = -e^i_K\partial_{[I}\theta_{J]i}+e^i_{[I}\partial_{J]}\theta_{Ki}+e^i_{[I}\partial_{|K|}\theta_{J]i}$$

$$\tilde{\omega}_{IJq} = \theta_{[Ii}\partial_qe^i{}_{J]}-\nabla^{/\!/}_{[I}\zeta_{J]q}$$

$$h_{PIJ} := \tilde{\omega}_{PIJ} = n^q_P\left[-\frac{1}{2}e_I{}^ie_J{}^j\partial_qg_{ij}+\nabla^{/\!/}_{(I}\zeta_{J)q}\right]$$

$$l_{IPQ} := \tilde{\omega}_{IPQ} = -n^q_Q\nabla^\perp_I\nu_{Pq} = -(n^q_Q\partial_I\nu_{Pq}+\tilde{\omega}_{PQI})$$

$$\tilde{\omega}_{PQI} = n^p_{[P}n^q_{Q]}[\nu_{Rq}\partial_I\nu^R_p+\partial_q\zeta_{Ip}-\zeta^J_q(\tilde{\omega}_{IJp}+\nu^R_ph_{RIJ})]$$

$$\tilde{\omega}_{PQR} = -n^s_R\partial_{[P}\nu_{Q]s}+n^s_{[P}\partial_{Q]}\nu_{Rs}+n^s_{[P}\partial_{|R|}\nu_{Q]s}$$

3 時空の対称性

Einstein 方程式は非常に複雑な非線形偏微分方程式であるために，その一般的な解を求めることは現実には不可能である．しかし，時空が対称性をもっていると事情が変わる．対称性は時空構造の自由度を強く制限する．このため十分高い対称性をもつ時空では，Einstein 方程式は常微分方程式，あるいはさらに代数的な方程式にまで単純化されてしまう．実際，これまでに発見された Einstein 方程式の厳密解のうち物理的に興味のあるもののほとんどは，なんらかの対称性をもつものである．また，幸いなことに，現実世界の時空構造も部分的ないし平均的には近似的に高い対称性をもっている．

対称性とは変換に対する構造の不変性を意味する．この内容を定式化するためには多様体に作用する変換群を定義し，それに対して計量テンソルなどの構造を記述する量がどのように変換するかを調べなければならない．

本章では，時空の対称性の数学的記述法を与える Lie 群，Lie 変換群，Killing ベクトルについての基本事項を復習した後，4 次元時空のもち得る対称性を一般的に分類する．さらに，最も対称性の高い時空である極大対称時空を分類し，その時空構造を詳しく調べる．

3-1 変換群と Killing ベクトル

a) Lie 群と Lie 代数

位相空間 G が群の構造をもち，積および逆元をとる演算，すなわち写像 $G\times G\ni(a,b)\mapsto ab^{-1}\in G$ が連続であるとき，G を**位相群**という．位相群 G がさらに解析的多様体，すなわち局所座標系の変換が解析関数で表わされるような座標近傍系をもつ多様体の上で，積および逆元をとる演算が局所座標の解析関数で表わされるとき，G は **Lie 群**と呼ばれる．また，Lie 群 G の閉部分多様体 H が G の演算について閉じているとき，H は G の部分 Lie 群と呼ばれる．Lie 群の定義において解析性の要請は非常に強そうに見えるが，実はそうではない．実際，われわれになじみの深い線形群，すなわち，正方行列の作る群は Lie 群となる．たとえば，古典群と呼ばれる線形群 $GL(n\,;K)$, $SL(n\,;K)$, $O(p,q\,;K)$, $SO(p,q\,;K)$, $U(p,q)$, $SU(p,q)$, $Sp(n\,;K)$ はすべて Lie 群である（巻末文献[1]）．さらに，一般に局所 Euclid 群，すなわち位相群のうち局所的に Euclid 空間と同相となるものは Lie 群となることが知られている（巻末文献[2]）．また，1 径数部分変換群に対応する無限小変換の全体が有限次元のベクトル場を作る場合にも元の群は Lie 群となることが示される（巻末文献[2]）．

線形空間 $\mathscr{L}$ に次の性質を持つ括弧積 $[X,Y]$ $(X,Y\in\mathscr{L})$ が定義されているとき，$\mathscr{L}$ は **Lie 代数**と呼ばれる：

$$[aX+bY,Z]=a[X,Z]+b[Y,Z] \tag{3.1}$$

$$[X,Y]=-[Y,X] \tag{3.2}$$

$$[X,[Y,Z]]+[Y,[Z,X]]+[Z,[X,Y]]=0 \qquad \textbf{(Jacobi 恒等式)} \tag{3.3}$$

また，$\mathscr{L}$ の部分空間 $\mathscr{L}'$ が $\mathscr{L}$ の括弧積について閉じているとき，$\mathscr{L}'$ は $\mathscr{L}$ の部分 Lie 代数と呼ばれる．

$\{X_I\}$ を Lie 代数の基底とすると，その括弧積は

$$[X_I,X_J]=C^K{}_{IJ}X_K \tag{3.4}$$

とその 1 次結合で表わされる．定数 $C^K{}_{IJ}$ は Lie 代数の構造を記述するので，

構造定数と呼ばれる．括弧積の満たすべき条件(3.1)～(3.3)は，線形性を別にすると構造定数を用いて次のように表わされる：

$$C^K{}_{IJ} = -C^K{}_{JI} \tag{3.5}$$

$$C^L{}_{MI}C^M{}_{JK} + C^L{}_{MJ}C^M{}_{KI} + C^L{}_{MK}C^M{}_{IJ} = 0 \tag{3.6}$$

Lie 代数の最も基本的な例は，線形環，すなわち適当な次数の正方行列のつくる Lie 代数である．線形環では，通常の行列の交換子積 $[A, B] = AB - BA$ が括弧積となる．たとえば，古典群に対応する線形環 $gl(n; K)$, $sl(n; K)$, $so(p, q; K)$, $su(p, q; K)$, $sp(n; K)$ はすべて Lie 代数である．もう1つの重要な例は，多様体上のベクトル場の作る Lie 代数である．すなわちベクトル場の有限次元の線形集合は，一般にはベクトル場の括弧積について閉じないが，それが閉じる場合には括弧積に関して Lie 代数となることが，公式 2.1.1 から直ちにわかる．

Lie 群 G の勝手な元 $a \in G$ に対して**左移動** $L_a : x \in G \mapsto ax \in G$ は G の滑らかな変換となり，$L_a L_b x = abx = L_{ab}x$ から，その全体は合成に関して群を作る．Lie 群上のベクトル場 X がこの変換に対して不変，すなわち $(L_a)_* X = X$ が成り立つとき，X を**左不変ベクトル場**と呼ぶ．具体的には，この条件は

$$(L_a)_* X_x = ((L_a)_* X)_{ax} = X_{ax} \tag{3.7}$$

と表わされる．$x = e$（単位元）とおくと，この式は X の任意の点での値が単位元での値で決まることを示している．また逆に G 上のベクトル場 X を $X_x := (L_x)_* X_e$ で定義すると，$(L_a)_* X_x = (L_a)_*(L_x)_* X_e = (L_{ax})_* X_e = X_{ax}$ より X は左不変となる．したがって，m 次元 Lie 群 G の左不変ベクトル場の全体 $\mathcal{G}$ は，G の単位元での接ベクトル空間 $T_e(G)$ と同型で，m 次元の線形空間となる．さらに，$(L_a)_*[X_1, X_2] = [(L_a)_* X_1, (L_a)_* X_2] = [X_1, X_2]$ より，左不変ベクトル場の全体は交換子積に関して閉じている．したがって，$\mathcal{G}$ はベクトル場の交換子積に対して Lie 代数をなす．これは Lie 群の Lie 代数と呼ばれる．

Lie 群 G の勝手な元 $a \in G$ に対して，左移動と同様に G の滑らかな変換である**右移動** $R_a : x \in G \mapsto xa \in G$，さらに右移動で不変なベクトル場として**右不変ベクトル場**を定義することができる．右不変ベクトル場の全体はやはりベクトル

場の括弧積に関して Lie 代数をなし，線形空間としては $T_e(G)$ と同型である．

左不変ベクトル場 X の G の単位元 e を通る軌道を a_λ ($a_0=e$) とすると，(3.7)式から

$$X_x = (L_x)_* X_e = (L_x)_* da_\lambda/d\lambda|_{\lambda=0} = d(xa_\lambda)/d\lambda|_{\lambda=0} \qquad (3.8)$$

となるので，X の生成する G の 1 径数変換群は a_λ による右移動 R_{a_λ} と一致する．a_λ は X の生成する G の **1 径数部分群**と呼ばれる．同様に，右不変ベクトル場 X の生成する G の 1 径数変換群は左移動 L_{a_λ} と一致する．

Lie 群 G_1 から G_2 の上への解析的同相写像 $f: G_1 \to G_2$ が存在して，f が群の構造を保存する，すなわち $f(ab^{-1})=f(a)(f(b))^{-1}$ が成り立つとき，2 つの Lie 群は同型であるという．同様に，2 つの Lie 代数 $\mathcal{G}_1, \mathcal{G}_2$ の間に Lie 代数の積を保存する，すなわち $f([X, Y])=[f(X), f(Y)]$ が成り立つ線形同型写像 $f: \mathcal{G}_1 \to \mathcal{G}_2$ があるとき，$\mathcal{G}_1$ と $\mathcal{G}_2$ は同型と呼ばれる．

Lie 群 G の元 a に対して，$x \in G$ に axa^{-1} を対応させる写像 $\mathrm{ad}(a)$ は G の自己同型となり，G の Lie 代数の同型を誘導する．X, Y を G の左不変ベクトル，a_λ を X の生成する 1 径数部分群とすると，

$$((R_{a_\lambda})_* Y)_e = (R_{a_\lambda})_* Y_{a_\lambda^{-1}} = (R_{a_\lambda})_* (L_{a_\lambda^{-1}})_* Y_e = \mathrm{ad}(a_\lambda^{-1}) Y_e$$

となるので，X と Y の交換子積の e における値は

$$[X, Y]_e = \lim_{\lambda \to 0} \frac{1}{\lambda} [Y_e - \mathrm{ad}(a_\lambda^{-1}) Y_e] \qquad (3.9)$$

と表わされる．同様に，X, Y を右不変ベクトル場とすると $[X, Y]_e$ はこの式で $\mathrm{ad}(a_\lambda)$ を $\mathrm{ad}(a_\lambda^{-1})=\mathrm{ad}(a_{-\lambda})$ で置き換えたもので与えられる．これから，$X_e, Y_e \in T_e(G)$ に対して，X^+, Y^+ を $X_e^+=X_e, Y_e^+=Y_e$ となる左不変ベクトル場，X^-, Y^- を $X_e^-=X_e, Y_e^-=Y_e$ となる右不変ベクトル場とすると

$$[X^+, Y^+]_e = -[X^-, Y^-]_e \qquad (3.10)$$

が成り立つ．したがって，右不変ベクトル場の作る Lie 代数と左不変ベクトル場の作る Lie 代数は $X^+ \mapsto -X^-$ の対応により同型となる．

ベクトル場と同様に，左不変 1 形式が $(L_a)^* \omega = \omega$ を満たす G 上の 1 形式として，また右不変 1 形式が $(R_a)^* \omega = \omega$ を満たす 1 形式として定義される．不

変ベクトル場の Lie 代数としての構造は，これら不変 1 形式にも反映される．実際，公式 2.1.4 も用いると，次の公式が容易に導かれる：

> **公式 3.1.1** Lie 群の左不変ベクトル場の基底 X_I に関する構造定数を $C^I{}_{JK}$,
>
> $$[X_I, X_J] = C^K{}_{IJ} X_K$$
>
> とすると，その双対基底 θ^I は左不変で次の **Mauer-Cartan 方程式**を満たす：
>
> $$d\theta^I = -\frac{1}{2} C^I{}_{JK} \theta^J \wedge \theta^K$$
>
> 右不変ベクトル場に対してもまったく同じ公式が成立する．

Lie 群の Lie 代数の重要な点は，Lie 群の構造がずっと単純な純代数的対象である Lie 代数の構造によりほぼ完全に決定される点である．実際，Lie 群が同型ならばその Lie 代数も同型であることは容易に示されるが，実は，ある意味でこの逆もいえる．まず，任意の Lie 代数は常に線形行列環の部分 Lie 代数として実現できることが知られている(Ado の定理)(巻末文献[3])．ところが，Lie 代数 $\mathcal{G}'$ の各行列 A にその指数関数による像 $\exp(A)$ を対応させることにより得られる行列の集合は，$\mathcal{G}'$ を Lie 代数としてもつ Lie 群となることが示される(巻末文献[1])．したがって，任意の Lie 代数に対して，それと同型な Lie 代数をもつ線形群が存在することになる．さらに，Lie 代数 $\mathcal{G}$ をもつ Lie 群 G が 1 つ与えられたとき，その連結部分 Lie 群と $\mathcal{G}$ の部分 Lie 代数とは 1 対 1 に対応することも示されている(巻末文献[4])．

このように Lie 代数には必ず Lie 群が対応しているが，この対応は 1 対 1 ではない．これは，Lie 代数が Lie 群の局所的構造のみを規定しているためである．しかし，Lie 群を連結かつ単連結なものに制限すると，この対応は 1 対 1 となる(巻末文献[1])．さらに，同じ Lie 代数に対応する任意の連結 Lie 群 G は，この単連結な Lie 群 $\tilde{G}$ の離散的正規部分群 Γ による商群 $\tilde{G}/\Gamma$ と同型となることも示される．このように Lie 代数に対応する Lie 群に位相的自由度があることは，対称性をもつ時空の位相構造を考えるときに重要となる．

b）変換群

前項では，Lie 群の Lie 代数をかなり抽象的な形で導入したが，多くの状況では Lie 群は Riemann 多様体などの多様体の上での変換の作る群，すなわち変換群として登場する．この状況では，Lie 群の Lie 代数は，多様体上のベクトル場の作る Lie 代数として具体的に表現される．

群 G と集合 S に対して写像 $F: G\times S\to S$ が定義されていて，各 $a\in G$ に対して $f_a(x)=F(a,x)$ が S の構造を保つ変換となっていて，$f_{ab}(x)=f_b(f_a(x))$, $f_e(x)=x$ $(a,b\in G, x\in S)$ を満たすとき，G は S に右から作用する，あるいは G は S の**右変換群**という．同様に，$f_{ab}(x)=f_a(f_b(x))$ を満たすとき，G は S に左から作用する，あるいは G は S の**左変換群**という．特に，G が Lie 群，S が多様体で，$F(a,x)$ が滑らかな写像となるとき，G は **Lie 変換群**と呼ばれる．また，群 G が変換群として作用している空間 S は ***G* 空間**と呼ばれる．以下，1 つの変換群に着目しているときには，右変換群の作用は単に $R_a x=xa$，左変換群の作用は $L_a x=ax$ と表わす．

この一般的な定義では，$a\neq e$ の場合でも任意の $x\in S$ に対して $f_a(x)=x$ となることがあり得る．このようなことが起こらないとき，すなわち，任意の $x\in S$ に対して $f_a(x)=x$ ならば $a=e$ となるとき，変換群 G は ***S* に有効に作用する**といわれる．このような一見無駄な状況を含めてあるのは，変換群の作用を S の部分集合 S' に限定すると，その作用は S で有効でも S' では有効とは限らないためである．以下では，特に断わらない限り群の作用は有効であると仮定する．

集合の各点が変換群によりどのような範囲を動くかは変換の性質を特徴づけるものとして重要である．そこで，各点 $x\in S$ に対して，その点に変換群 G を作用して得られる点の全体 $G(x)=\{ax\in S \mid a\in G\}$ を点 x を通る**軌道**，各軌道を 1 点につぶして得られる軌道の集合を表わす空間を**軌道空間**と呼び S/G と表わす．特に，各点の軌道がもとの集合全体となる，すなわち，変換群の作用により集合 S の任意の 2 点を結びつけることができるとき，変換群は**推移的**に作用するといわれる．各軌道上では，変換群の作用は推移的である．特に，Lie 変換群 G が多様体 M に推移的に作用しているとき，M は G を変換群とする**等質空間**と呼ばれる．

変換群 G が有効に作用していても，各変換に対して，すべての点が移動するとは限らない．そこで，勝手な点 $x \in S$ に対して，その点を動かさない変換の全体 $G_x = \{a \in G \mid ax = x\}$ を考えると，$a, b \in G_x$ に対して，$(ab)x = a(bx) = x$ となるので，G_x は G の部分群となる．この部分群を点 x における**等方群**と呼ぶ．一般には等方群は各点ごとに異なる．しかし，2 点 x, ax の等方群は $G_{ax} = \mathrm{ad}(a) G_x$ と互いに共役になるので，変換群が推移的に作用している場合には，すべての点での等方群は同型となる．さらにこのとき，$x \in S$ を 1 つ固定すると，写像 $a \in G \mapsto ax \in S$ は全射で，S の各点の逆像は常に G_x となるので S と G/G_x は同一視できる．特に，G が多様体 M の Lie 変換群のときには，等方群 G_x が G の閉部分群で G/G_x が多様体として M と微分同相となることが示されるので(巻末文献[4])，次の定理が成り立つ：

> **定理 3.1.2**　Lie 群 G が多様体 M に推移的に作用するとき，その等方群はすべて G のある部分群 H と共役で，$\dim G = \dim M + \dim H$ の関係が成り立つ．

以上の議論から，等方群が単位元のみからなる，すなわちすべての変換が不動点をもたないとき，Lie 変換群は軌道と同相になる．このような場合，群の作用は**自由**であるという．とくに，群が自由でかつ推移的に作用するとき**単純推移的**と呼ぶ．

G 多様体 M の各点 x にその点を通る軌道 $G(x)$ を対応させることにより，M から軌道空間 M/G への自然な写像 π が定義される：

$$\pi : M \to M/G \tag{3.11}$$

π が連続になるという要請により，軌道空間 M/G に自然な位相が導入される．一般にこのような位相空間対 M, N と M から N への連続な全射 π の組 (M, π, N) は**ファイバー空間**，N は**底空間**，底空間の各点の π による逆像 $\pi^{-1}(y)$

$(y \in N)$はファイバーと呼ばれる(数学的には，さらに被覆ホモトピー性と呼ばれる位相的条件を課すことが多い(巻末文献[5]))．G 多様体の場合にはファイバーは軌道に対応する．ただし，異なった軌道の等方群は一般に異なるので，異なった底空間の点に対応するファイバーは必ずしも微分同相ではなく，また，底空間は多様体とはならない．しかし，Lie 変換群 G が各軌道上で自由に作用する場合にはすべての軌道は G と微分同相となるために，底空間としての軌道空間には自然な多様体の構造が入る．この場合，軌道空間の単連結な開集合 $\mathcal{U} \subset M/G$ の π による逆像 $\pi^{-1}(\mathcal{U}) \subset M$ は $\mathcal{U}$ と G の直積と微分同相となる．このように，すべてのファイバーがある位相空間 F と同相で，底空間 X の各点の適当な近傍 $\mathcal{U}$ をとると，$\pi^{-1}(\mathcal{U}) \subset M$ が $\mathcal{U} \times F$ と同相となるファイバー空間 B は**局所自明なファイバー空間**と呼ばれ，(B, X, F) と表わす．局所自明なファイバー空間 (B, X, F) は直積空間をファイバーに沿って張り合わせたもので，一般には直積 $X \times F$ と同相とはならない．ファイバー空間の概念は位相空間や多様体の大域的構造を研究する上で非常に重要な役割を果たし，時空構造の研究でもしばしば利用される．

Lie 変換群 G が多様体 M に左から作用しているとき，その左不変ベクトル場 X の単位元 e を通る軌道 a_λ は G の1次元部分群，したがって M の1径数変換群となる．これに対応する無限小変換を X^* と書くことにすると，X^* の全体は M のベクトル場の交換子積に関して Lie 代数となる．この Lie 代数ともともとの群の Lie 代数との間に次の重要な定理が成り立つ(巻末文献[6])：

定理 3.1.3 Lie 変換群 G が多様体 M に左から有効に作用しているとき，G の左不変ベクトル場 X, Y に対して

$$[X, Y]^* = -[X^*, Y^*]$$

となる．すなわち，Lie 変換群の Lie 代数は，その無限小変換の作る Lie 代数と同型となる．

証明 X を変換群 G 上の左不変ベクトル場，a_λ をその生成する G 上の1径数部分群とすると，多様体 M の1径数変換群が $M \ni x \mapsto a_\lambda x \in M$ により定義さ

れる．その無限小変換を X^* とすると，X に X^* を対応させることにより G の Lie 代数 $\mathcal{G}$ から M のベクトル場の Lie 代数 $\mathfrak{X}(M)$ への自然な写像 σ が定義される．M の各点 x に対して，G から M への写像 σ_x を $\sigma_x(a)=ax$ により定義すると，$(\sigma_x)_*X_e=X^*_x$ となる．これより σ が線形であることが保証される．また，$X^*=0$ とすると任意の λ に対して $a_\lambda x=x$ となるので，変換群 G が M に有効に作用していることから $a_\lambda=e$ となる．これは $X_e=0$，したがって $X=0$ を意味するので σ は単射となる．

X, Y を G の 2 つの左不変ベクトル場，$X^*=\sigma X$, $Y^*=\sigma Y$，a_λ を X の生成する 1 径数部分群，$f_\lambda(x)=a_\lambda x$ $(x\in M)$ とする．$x\in M, c\in G$ に対して，$f_\lambda\circ\sigma_{a_\lambda{}^{-1}x}(c)=a_\lambda c a_\lambda{}^{-1}x=\sigma_x(\mathrm{ad}(a_\lambda)c)$ から

$$((f_\lambda)_*Y^*)_x = (f_\lambda)_*Y^*_{a_\lambda{}^{-1}x} = (f_\lambda)_*(\sigma_{a_\lambda{}^{-1}x})_*Y_e = (\sigma_x)_*\mathrm{ad}(a_\lambda)Y_e$$

となる．したがって，X^* と Y^* の括弧積は

$$\begin{aligned}[X^*, Y^*]_x &= \lim_{\lambda\to 0}[Y^*_x-((f_\lambda)_*Y^*)_x]/\lambda \\ &= -(\sigma_x)_*\lim_{\lambda\to 0}\mathrm{ad}(a_\lambda)[Y_e-\mathrm{ad}(a_\lambda{}^{-1})Y_e]/\lambda \\ &= -(\sigma_x)_*([X, Y]_e) = -\sigma([X, Y])_x = -[X, Y]^*_x\end{aligned}$$

となる．これは対応 $-\sigma$ が交換子積を保存することを示している．▌

c）対称性と等長変換群

対称性とは変換に対する構造の不変性を意味する．擬 Riemann 多様体 (M, g) の場合には，その構造を決定する計量 g が滑らかな変換 f で不変となれば，(M, g) は変換 f に対して対称といえる．このような計量 g を保存する，すなわち $f^*g=g$ $(\leftrightarrow f_*g=g)$ を満たす変換 f は (M, g) の**等長変換**と呼ばれる．f が等長変換となる条件は，

$$g_{f(x)}(f_*X, f_*Y) = (f^*g)_x(X, Y) = g_x(X, Y) \qquad (3.12)$$

と表わされるので，等長変換はベクトルの内積を保存し，測地線を測地線に移す．

2 つの等長変換 f_1, f_2 の合成 $f_1\circ f_2$ は，$(f_1\circ f_2)^*g=(f_1)^*(f_2)^*g=(f_1)^*g=g$ から再び等長変換となる．また，等長変換 f の逆変換 f^{-1} は $(f^{-1})^*g=f_*g=g$

からやはり，等長変換となる．したがって，等長変換の全体は恒等変換を単位元とする群をなす．この群を，擬 Riemann 多様体 (M, g) の**等長変換群**と呼ぶ．たとえば，n 次元 Euclid 空間 E^n の等長変換群は並進，回転，反転の全体からなる Euclid 群 $E(n)$，n 次元 Euclid 球面 S^n の等長変換群は $O(n+1)$，n 次元 Minkowski 時空の等長変換群は一般 Lorentz 群 $O(n-1, 1)$ となる．

等長変換の全体が群をなすということは，擬 Riemann 多様体の全体としての対称性を，代数的な方法である程度一般的に議論できることを意味している．実際，等長変換は多様体全体の大域的な変換であるが，後ほど述べるように等長変換群は Lie 群となるので，大域的な変換の代わりにそれを生成する無限小変換を調べることにより，群の構造をかなり詳しく決定することができる．

いま f_λ を 1 径数等長変換群，X をその無限小変換とすると，$(f_\lambda)_* g = g$ から $\mathscr{L}_X g = \lim_{\lambda \to 0}[g - (f_\lambda)_* g]/\lambda = 0$．逆に，$\mathscr{L}_X g = 0$ ならば，

$$\frac{d}{d\lambda}(f_\lambda)_* g = (f_\lambda)_* \frac{d}{d\lambda'}(f_{\lambda'})_* g \bigg|_{\lambda'=0} = -(f_\lambda)_* \mathscr{L}_X g = 0$$

から $(f_\lambda)_* g = g$，すなわち f_λ は等長変換群となる．したがって，1 径数等長変換群と $\mathscr{L}_X g = 0$ を満たすベクトル場とは 1 対 1 に対応する．さらに，$\mathscr{L}_X Y = [X, Y] = \nabla_X Y - \nabla_Y X$ から

$$\begin{aligned}(\mathscr{L}_X g)(V, W) &= \mathscr{L}_X(g(V, W)) - g(\mathscr{L}_X V, W) - g(V, \mathscr{L}_X W) \\ &= X(g(V, W)) - g(\nabla_X V - \nabla_V X, W) - g(V, \nabla_X W - \nabla_W X) \\ &= g(\nabla_V X, W) + g(V, \nabla_W X) \\ &= (\nabla_\mu X_\nu + \nabla_\nu X_\mu) V^\mu W^\nu\end{aligned}$$

となるので，条件 $\mathscr{L}_X g = 0$ は

$$(\mathscr{L}_X g)_{\mu\nu} \equiv \nabla_\mu X_\nu + \nabla_\nu X_\mu = 0 \tag{3.13}$$

と表わされる．この微分方程式は **Killing 方程式**，それを満たすベクトル場は **Killing ベクトル**と呼ばれる．

Killing 方程式を解くことにより全ての無限小等長変換が得られるが，この方程式は偏微分方程式であるので，一見一般には無限個の独立な解がありそうにみえる．しかし，実際には有限個しかなく，正確には次の定理が成り立つ：

定理 3.1.4 n 次元擬 Riemann 多様体のもつ独立な Killing ベクトルの個数は高々 $n(n+1)/2$ である.

証明 V を勝手なベクトル場とすると，Killing 方程式から V の積分曲線に沿う常微分方程式

$$\dot{X}^\mu := V^\lambda \nabla_\lambda X^\mu = \frac{1}{2} V_\nu \nabla^{[\nu} X^{\mu]},$$

$$(\nabla^{[\mu} X^{\nu]})^{\cdot} = V^\lambda \nabla_\lambda \nabla^{[\mu} X^{\nu]} = -V^\lambda R^{\mu\nu}{}_{\lambda\sigma} X^\sigma$$

が得られる. 1 点 x_0 を固定して，x_0 を始点とし任意の点 x を終点とする適当な曲線 γ を取れば，その接ベクトルは滑らかなベクトル場 V に広げることができる. このベクトル場 V から得られる上記の常微分方程式を γ に沿って解けば，X_x が決まる. したがって，始点 x_0 での初期値 $X^\mu(x_0)$, $(\nabla^{[\mu} X^{\nu]})(x_0)$ が与えられれば，ベクトル場 X は完全に決定される. この初期値の自由度は $n + n(n-1)/2 = n(n+1)/2$ なので，線形独立な Killing ベクトルの個数は高々 $n(n+1)/2$ となる. ▌

もちろん，この証明で用いた手続きにより X が滑らかなベクトル場として求まるには，同じ 2 点を結ぶ異なった曲線から得られる X の値が曲線の取り方によらず一致しなければならない. しかし，これは必ずしも成立しない. したがって，一般には Killing ベクトルの個数はこの上限値より小さくなり，ほとんどの場合ゼロとなる.

もとの等長変換の全体が群をなすという性質は，Killing ベクトルの集合に反映される. 実際, 公式 2.1.7 から, X, Y が Killing ベクトルならば, $\mathcal{L}_{[X,Y]}g = (\mathcal{L}_X\mathcal{L}_Y - \mathcal{L}_Y\mathcal{L}_X)g = 0$ となるので，$[X, Y]$ も再び Killing ベクトルとなる. したがって，Killing ベクトルの全体の作る線形空間 $\mathcal{G}$ は，ベクトル場の括弧積に対して Lie 代数をなす. 位相変換群の 1 径数部分群の定める無限小変換の全体が有限次元の Lie 代数を構成する場合には，もとの変換群は Lie 群変換群となることが一般に示されるので(巻末文献[2]), 定理 3.1.4 および 3.1.3 から等長変換群は Lie 群となり，Killing ベクトルの全体はその Lie 代数と

同型となる．

d） 対称性の分類

等長変換群 G 自体の代数的構造はその Lie 代数の構造で分類されるが，その 4 次元時空 M^4 への作用まで含めると，さらに，軌道の次元 n や軌道に誘導される計量の符号まで考慮しなければならない．軌道の計量の符号としては，空間的すなわち $(+,+,\cdots)$ の場合(S 型)，時間的すなわち $(-,+,+,\cdots)$ の場合(T 型)，退化型(null)$(0,+,+,\cdots)$ の場合(N 型)の 3 つの場合があるが，この符号の問題は以後に時空の対称性を具体的に議論するさいに取り扱うことにする．以下，m 次元の等長変換群が n 次元の軌道をもつ場合を $G_m(n)$，特に軌道の計量の符号を考慮する場合を $G_m(n,S), G_m(n,T)$ のように表わすことにする．

(1) 軌道が 4 次元時空全体と一致する場合($n=4$)

この場合の群の次元 m は $4 \leqq m \leqq n(n+1)/2=10$ の範囲にある．このうち $m=10$ となる場合は，次の節で述べる定曲率時空となる．さらに，一般的に n 次元(擬) Riemann 空間の等長変換群の次元 m は，$m \neq n(n+1)/2$ ならば $m < n(n+1)/2-1$ であることが示されるので(Fubini の定理(巻末文献[7]))，$m=9$ の場合は許されない．また，$m=8$ となる場合も存在しないことが曲率テンソルの対称性に関する考察により示されている(巻末文献[8])．したがって，残る次元は $m=4,5,6,7$ となる．

これらのうち $m=4$ の場合は，変換群の作用が単純推移的となるため，4-1 節 a）で見るように計量の形や Einstein 方程式は純粋に代数的な問題に帰着されてしまう．また，$m=5$ の場合は，Egorov の定理(巻末文献[9])から 5 次元 Lie 群は必ず 4 次元 Lie 群を部分群として含むので，$G_4(4)$ ないし $G_4(3)$ の特殊な場合と見なすことができる．さらに $m=6$ の場合は，$G_6(4)=G_3(2,T)\otimes G_3(2,S)$ と時空が 2 次元空間の直積に分解される場合を除くと，$G_6 \supset G_4 \supset G_3$ となり，やはり $G_3(3)$ の場合に帰着される(巻末文献[9])．次に $m=7$ の場合は高い対称性のため許される場合は非常に限定され，$G_1(1,T)\times G_6(3,S)$ ないし $G_1(1,N)\times G_6(3,N)$ の 2 つの場合のみとなり，計量は 1 ないし 2 個のパラメーターを除いて完全に決まってしまう．以上の場合の具体的な時空の例については 4-2 節 d)で触れることにする．

(2)　軌道が 3 次元となる場合($n=3$)

この場合は $3 \leqq m \leqq 6$ となる．ただし，Fubini の定理から，軌道 M^3 が退化型の場合を除くと $m=5$ は許されない．残りのうち，作用が単純推移的となる $m=3$ の場合は一様宇宙モデルを与えるので特に重要である．この場合の群，および対応する宇宙モデルは 4-1 節で詳しく述べるように，Bianchi タイプと呼ばれる 9 種類の型に分類される．次に，$m=4$ の場合は Egorov の定理から $G_3(3)$ ないし $G_3(2)$ の特殊な場合となる．最後に，$m=n(n+1)/2=6$ となる場合は軌道が 3 次元定曲率空間となり，特に $G_6(3, S)$ の場合には一様等方宇宙モデルを与える．

(3)　軌道が 2 次元となる場合($n=2$)

この場合は許される次元は $m=2, 3$ となる．これらのうち，$G_3(2, S)$ ないし $G_3(2, T)$ の場合には軌道は 2 次元の定曲率空間となる．特に，$G_3(2, S)$ 型の時空としては球対称型，平面型，双曲型 の 3 つが存在するが，これらのうち特に重要な Schwarzschild 時空を含む球対称時空については 5-1 節で詳しく扱う．

一方，$m=2$ の場合も，軌道自身は定曲率空間となり，したがって 3 次元の等長変換群をもつ(3-2 節参照)．実際，2 次元空間に対しては，曲率テンソルの対称性からその独立な成分は 1 個のみとなり，$R=R^1{}_1+R^2{}_2=R^{21}{}_{21}+R^{12}{}_{12}=2R^{12}{}_{12}$ とスカラ曲率に比例する．したがって，$\mathcal{L}_\xi R=0$ から定曲率空間となる．ただし，これは時空全体が 3 次元の等長変換群をもつことを意味するわけではない．$G_2(2)$ 型の中で特に重要なのは，$G_2(2, T)$ 型に属する軸対称定常時空の場合で，これについては 5-2 節で詳しく説明する．また，$G_2(2, S)$ 型にはまっすぐな宇宙ひもを記述する定常円筒対称時空(同時に $G_3(3, T)$ 型でもある)が含まれる．

(4)　軌道が 1 次元となる場合($n=1$)

この場合，必然的に $m=1$ となり，単に 1 個の Killing ベクトルをもつ時空が対象となる．特に，この Killing ベクトルが時間的な方向を向いている場合は定常時空，空間的で軌道が閉じている場合は軸対称時空と呼ばれる．5-2 節でこれらについての一般的な議論を行なう．

3-2 極大対称空間

a) 定曲率空間

擬 Riemann 多様体 (M, g) の点 p における接空間の 2 次元部分空間 π に対して，π に属する互いに直交する単位ベクトルの組を X_1, X_2 とするとき，

$$K(\pi) = \mathcal{R}(X_1, X_2, X_1, X_2) = R_{abcd}X_1^aX_2^bX_1^cX_2^d \tag{3.14}$$

を π に対する**断面曲率**と呼ぶ．$X_I' = C_I^J X_J$ に対して，$K'(\pi) = (\det C)^2 K(\pi)$ となるので，$K(\pi)$ は正規直交基底 X_1, X_2 の取り方によらない．

断面曲率 $K(\pi)$ が π の取り方にもその接する点にもよらない定数 K となるとき，(M, g) を**定曲率空間**と呼ぶ．次の定理の示すように，定曲率空間では曲率テンソルは K と計量テンソルのみで表わされる：

定理 3.2.1(Schur) 擬 Riemann 空間 (M, g) の断面曲率 $K(\pi)$ が各点 x で π の取り方によらないならば(x に依存してもよい)，曲率テンソルは

$$\mathcal{R}(X, Y, Z, W) = K[g(X, Z)g(Y, W) - g(X, W)g(Y, Z)]$$

すなわち

$$R_{abcd} = K(g_{ac}g_{bd} - g_{ad}g_{bc})$$

と表わされる．さらに，M が連結で次元が 3 以上ならば，K は x によらない定数となり，したがって M は定曲率空間となる．

証明 一般に 4 階共変テンソル T が 3 つの性質

(a) $T(X_1, X_2, X_3, X_4) = -T(X_2, X_1, X_3, X_4)$

(b) $T(X_1, X_2, X_3, X_4) = -T(X_1, X_2, X_4, X_3)$

$$\text{(c)}\quad T(X_1,X_2,X_3,X_4)+T(X_1,X_3,X_4,X_2)+T(X_1,X_4,X_2,X_3)=0$$

をもつとき,

$$2T_{abcd}=T_{abcd}-T_{bacd}=-T_{acdb}-T_{adbc}+T_{bcda}+T_{bdac}$$
$$=T_{cadb}+T_{cbad}+T_{dabc}+T_{dbca}=2T_{cdab}$$

から

$$\text{(d)}\quad T(X_1,X_2,X_3,X_4)=T(X_3,X_4,X_1,X_2)$$

を満たす．ここで T がさらに

$$\text{(e)}\quad T(X_1,X_2,X_1,X_2)=0\quad \forall X_1,X_2$$

を満たすとき，$T\equiv 0$ となることを示す．まず，この式で $X_2=X_3+X_4$ とおくと，(d)から任意の X_1,X_2,X_3 に対して

$$0=T(X_1,X_3,X_1,X_4)+T(X_1,X_4,X_1,X_3)=2T(X_1,X_3,X_1,X_4)$$

となる．次に，この式で $X_1=X_1+X_2$ とおくと，任意の X_1,X_2,X_3,X_4 に対して

$$T(X_1,X_3,X_2,X_4)=-T(X_2,X_3,X_1,X_4)=T(X_2,X_3,X_4,X_1)$$

となることが導かれる．これらの性質を用いると,

$$3T_{abcd}=T_{cbda}+T_{cdab}-T_{bacd}=T_{cbda}+T_{cdab}+T_{cabd}=0$$

を得る．

いま,

$$T(X,Y,Z,W)=\mathcal{R}(X,Y,Z,W)-K\mathcal{R}_0(X,Y,Z,W)$$
$$\mathcal{R}_0(X,Y,Z,W)=g(X,Z)g(Y,W)-g(X,W)g(Y,Z)$$

とおくと，曲率テンソルおよび $\mathcal{R}_0$ は(a)～(c)を満たすので，T も同じ性質をもつ．ところが，K の定義から直交する任意のベクトル X_1,X_2 に対して，$T(X_1,X_2,X_1,X_2)=0$ となる．これから任意のベクトルの組 $X=a^iX_i$, $Y=b^iX_i$ に対して

$$T(X,Y,X,Y)=(a^1b^2-a^2b^1)^2T(X_1,X_2,X_1,X_2)=0$$

となる．よって，T は(e)の条件を満たし $T\equiv 0$ となる．これで定理の前半が示された．

次にKを位置のみの関数として$\mathcal{R}=K\mathcal{R}_0$と表わされるとすると，$\mathcal{R}_0$は計量テンソルのテンソル積の1次結合なので任意のベクトル場Vに対して$\nabla_V\mathcal{R}_0=0$となることを考慮すると，$\nabla_V\mathcal{R}=(VK)\mathcal{R}_0$となる．したがって，Bianchi恒等式(公式2.1.9で$\Theta=0$)から

$$(VK)\mathcal{R}_0(X,Y,Z,W)+(ZK)\mathcal{R}_0(X,Y,W,V)+(WK)\mathcal{R}_0(X,Y,V,Z)=0$$

となる．Mが3次元以上の場合，Y,Z,Wを互いに直交するように取り$V=Y$, $X=W$とおくと，この式は$(ZK)g(W,W)g(Y,Y)=0$となり，任意のZに対して$ZK=0$，すなわちKが定数となる．これで定理の後半も示された．▌

この定理を用いると，許される最大次元の等長変換群をもつRiemann空間は定曲率となることが示される：

定理 3.2.2 n次元Riemann空間(M,g)が$n(n+1)/2$次元の等長変換群をもてば，(M,g)は定曲率空間となる．

証明 定理3.1.2から等方群の連結成分Hは$n(n-1)/2$次元である．ところが，等方群は接空間の計量を不変にするのでn次元(擬)直交群$O(p,q)$ $(p+q=n)$の部分群である．したがって，$H=SO(p,q)$となる．これらのうちgが定符号すなわち$H=SO(n)$の場合には，同じ点での任意の互いに直交する単位ベクトルの2つの組$(X_1,X_2)\in\pi$, $(X_1',X_2')\in\pi'$に対して，$X_1'=h_*X_1$, $X_2'=h_*X_2$となる$h\in H$が存在する．したがって，曲率テンソルは等方群で不変となることを考慮すると，$K(\pi')=\mathcal{R}(X_1',X_2',X_1',X_2')=(\det h)^2\mathcal{R}(X_1,X_2,X_1,X_2)=K(\pi)$となる．一方，$g$が不定計量すなわち$H=O(p,q)$ $(pq\neq0)$の場合には，同様にして，$(-,-)$型の面どうし，$(+,+)$型の面どうし間では$K(\pi)$は一致する．したがって，特に，任意の空間的ベクトルX,Yに対して，Kを定数，$\mathcal{R}_0$を前定理の証明で用いたテンソルとして，$\mathcal{R}(X,Y,X,Y)=K\mathcal{R}_0(X,Y,X,Y)$となる(以下では正のノルムをもつベクトルを空間的，負のノルムをもつベクトルは時間的と呼ぶことにする)．ところが，任意の時間的なベクトルZは2つの空間的ベクトルの差で$Z=X_1-X_2$と表わされるので，

$$\mathcal{R}(Z,Y,Z,Y) = -\mathcal{R}(X_1+X_2,Y,X_1+X_2,Y)+\mathcal{R}(X_1,Y,X_1,Y) +\mathcal{R}(X_2,Y,X_2,Y) = K\mathcal{R}_0(Z,Y,Z,Y)$$

となる．同様にして，$(-,-)$型の面と$(+,-)$型の面に対する断面曲率が一致することも示されるので，g が不定符号の場合も断面曲率は π によらなくなる．したがって，Schur の定理から，M が 3 次元以上なら (M,g) は定曲率となる．2 次元の時は曲率テンソルの独立な成分は 1 個で必ず $\mathcal{R}=K\mathcal{R}_0$ と表わされ，任意の Killing ベクトル ξ に対して $\nabla_\xi\mathcal{R}=\nabla_\xi\mathcal{R}_0=0$ から $\xi K=0$ となるのでこの時も定理が成立する．▌

この定理から，極大対称空間の分類は定曲率空間の分類に帰着されるが，実は次の定理から，定曲率空間は位相的な問題を別にすれば断面曲率のみで決まってしまう．

定理 3.2.3 同じ断面曲率をもつ 2 つの定曲率空間 (M,g), (M',g') は局所的に等長である．特に，M, M' が共に連結，単連結かつ完備ならば，(M,g) と (M',g') は完全に同型，すなわち等長な 1 対 1 対応がある．さらに，任意の連結かつ完備な定曲率空間 (M,g) は，連結，単連結かつ完備な定曲率空間 $(\tilde{M},\tilde{g})$ のその等長変換群の離散的な部分群 Γ による商空間 $\tilde{M}/\Gamma$ と同型である．

ここで**完備**とは任意の測地線が，そのアフィンパラメーターに関して無限に延長可能であることを意味する．この定理の証明はかなり長くなるので省略する．完全な証明は巻末文献[6]に与えられている．

b) 定曲率空間の分類

定曲率空間はすべて平坦な空間内の 2 次曲面として表わすことができる．このことを示すために，2 次曲面の断面曲率を計算しておこう．

命題 3.2.4 (p,q) 型の計量 η ($(\eta_{AB})=[+1,\cdots,-1,\cdots]$) をもつ(擬)Euclid 空間 $E^{p,q}$ の 2 次超曲面 M,

$$\langle y,y\rangle := \eta_{AB}y^Ay^B = \varepsilon a^2 \qquad (\varepsilon=\pm 1)$$

は断面曲率 $K=\varepsilon/a^2$ の完備な $p+q-1$ 次元定曲率空間である．M の計量 g の符号は $\varepsilon=1$ のとき $(p-1,q)$ 型，$\varepsilon=-1$ のとき $(p,q-1)$ 型となる．

証明 点 $y\in M$ における単位法ベクトルを n とすると，$n=y/a$ $(\langle n,n\rangle=\varepsilon)$ と表わされる．また，その点における接ベクトル X は，$E^{p,q}$ のベクトルとみたとき $(\tilde{\nabla}_X y)^A=X^A$．これから M の第2基本形式 $nh(X,Y)$ は，2-2節の Weingarten の公式を用いて

$$-h(X,Y)=\varepsilon\langle\tilde{\nabla}_X n,Y\rangle=\frac{\varepsilon}{a}\langle X,Y\rangle=\frac{\varepsilon}{a}g(X,Y)$$

したがって $\tilde{\mathcal{R}}=0$ に注意すると，Gauss の方程式(公式 2.2.5)から

$$\begin{aligned}\mathcal{R}(X,Y,Z,W)&=\varepsilon[h(X,Z)h(Y,W)-h(X,W)h(Y,Z)]\\&=\frac{\varepsilon}{a^2}[g(X,Z)g(Y,W)-g(X,W)g(Y,Z)]\end{aligned}$$

よって，M は $K=\varepsilon/a^2$ の定曲率空間．M の計量の符号は $\langle n,n\rangle=\varepsilon$ から明らか．2次曲面 M の完備性は次に述べる命題による．▌

完備性など，これらの定曲率空間の大域的性質を見るには，その中の測地線の振舞いを知ることが必要となる．次の命題は，その際に基礎となる有用なものである．

命題 3.2.5 (p,q) 型計量 η を持つ(擬)Euclid 空間 $E^{p,q}$ 内の超曲面

$$M:\quad \eta_{AB}y^Ay^B=\varepsilon a^2$$

の点 y_0 を通る測地線はその点の法ベクトル n_0 を含む $E^{p,q}$ の2次元平面と M の交線で与えられる．特に，M が Lorentz 時空となる場合にはその光的測地線は $E^{p,q}$ 内の直線となる．さらに，M は測地的に完備である．

証明 点 $y_0\in M\subset E^{p,q}$ の勝手な接ベクトルを X_0 とすると，その点の法ベクトル $n_0=y_0/a$ を含む2次元平面 π 上の点は r,s をパラメーターとして

$$\pi: \quad y = rn_0 + sX_0$$

と表わされる．特に，π と M の交線は $\langle X_0, n_0\rangle = 0$ から

$$r^2 + cs^2 = a^2 \qquad (c = \varepsilon\langle X_0, X_0\rangle)$$

となる．この解を $r(\lambda), s(\lambda)$ とパラメーター表示すると，r, s は常微分方程式

$$\frac{dr}{d\lambda} = -\frac{c}{a}s, \qquad \frac{ds}{d\lambda} = \frac{r}{a}$$

に従うので，その接ベクトル X は $X = dy/d\lambda = (-csn_0 + rX_0)/a$ と表わされる．したがって，

$$\tilde{\nabla}_X X = \frac{dX}{d\lambda} = -\frac{1}{a^2}(crn_0 + csX_0) = -\frac{c}{a}n$$

よって，Gauss の公式 2.2.3 から，$\nabla_X X = (\tilde{\nabla}_X X)^{/\!/} = 0$ となり，$y(\lambda)$ は測地線で λ はそのアフィンパラメーターとなる．X_0 は任意なので，これらが y_0 を通るすべての測地線を尽くしていることも分かる．

次に，X_0 が光的ベクトルのとき，$c = 0$ から $r = a, s = \lambda$，したがって $y = n_0 + \lambda X_0$ となり，確かに光的測地線は $E^{p,q}$ の直線となる．

最後に，$r(\lambda), s(\lambda)$ の具体的な形は

$c > 0$ のとき　$r = a\cos\dfrac{\sqrt{c}}{a}\lambda, \quad s = \dfrac{a}{\sqrt{c}}\sin\dfrac{\sqrt{c}}{a}\lambda$

$c < 0$ のとき　$r = a\cosh\dfrac{\sqrt{|c|}}{a}\lambda, \quad s = \dfrac{a}{\sqrt{|c|}}\sinh\dfrac{\sqrt{|c|}}{a}\lambda$

$c = 0$ のとき　$r = a, \quad s = \lambda$

となり，アフィンパラメーターは任意の実数値を取り得るので M は完備である．▌

以上の定理と前小節の一般定理を用いると，定曲率空間を完全に分類することができる．まず，計量が正定符号の定曲率空間に対しては次の定理が成り立つ．

定理 3.2.6 連結，単連結かつ完備な n 次元定曲率 Riemann 空間は，断面曲率 K の符号に応じて次の 3 つの型の空間のどれかと同型である：

（i） $K=0$： Euclid 空間 E^n；等長群$=E(n)$（n 次元 Euclid 群）

（ii） $K>0$： Euclid 球面 S^n；等長群$=O(n+1)$

（iii） $K<0$： 双曲空間 H^n；等長群$=O(n,1)$

証明 まず，E^n は明らかに連結，単連結かつ完備で $K=0$．等長群は定義からEuclid 群 $E(n)\cong \boldsymbol{R}^n\times O(n)$．次に E^{n+1} 内の半径 a の球面 S^n は連結，単連結で命題 3.2.4 から $K=1/a^2>0$ の完備な定曲率空間で，等長群は直交群 $O(n+1)$．最後に，双曲空間 H^n は $n+1$ 次元 Minkowski 空間 $E^{n,1}$ 内の連結で空間的な 2 次曲面

$$\eta_{AB}y^Ay^B = -(y^0)^2+(y^1)^2+\cdots+(y^n)^2 = -a^2 \qquad (y^0>0)$$

で定義されるので，命題 3.2.4 から $K=-1/a^2<0$ の完備な定曲率空間．位相的には $H^n\approx R^n$ なので H^n は単連結である．この 2 次形式を不変にする変換群 $O(n,1)$ は $E^{n,1}$ の等長変換群となるので H^n の等長変換群にもなる．これら 3 つのタイプで定曲率空間が尽くされることは定理 3.2.3 による．▌

後で必要となるので，これらの空間の計量の具体的な形を求めておこう．まず，単位球面上の点を $\boldsymbol{\Omega}_n\in E^{n+1}$（$|\boldsymbol{\Omega}_n|=1$）で表わすと，球面 S^n の計量は $ds^2=a^2(d\boldsymbol{\Omega}_n)^2$ となる．したがって

$$\Omega_n^0 = \cos\theta_n, \qquad \Omega_n^j = \sin\theta_n\Omega_{n-1}^{j-1} \qquad (j=1,\cdots,n) \tag{3.15}$$

により角度座標 $\theta_n,\theta_{n-1},\cdots,\theta_1=\phi$ を導入すると，計量は

$$S^n:\quad ds^2 = a^2(d\theta_n{}^2+\sin^2\theta_n(d\boldsymbol{\Omega}_{n-1})^2)\,; \tag{3.16}$$

$$(d\boldsymbol{\Omega}_j)^2 = d\theta_j{}^2+\sin^2\theta_j(d\boldsymbol{\Omega}_{j-1})^2$$

$$(d\boldsymbol{\Omega}_1)^2 = d\theta_1{}^2 = d\phi^2$$

と表わされる．次に，Euclid 空間の計量は，Descartes 座標 $\boldsymbol{x}$ および極座標 $(r,\theta_{n-1},\cdots,\theta_1=\phi)$ を用いて

$$E^n:\quad ds^2 = (d\boldsymbol{x})^2 = dr^2+r^2(d\boldsymbol{\Omega}_{n-1})^2 \tag{3.17}$$

と表わされる．最後に，双曲空間 H^n の計量は，$n+1$ 次元 Minkowski 座標 y^a を H^n の内部座標 $\xi, \theta_{n-1}, \cdots, \theta_1$ で

$$y^0 = a\cosh\xi, \qquad y^j = a\sinh\xi\,\Omega_{n-1}^{j-1} \qquad (j=1,\cdots,n) \tag{3.18}$$

と表わすことにより，

$$H^n: \quad ds^2 = a^2(d\xi^2+\sinh^2\xi(d\boldsymbol{\Omega}_{n-1})^2) \tag{3.19}$$

となる．

Lorentz 型の定曲率空間すなわち定曲率の時空に対しても定理 3.2.6 と同様の定理が成り立つ．それを示す前に，いくつか定義を与える必要がある．$n+1$ 次元 Minkowski 時空 $E^{n,1}$ の完備な時間的 2 次曲面

$$dS^n: \quad \eta_{AB}y^Ay^B = a^2 \tag{3.20}$$

と同型な Lorentz 型の時空は **de Sitter 時空**と呼ばれる．この 2 次式は

$$(y^1)^2+\cdots+(y^n)^2 = a^2+(y^0)^2$$

と書かれるので de Sitter 時空は位相的には $dS^n \approx \boldsymbol{R}\times S^{n-1}$ となり，連結でかつ $n>2$ ならば単連結である．dS^2 についてはその普遍被覆空間 $\widetilde{dS}^2 \approx \boldsymbol{R}^2$ が単連結となる．

ここで位相空間 M の普遍被覆空間とは，M への局所的に同相な全射 $\pi: \tilde{M} \to M$ が存在する単連結な位相空間のことである．$\tilde{M}_1, \tilde{M}_2$ を位相空間 M の 2 つの普遍被覆空間，$\pi_1: \tilde{M}_1 \to M$, $\pi_2: \tilde{M}_2 \to M$ を局所同相な全射とするとき，$\tilde{M}_1$ から $\tilde{M}_2$ への同相写像 F で $\pi_1 = \pi_2 \cdot F$ となるものが必ず存在することが示される(巻末文献[5])．すなわち，各位相空間に対してその普遍被覆空間は同相対応の自由度を除いて一意的に決まる．

同様に $(n-1, 2)$ 型の擬 Euclid 空間 $E^{n-1,2}$ の完備な時間的 2 次曲面

$$AdS^n: \quad \eta_{AB}y^Ay^B = -a^2 \tag{3.21}$$

と同型な時空は**反 de Sitter 時空**と呼ばれる．この 2 次式は

$$(y^0)^2+(y^1)^2 = a^2+(y^2)^2+\cdots+(y^n)^2$$

と書かれるので，位相的には $AdS^n \approx S^1\times \boldsymbol{R}^{n-1}$ となる．したがって，この空間は連結ではあるが単連結ではない．しかも，基本群 $\pi_1(AdS^n) \cong \boldsymbol{Z}$ の生成元は時間的な閉曲線となる(基本群については巻末文献[5]参照)．したがって，

AdS^n では因果律が破れている．しかし，この破れは単純で，その普遍被覆空間 $\widetilde{AdS}^n \approx \boldsymbol{R}^n$ を考えれば解消される．

ここで面白いことは，dS^2 と AdS^2 は計量の全体としての符号を別にすれば幾何学的には全く同じ空間となっていることである．ただし，物理的には計量の符号は時間の方向を規定するので，これらの空間は別のものと見なされる．

de Sitter 時空，反 de Sitter 時空の曲率は前定理と全く同様に Weingarten の公式と Gauss の方程式を用いて計算され，それぞれ $K=1/a^2>0$，$K=-1/a^2<0$ となる．したがって，定理 3.2.3 を考慮すると次の分類定理が得られる：

> **定理 3.2.7** 連結，単連結かつ完備な n 次元定曲率時空は断面曲率 K の符号に応じて次の 3 つの時空のどれかと同型である：
>
> (i) $K=0$： Minkowski 時空 $E^{n-1,1}$；等長群＝Poincaré 群 $\mathcal{P}(n)$
>
> (ii) $K>0$： de Sitter 時空 dS^n；等長群＝$O(n,1)$
> （ただし，$n=2$ のときは普遍被覆空間 $\widetilde{dS}^2$）
>
> (iii) $K<0$： 単連結反 de Sitter 時空 $\widetilde{AdS}^n$；等長群＝$O(n-1,2)$

Minkowski 時空はもちろんのことであるが，de Sitter 時空や反 de Sitter 時空は相対論や宇宙論，素粒子論で頻繁に登場する．その理由は，それらが最大の対称性をもつ時空であるということと共に，宇宙項をもつ Einstein 方程式の真空解となっていることにある．このことは容易に確かめられる．まず，これらの空間が定曲率であるので，曲率テンソルは $R_{abcd}=K(g_{ac}g_{bd}-g_{ad}g_{bc})$ と表わされる．したがって，Ricci テンソルおよび Ricci スカラはそれぞれ $R_{ab}=(n-1)Kg_{ab}$，$R=n(n-1)K$ となり，Einstein テンソルは

$$R_{ab}-\frac{1}{2}Rg_{ab} = -\frac{1}{2}(n-1)(n-2)Kg_{ab} \tag{3.22}$$

と表わされる．これはこれらの時空が $\Lambda=(n-1)(n-2)K/2$ の宇宙項をもつ Einstein 方程式の真空解であることを示している．この結果をまとめると次のようになる．

> **定理 3.2.8** Minkowski 時空 $E^{n-1,1}$，de Sitter 時空 dS^n，反 de Sitter 時空 AdS^n は $n \geqq 3$ のとき，それぞれ宇宙項 $\Lambda=0, \Lambda>0, \Lambda<0$ の Einstein 方程式の真空解である．

この定理で $n=2$ の場合が除外されているのは，この場合には Einstein 方程式が自明になるためである．

c) de Sitter 時空

(1) さまざまな局所座標系

実際の問題では de Sitter 時空は具体的な座標表示で登場することが多い．この時空の興味深い点は，その計量が座標により大きく見かけを変えることである．以下に，その中で重要なものを挙げる．y^A は(3.20)式で用いた $E^{n,1}$ の直交座標である．

完全チャート 座標系 $(\tau, \theta_{n-1}, \cdots, \theta_1)$ を

$$y^0 = a \sinh \tau, \qquad y^j = a \cosh \tau \boldsymbol{\Omega}_{n-1}^{j-1} \qquad (j=1, \cdots, n) \tag{3.23}$$

により導入すると，計量は

$$ds^2 = a^2[-d\tau^2 + \cosh^2\tau (d\boldsymbol{\Omega}_{n-1})^2] \tag{3.24}$$

と閉じた Robertson-Walker 時空の形で表わされる．この座標系は時空全体を覆う完全なチャートを与える．

平坦チャート 座標系 $(\tau_1, \boldsymbol{x}_{n-1})$ $(\boldsymbol{x}_{n-1} \in \boldsymbol{R}^{n-1})$ を

$$y^0 + y^1 = ae^{\tau_1}, \qquad y^j = ae^{\tau_1} x_{n-1}^{j-1} \qquad (j=2, \cdots, n) \tag{3.25}$$

により導入すると，計量は平坦な Robertson-Walker 時空

$$ds^2 = a^2[-d\tau_1{}^2 + e^{2\tau_1}(d\boldsymbol{x}_{n-1})^2] \tag{3.26}$$

の形に書かれる．この座標系は $y^0+y^1>0$ から，時空の半分の領域しか覆わない．

開チャート 座標系 $(\tau_2, z^0, z^1, \cdots, z^{n-1})$ を

$$y^n = a \cosh \tau_2, \qquad y^j = a \sinh \tau_2 z^j \qquad (j=0, \cdots, n-1)\,; \tag{3.27}$$
$$-(z^0)^2 + (z^1)^2 + \cdots + (z^{n-1})^2 = -1$$

により導入すると，$z \in H^{n-1}$ となるので dS^n の計量は

$$ds^2 = a^2[-d\tau_2{}^2 + \sinh^2\tau_2 dH_{n-1}^2] \tag{3.28}$$

と表わされる．これは開いた Robertson-Walker 時空となる．この座標系も時空の一部しか覆わない．

このように同じ時空が異なった空間曲率をもつ Robertson-Walker 時空の形を取り得るのは，dS^n の等長変換群 $O(n,1)$ が $n-1$ 次元の空間的超曲面に推移的に作用する異なった構造の部分群 $SO(n)$，$E(n)$，$SO(n-1,1)$ をもつことによる．また，後の 2 つに対応する場合にチャートが時空全体を覆わないのは，対応する変換群の Killing ベクトルの一部がある $n-1$ 次元面で空間的な方向から時間的な方向に変わるためである．

静的チャート　座標系 $(t, r, \theta_{n-2}, \cdots, \theta_1)$ を

$$\begin{aligned} y^0 &= \sqrt{a^2-r^2}\sinh(t/a), \quad y^1 = \sqrt{a^2-r^2}\cosh(t/a), \\ y^j &= r\Omega_{n-2}^{j-2} \quad (j=2, \cdots, n) \end{aligned} \tag{3.29}$$

により導入すると，計量は球対称な静的時空の形を取る：

$$ds^2 = -\left(1-\frac{r^2}{a^2}\right)dt^2 + \left(1-\frac{r^2}{a^2}\right)^{-1}dr^2 + r^2(d\boldsymbol{\Omega}_{n-2})^2 \tag{3.30}$$

この座標系では計量が $r=a$ に特異点をもつが，これは見かけのものである．

以上の座標系の間の関係については次の小節で議論する．

(2)　因果構造

de Sitter 時空は位相的には単に $\boldsymbol{R} \times S^{n-1}$ と単純な構造をもつが，大域的な因果構造は必ずしも簡単でない．このような時空の大域的構造を直観的に捉えるのに有用な方法として，通常 **Penrose 図式**(Penrose diagram)ないし**共形図式**(conformal diagram)と呼ばれる**共形埋め込み**(conformal mapping)を用いる方法がある(巻末文献[10]，[11])．これは大まかには無限の広がりをもつ時空を(比較的簡単な構造をもつ)別の時空の有限な部分に共形写像で埋め込むことにより，時空全体の因果構造を眺められるようにするものである．みそとなるのは，共形写像がベクトルの間のなす角を保存し，光的ベクトルを光的ベクトルに写すために，因果構造を決定する光円錐を保存する写像となる点である(共形図式の一般論については巻末参考書参照)．

まず例として，最も基本的なMinkowski時空$E^{n-1,1}$の場合を扱ってみよう．Minkowski時空の計量は空間座標として極座標を取ると

$$ds^2 = -dt^2+dr^2+r^2(d\boldsymbol{\Omega}_{n-2})^2 \tag{3.31}$$

と書かれる．いま，(t,r)の代わりに

$$2t = \tan\frac{\eta+\chi}{2}+\tan\frac{\eta-\chi}{2} \tag{3.32}$$

$$2r = \tan\frac{\eta+\chi}{2}-\tan\frac{\eta-\chi}{2} \tag{3.33}$$

で定義される座標(η,χ)を導入すると，計量は

$$ds^2 = \frac{1}{4}\sec^2\frac{\eta+\chi}{2}\sec^2\frac{\eta-\chi}{2}\,ds_{SE}^2 \tag{3.34}$$

$$ds_{SE}^2 = -d\eta^2+d\chi^2+\sin^2\chi(d\boldsymbol{\Omega}_{n-2})^2 \tag{3.35}$$

となる．ここでds_{SE}^2は静的Einstein宇宙SE^nの時空計量に当たる．新しい座標では$r\geqq 0$は有限な領域

$$|\eta+\chi| < \pi, \qquad |\eta-\chi| < \pi \qquad (\chi\geqq 0) \tag{3.36}$$

に対応する．したがって，以上の座標変換は，図3-1(a)に示したように$E^{n-1,1}$からSE^nの有限領域への共形埋め込みを与える．また，半径rの球面S^{n-2}を一点と見なして得られる2次元時空(t,r)のみに着目した場合は図3-1(b)のようになる．

この埋め込みはすでに述べたように光円錐を光円錐に写すので，$E^{n-1,1}$の光円錐はES^nの光円錐と一致する．たとえば，2次元の図3-1(b)では光円錐は$\pm 45°$の2直線で表わされる．このことに注意すると，Minkowski時空の無限遠は図に示したように，3つの点i^+, i^-, i^0と2つの光円錐$\mathscr{I}^+, \mathscr{I}^-$から成ることが分かる．これらの内，$i^+, i^-, i^0$はそれぞれ**未来の無限遠点**(future infinity)，**過去の無限遠点**(past infinity)，**空間的無限遠点**(spatial infinity)，また，$\mathscr{I}^+, \mathscr{I}^-$はそれぞれ**未来の光的無限遠境界**(future null boundary)，**過去の光的無限遠境界**(past null boundary)と呼ばれる．もちろん，これらの無限

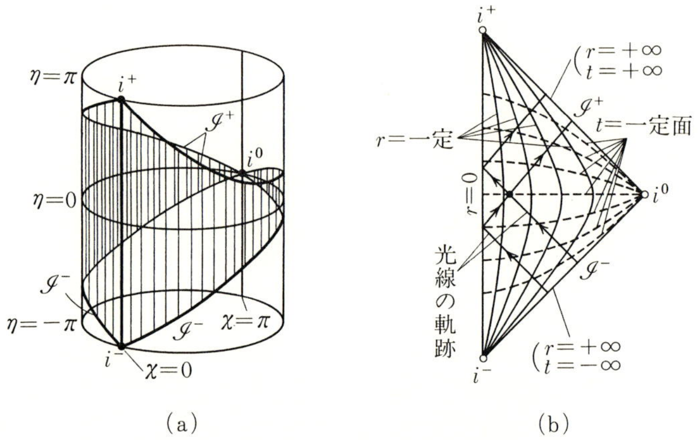

図 3-1 Minkowski 時空の共形図式

遠境界はもとの時空に属するものではないが，時空の無限遠での漸近的な振舞いを端的に表現する手段を与える(時空の無限遠の構造についてより詳しくは巻末参考書参照).

次に，この方法を de Sitter 時空に適用してみよう．計量(3.24)において，$d\eta=d\tau/\cosh\tau$ により共形時間 η を導入すると，計量は

$$ds^2 = a^2\sec^2\eta ds_{SE}^2 \tag{3.37}$$

となり，Minkowski 時空の場合と同様に静的 Einstein 宇宙の有限領域 $-\pi/2<\eta<\pi/2$ への共形埋め込みが得られる．対応する共形図式は図 3-2 で与えられる．

この図を見ると，de Sitter 時空の因果構造は Minkowski 時空と大きく異なることが分かる．まず，空間的ないし光的な無限遠はなく，未来と過去の無限遠は 2 つの空間的な $n-1$ 次元球面からなっている．このため，たとえば原点 $\chi=0$ に静止した観測者の観測できる領域は時空全体を覆わず，$\chi+\eta=\pi/2$ で与えられる光円錐 H^+ の片側となる．この特徴は，原点に静止した観測者に限らず，時間的な運動をする任意の観測者に共通するものである．この観測可能領域の境界 H^+ はその観測者に関する未来の**事象地平線**(future event horizon)と呼ばれる．この未来の事象地平線の出現は未来の無限遠が空間的な

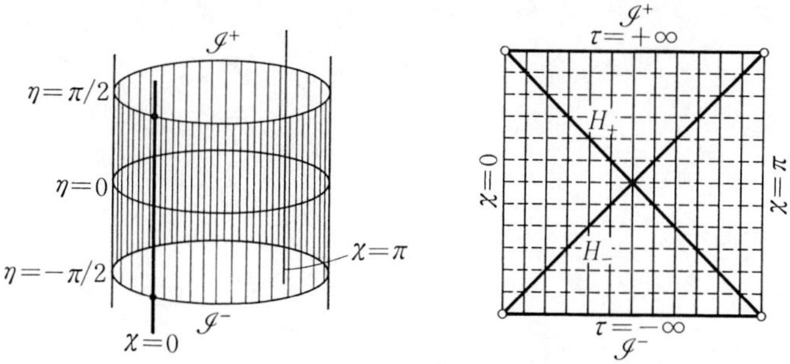

（a）　　　　　　　　（b）

図 3-2　de Sitter 時空の共形図式

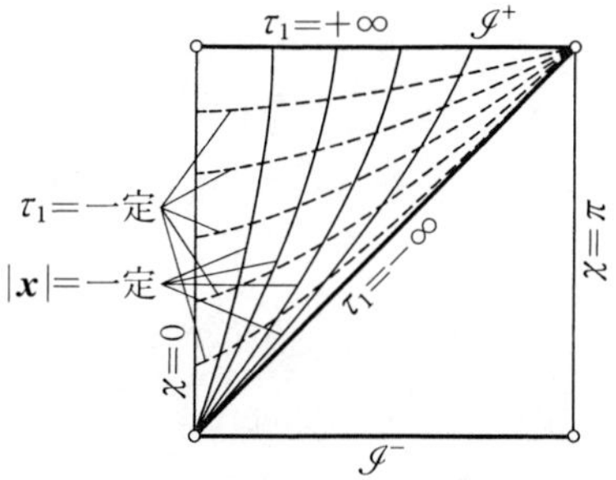

（a）　平坦チャート $(\tau, |\boldsymbol{x}|, \boldsymbol{\Omega}_{n-2})$

$$\boldsymbol{x} = |\boldsymbol{x}|\boldsymbol{\Omega}_{n-2}$$

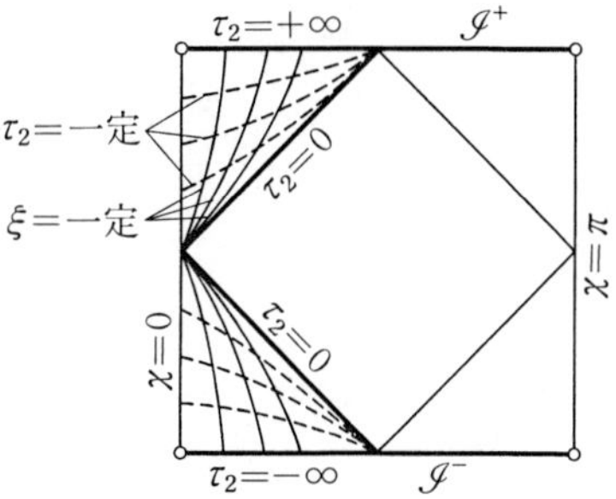

（b）　開チャート $(\tau_2, \xi, \boldsymbol{\Omega}_{n-2})$

$$(z^1, \cdots, z^{n-1}) = \sinh\xi\,\boldsymbol{\Omega}_{n-2}$$

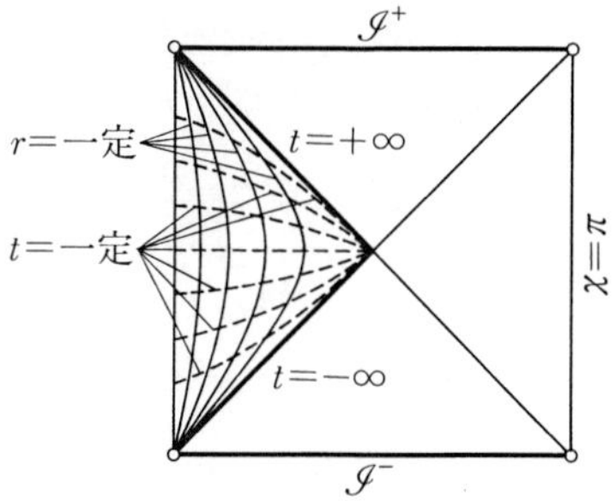

（c）　静的チャート $(t, r, \boldsymbol{\Omega}_{n-2})$

図 3-3　de Sitter 時空のさまざまなチャートの関係

面となる場合に共通する現象である．同様に，過去の無限遠が空間的となっている結果として，時間的な運動をする粒子からの情報が伝わる領域はやはり時空全体を覆わず，光的な面 H^- を境界とする部分領域となる．この境界面はこの粒子に関する過去の事象地平線と呼ばれる(時空の因果構造についてさらに詳しくは巻末参考書参照)．

共形図式は上で導入したさまざまなチャートの間の関係を見るのにも役立つ．実際，図 3-3 に示したように，平坦チャートは時空の半分を，開チャートと静的チャートは異なる 1/4 領域を覆っていることが分かる．

(3) 測地線の振舞い

共形図式の方法は光的測地線の振舞いを中心とする因果構造を見るのには便利であるが，時間的ないし空間的な測地線の振舞いについての精密な情報を与えない．このような情報を得るにはどうしても測地線の方程式を解くことが必要となる．幸い定曲率空間の場合には，命題 3.2.5 のおかげでこの解析は比較的簡単である．

Minkowski 時空や Euclid 空間ではその任意の 2 点を測地線で結ぶことができる．しかし，この性質は一般の擬 Riemann 空間ではたとえ完備でも成立しない．実際，de Sitter 時空に対して次の定理が成り立つ．

定理 3.2.9 de Sitter 時空の各点 x を通過する空間的測地線はすべてその対極点 $\bar{x}$ を通過する．また，x を通過する測地線は $\bar{x}$ を通過する時間的測地線の覆う領域を通過しない．したがって，各点を通過する測地線の全体は時空全体を覆わない．

証明 これまでと同じように dS^n を $E^{n,1}$ の半径 a の 2 次超曲面と見なすことにすると，点 y_0 における空間的接ベクトル X_0 ($\langle X_0, X_0\rangle=(ac)^2$) に接する測地線は，命題 3.2.5 から

$$y = y_0\cos(c\lambda)+c^{-1}\sin(c\lambda)X_0$$

と表わされる．これは明らかに，X_0 によらず $\lambda=\pi/c$ で $\bar{y}_0=-y_0$ を通過する．

次に X_0 を時間的にとり，$\langle X_0, X_0\rangle=-(ac)^2$ とおくと，y_0 での法ベクトル

と X_0 を含む 2 次元面と dS^n の交線は,

$$y = \pm[\cosh(c\lambda)y_0 + c^{-1}\sinh(c\lambda)X_0]$$

と 2 本の互いに交わらない曲線からなる. 命題 3.2.5 からこれらはいずれも測地線となるが, + 符号のもののみが y_0 を通過し, − 符号のものは y_0 を通過しない. ところが, この − 符号に対応する測地線は, X_0 によらず対極点 $\bar{y}_0$ を通過する測地線となる. これから, y_0 を通過する測地線は $\bar{y}_0$ を通過する時間的測地線の覆う領域を決して通過しないことが分かる. 具体的には, この領域は dS^n のうち $\langle y, y_0\rangle < -a^2$ の部分に対応する. これはちょうど開チャートの覆う領域と(適当な等長変換により)一致する. ▮

この定理の証明で用いた時間的測地線の表式と対応する空間的測地線に対する表式を用いると, de Sitter 時空上の 2 点の距離に対する具体的な表式を求めることができる:

公式 3.2.10 de Sitter 時空

$$-(y^0)^2 + (y^1)^2 + \cdots + (y^n)^2 = a^2$$

上の 2 点 y_1, y_2 の間の測地的距離 s は $\mu = \langle y_1, y_2\rangle / a^2$ として

$$s = \begin{cases} a\cosh^{-1}\mu & (\text{時間的 } \mu > 1) \\ a\cos^{-1}\mu & (\text{空間的 } |\mu| < 1) \\ 0 & (\text{光的 } \mu = 1,\ y_1 \neq y_2) \end{cases}$$

で与えられる.

d) 反 de Sitter 時空

(1) チャート

(3.21)で定義される反 de Sitter 時空には 2 つの自然な局所座標系が存在する.

開チャート AdS^n の座標系 $(\tau, z^1, \cdots, z^n)$ を

$$y^0 = a\sin\tau, \qquad y^j = a\cos\tau z^j \qquad (j=1, \cdots, n); \tag{3.38}$$

$$-(z^1)^2 + (z^2)^2 + \cdots + (z^n)^2 = -1$$

により導入すると, (z^j) は半径 1 の $n-1$ 次元双曲空間 H^{n-1} の座標となるので計量は

$$ds^2 = a^2(-d\tau^2 + \cos^2\tau dH_{n-1}^2) \qquad (3.39)$$

と，開いたRobertson-Walker時空に対応する形になる．後ほど見るように，このチャートはdS^n全体を覆わない．

静的チャート　座標系$(t, r, \theta_{n-2}, \cdots, \theta_1)$を

$$y^0 = \sqrt{r^2+a^2}\sin(t/a), \quad y^1 = \sqrt{r^2+a^2}\cos(t/a),$$
$$y^j = r\Omega_{n-2}^{j-2} \quad (j=2, \cdots, n); \quad |\boldsymbol{\Omega}_{n-2}| = 1 \qquad (3.40)$$

により導入すると，計量は

$$ds^2 = -\left(1+\frac{r^2}{a^2}\right)dt^2 + \left(1+\frac{r^2}{a^2}\right)^{-1}dr^2 + r^2(d\boldsymbol{\Omega}_{n-2})^2 \qquad (3.41)$$

と，球対称で静的となる．このチャートは$-\pi<t/a<\pi$ととればAdS^nの，$-\infty<t/a<+\infty$ととればその普遍被覆空間$\widetilde{AdS^n}$の完全なチャートとなる．

(2)　因果構造

静的座標系(3.40)から出発して

$$\eta = t/a, \quad \tan\chi = r/a \qquad (3.42)$$

により新しい座標系$(\eta, \chi, \theta_{n-2}, \cdots, \theta_1)$を導入すると，$AdS^n$の計量は

$$ds^2 = a^2\sec^2\chi ds_{SE}^2 \qquad (3.43)$$

とSE^nの計量に比例する形になる．$0\leqq\chi\leqq\pi/2$となるので，図3-4に示したように，この座標系は$\widetilde{AdS^n}$をSE^nの半分の領域に共形的に埋め込む写像を与える．もともとの反de Sitter時空AdS^nはこの領域の$-\pi/2\leqq\eta<\pi/2$の部分で$\eta=\pm\pi/2$の境界を同一視したものに相当し，時間方向に閉じた時空となる．また，開チャートは$|\eta|<|\chi-\pi/2|$の領域(あるいはそれをη方向に周期πでずらしたもの)に相当していることが容易に確かめられる．

この$\widetilde{AdS^n}$の共形図式では時間方向が有限となっていない．有限な共形図式を得るには，t, χからMinkowski時空の場合の変換(3.32)で$t\to\eta, r\to\chi, \eta\to\tilde{\eta}$，$\chi\to\tilde{\chi}$と置き換えた式により$\tilde{\eta}, \tilde{\chi}$を導入するとよい．このとき計量は，

$$ds^2 = \frac{1}{4}\sec^2\chi\sec^2\tilde{\chi}\sec^2\tilde{\eta}\left[-d\tilde{\eta}^2 + d\tilde{\chi}^2 + \sin^2\tilde{\chi}\frac{\sin^2\chi}{\chi^2}(d\boldsymbol{\Omega}_{n-2})^2\right] \qquad (3.44)$$

となる．S^{n-2}部分が少し複雑になるが，本質的なt, χから成る2次元部分の

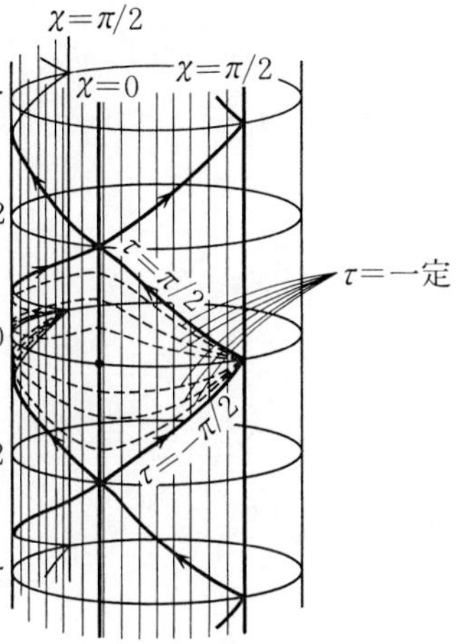

図 3-4　反 de Sitter 時空の SE^n への共形埋め込み

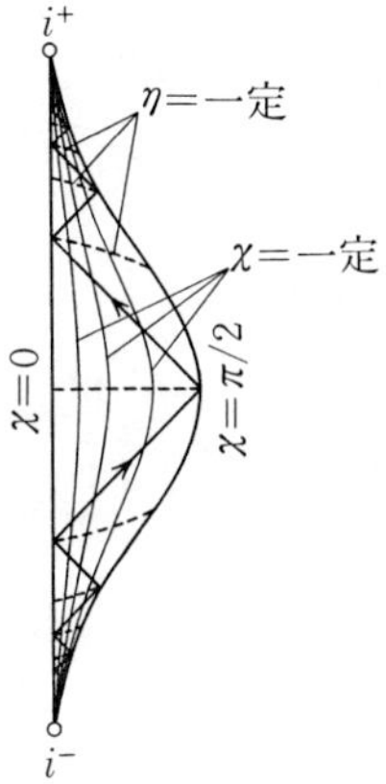

図 3-5　反 de Sitter 時空の共形図式

因果構造は図 3-5 のようになる．

明らかに因果構造は de Sitter 時空と大きく異なり，未来および過去の無限遠はそれぞれ点 i^+, i^- に退化している．これは Minkowski 時空の場合と似ている．しかし，空間的無限遠は1点ではなく時間的な面 $\mathscr{I}$ となり，光的境界は現われない．この特徴はやっかいな問題を引き起こす．通常，物理法則は，ある時刻での情報が与えられれば以後の時間発展が決まるという形で定式化される．ところが，図 3-4 から明らかなように反 de Sitter 時空では，空間的で境界をもたない超曲面 Σ に対して十分未来の点を取ると，その点から過去に向かう光的測地線で Σ と交わらないものが存在する．これは，この点の情報が Σ の情報のみで決まらないことを意味する．このように，時空の空間的な断面 Σ に対して，それを通過する時間的ないし光的な測地線が必ず Σ と交わるような点の全体が全時空を覆わないとき，その境界は光的な面となり Σ の **Cauchy ホライズン**と呼ばれる．Cauchy ホライズンの存在は，空間的無限遠が時間的な面となる時空に共通の性格である(巻末文献[12])．

de Sitter 時空の場合と同様に，反 de Sitter 時空の各点を通過する測地線は全時空を覆わない．詳しくは次の定理が成り立つ．

定理 3.2.11 反 de Sitter 時空 AdS^n の任意の点からでた時間的な測地線はすべて対極点に収束する．また，与えられた点を通る測地線の全体は時空全体を覆わない．

この定理の証明は，時間的測地線と空間的測地線の役割が入れ替わっていることを除くと de Sitter 時空の場合と全く同じであるので省略する．さらに，測地的距離に対しても de Sitter 時空と類似の次の公式が容易に導かれる．

公式 3.2.12 de Sitter 時空

$$-(y^0)^2-(y^1)^2+\cdots+(y^n)^2=-a^2$$

上の 2 点 y_1, y_2 の間の測地的距離 s は $\mu=\langle y_1, y_2\rangle/a^2$ として

$$s=\begin{cases} a\cos^{-1}\mu & \text{時間的 } |\mu|<1 \\ a\cosh^{-1}\mu & \text{空間的 } \mu<-1 \\ 0 & \text{光的 } \mu=-1,\ y_1\neq y_2 \end{cases}$$

で与えられる．

4 一様な宇宙モデル

現実の宇宙は，局所的にはかなり不均一な構造をしているが，大きなスケールでみるとよい精度で一様である．このために，宇宙の全体的な構造や進化を考える際には，最低次の近似として空間的に一様な時空構造をもつ宇宙モデル(Bianchi モデル)の研究が重要となる．

本章では単純推移的な等長変換群をもつ時空の構造が変換群の代数的構造によりほぼ完全に決まることを示し，それに基づいて空間的に一様な時空の分類を行なう．さらに，いくつかの Bianchi タイプに対して，重要な Einstein 方程式の厳密解を紹介し，その因果構造を中心とした大域的構造を調べる．

4-1 Bianchi 時空

a) 不変基底と不変微分形式

多様体 M のベクトル場 X および 1 形式 χ が変換群 G により不変，すなわち $\forall a \in G$ に対して $(L_a)_* X = X$，$(L_a)^* \chi = \chi$ となるとき，X を**不変ベクトル場**，χ を**不変微分形式**と呼ぶ．この条件は G に対応する任意の無限小変換 ξ に対して

$$\mathscr{L}_\xi X = 0, \qquad \mathscr{L}_\xi \chi = 0 \tag{4.1}$$

となることと同等である．特に，M の次元 n に等しい個数の1次独立な不変ベクトル場の組 $X_1, \cdots, X_n$ が存在するとき，この組を**不変基底**と呼ぶ．不変基底が存在すれば，それに双対な1形式の組 $\chi^1, \cdots, \chi^n$ $(\chi^a(X_b)=\delta^a_b)$ は1次独立な不変微分形式となる．これらは**不変双対基底**と呼ばれる．

Riemann 多様体が単純推移的な等長変換群をもつときは，必ず不変基底が存在し，それらは単純な交換関係に従う．

定理 4.1.1　変換群 G が n 次元多様体 M に単純推移的に作用しているとき，G の無限小変換の作る Lie 代数の基底 ξ_a に関する構造定数を $C^a{}_{bc}$,

$$[\xi_a, \xi_b] = C^c{}_{ab}\xi_c$$

とするとき，括弧積が

$$[X_a, X_b] = -C^c{}_{ab}X_c$$

と表わされるような不変基底 $X_1, \cdots, X_n$ が存在する．このとき，X_a の双対不変基底 χ^a に対して **Mauer-Cartan 方程式**

$$d\chi^a = \frac{1}{2} C^a{}_{bc}\chi^b \wedge \chi^c$$

が成立する．特に，G が Riemann 多様体 (M, g) の単純推移的な等長変換群のとき，計量 $g=ds^2$ は χ^a と定数行列 g_{ab} を用いて

$$ds^2 = g_{ab}\chi^a\chi^b$$

と表わされる．逆に，多様体 M が単純推移的な変換群 G をもつとき，この式により計量 g を定義すれば，G は Riemann 多様体 (M, g) の単純推移的な等長変換群となる．

証明　存在：$x_0 \in M$ を1つ固定して考え，$Z_1, \cdots, Z_n$ を $T_{x_0}(M)$ の基底とする．G は M に単純推移的に作用するので，$\forall x \in M$ に対して $x = hx_0$ となる $h \in G$ がただ1つ存在する．この変換 h を用いて $(X_a)_x = (L_h)_* Z_a$ と定義する．このとき，$\forall h' \in G$ に対して，

$$((L_{h'})_* X_a)_{h'x} = (L_{h'})_* (X_a)_x = (L_{h'h})_* Z_a$$
$$= (X_a)_{h'hx_0} = (X_a)_{h'x}$$

となるので，X_a は G 不変となる．

交換関係：$[X_a, X_b] = D^c{}_{ab} X_c$ とおくと，

$$\mathcal{L}_\xi [X_a, X_b] = [\mathcal{L}_\xi X_a, X_b] + [X_a, \mathcal{L}_\xi X_b] = 0$$

から，$\mathcal{L}_\xi D^c{}_{ab} X_c = 0$，したがって $\mathcal{L}_\xi D^c{}_{ab} = 0$ となる．G は推移的で ξ としては1次独立なものが n 個あるので，$D^c{}_{ab} = \mathrm{const}$. となる．いま，$X_a = X_a^b \xi_b$ と表わすと，$[X_a, X_b] = D^c{}_{ab} X_c$ に代入して

$$2X^c_{[a}(\xi_{|c|} X^e_{b]}) + C^e{}_{cd} X^c_a X^d_b = X^e_c D^c{}_{ab}$$

を得る．同様に $\mathcal{L}_{\xi_a} X_b = 0$ から $\xi_a X^c_b = -C^c{}_{ad} X^d_b$ を得る．これを前式に代入して，結局

$$C^e{}_{cd} X^c_a X^d_b = -X^e_c D^c{}_{ab}$$

を得る．基点 x_0 における $(X_a)_{x_0} = Z_a$ の取り方は1次独立である限り自由であるので，$(X_a)_{x_0} = (\xi_a)_{x_0}$ すなわち $X^a_b(x_0) = \delta^a_b$ ととれば，$D^c{}_{ab} = -C^c{}_{ab}$ となり，定理の交換関係が成り立つ．最後に，$\chi^a(X_b) = \delta^a_b$ から

$$d\chi^a(X_b, X_c) = X_b(\chi^a(X_c)) - X_c(\chi^a(X_b)) - \chi^a([X_b, X_c])$$
$$= \chi^a(X_d) C^d{}_{bc} = C^a{}_{bc}$$

から Mauer-Cartan 方程式が導かれる．

計量：χ^a は双対基底なので計量テンソル g は一般に

$$g = g_{ab}(x) \chi^a \chi^b$$

と表わされる．ところが，ξ_a が g の Killing ベクトルの基底とすると，$\mathcal{L}_{\xi_a} g = 0$，$\mathcal{L}_{\xi_a} \chi^b = 0$ から $(\mathcal{L}_{\xi_a} g)_{bc} = \xi_a g_{bc} = 0$ となる．これが n 個の1次独立な ξ_a に対して成立するので $g_{ab} = \mathrm{const}$. となる．▌

不変基底を用いると命題2.1.15から接続係数 $\omega^a{}_{bc}$ は構造定数で決まる定数となってしまう．このことを用いると命題2.1.15の公式(2.91)から容易に曲率テンソルを計算することができる．結果は次の公式で表わされる．

公式 4.1.2 等長変換群 G が (M,g) に推移的に作用しているとき，不変基底 X_a,χ^a に関する接続係数と曲率テンソルの成分は，G の構造定数 $C^a{}_{bc}$ を用いて，

$$\omega^a{}_{bc}=\frac{1}{2}(C^a{}_{bc}+C_{bc}{}^a+C_{cb}{}^a)$$

$$R^a{}_{bcd}=\omega^a{}_{bp}C^p{}_{cd}+\omega^a{}_{pc}\omega^p{}_{bd}-\omega^a{}_{pd}\omega^p{}_{bc}$$

$$R_{ab}=-\frac{1}{2}C^p{}_{qa}C^q{}_{pb}-\frac{1}{2}C^{pq}{}_aC_{pqb}+\frac{1}{4}C_{apq}C_b{}^{pq}+\frac{1}{2}C_p(C_{ab}{}^p+C_{ba}{}^p)$$

$$R=-\frac{1}{2}C^{pqr}C_{qpr}-\frac{1}{4}C^{pqr}C_{pqr}-C_pC^p$$

と表わされる．ここで，$C_a=C^p{}_{ap}$ である．また，添え字の上げ下げは χ^a に関する計量の成分 g_{ab} とその逆行列により行なうものとする．

b） 3 次元 Lie 代数の分類

前節でみたように，単純推移的な等長変換群をもつ Riemann 多様体の構造は，変換群の構造でほぼ決まってしまい，定数行列の自由度しか残らない．したがって，このような空間の分類は本質的に Lie 群ないし Lie 代数の分類に帰着する．もちろん，一般の Lie 代数の分類は困難で，可換なものを別にすれば，半単純 Lie 代数と呼ばれるものについてのみ完全な分類が成功している（巻末参考書参照）．しかし，幸い，相対論で現われる Lie 代数の場合は，3-1 節 e）で述べたように，4 次元時空に限定する限り，すでに述べた 10 次元の場合を別にすれば 7 次元以下の Lie 代数を問題にすればよいので，すべての場合を調べ挙げることが可能である（巻末文献[9]）．ただし，本書では紙数の都合で，応用上重要な 2 次元と 3 次元 Lie 代数の分類に話を限ることにする．

Lie 代数はその構造定数で特徴づけられる．ここでやっかいな点は，同じ n 次元 Lie 代数でも基底を変更すると構造定数は値を変えることである．実際，基底の 1 次変換 $X_I'=X_JT^J{}_I$ に対して，構造定数は

$$C'^I{}_{JK} = (T^{-1})^I{}_L C^L{}_{MN} T^M{}_J T^N{}_K \tag{4.2}$$

と変化する．したがって，問題は，このような変換により決してお互いに移り合わない n^3 個の数の組で，条件(3.5)，(3.6)を満たすものが何種類あるかということになる．

2 次元 Lie 代数の分類は簡単で，適当な基底をとると

・G_2I：$[X_1, X_2] = 0$ （可換）

・G_2II：$[X_1, X_2] = X_1$ （非可換で可解）

の 2 つのいずれかに帰着されることが容易に分かる．

これに対して，3 次元 Lie 代数の分類はもう少しやっかいである．まず，

$$N^{IJ} = \frac{1}{4}(C^I{}_{MN}\varepsilon^{JMN} + C^J{}_{MN}\varepsilon^{IMN}) \tag{4.3}$$

$$a_I = \frac{1}{2}C^M{}_{IM} \tag{4.4}$$

により 3 次の対称行列 N^{IJ} と 3 次元ベクトル a_I を導入すると，$C^I{}_{JK}$ はこれらの量を用いて

$$C^I{}_{JK} = N^{IM}\varepsilon_{MJK} + a_J\delta^I_K - a_K\delta^I_J \tag{4.5}$$

と表わされることが容易に示される．また，この関係式を Jacobi 恒等式(3.6)に代入すると，Jacobi 恒等式は

$$N^{IM}a_M = 0 \tag{4.6}$$

と同等であることが，少し長い計算で示される．N と a は上記の基底の変更に対して行列表示で

$$N' = (\det T)T^{-1}N{}^tT^{-1} \tag{4.7}$$

$$a' = {}^tTa \tag{4.8}$$

と変換するので，これらの量を用いると 3 次元 Lie 代数の分類は 1 次変換に関する 3 次の対称行列 N とベクトル a の組の同値類を求める問題に帰着される．

この方法により，3 次元 Lie 代数は次のように分類される．

定理 4.1.3 (**Bianchi, Ellis-MacCallum**) 3次元実 Lie 代数は，ベクトル a の大きさ $A=(a^I a_I)^{1/2}$ と行列 N の3つの固有値 N_1, N_2, N_3 により，表 4-1 に示した I〜IX までの9つの型に分類される．任意の3次元 Lie 代数はこのいずれかと同型である．

表 4-1 3次元 Lie 代数の分類

クラス	G_3A						G_3B				
型	I	II	VI$_0$	VII$_0$	VIII	IX	V	IV	III	VI$_h$ $h \neq -1$	VII$_h$
A	0	0	0	0	0	0	1	1	1	$\sqrt{-h}$	$\sqrt{h}$
N_1	0	1	0	0	−1	1	0	0	0	0	0
N_2	0	0	−1	1	1	1	0	0	−1	−1	1
N_3	0	0	1	1	1	1	0	1	1	1	1

証明 まず，3次元 Lie 代数は $A=0$ のクラス A と $A\neq 0$ のクラス B に大きく分けられる．

クラス A: 実対称行列 N は直交行列 $T=O\in O(3)$ による相似変換 $N'={}^tONO$ により対角化され，その対角成分はすべて実数となる．この値(固有値)を $\lambda_1, \lambda_2, \lambda_3$ とする．明らかにこれらの値の順序は $O(3)$ の変換で入れ替わるので意味をもたない．対角行列 $T=\pm[\alpha_2\alpha_3, \alpha_3\alpha_1, \alpha_1\alpha_2]$ に対して，N は $N\to \pm[\alpha_1{}^2\lambda_1, \alpha_2{}^2\lambda_2, \alpha_3{}^2\lambda_3]$ と変換するので，$\lambda_1, \lambda_2, \lambda_3$ はすべて0か ±1 にできる．したがって，これらの値の順序に意味がないことと，0固有値の個数および正の固有値と負の固有値の個数の差が(4.7)で変化しないこと(Sylvester の慣性律)を考慮すると，次のいずれかの場合に帰着される：

- $\lambda_1=\lambda_2=\lambda_3=0$: このとき $C^I{}_{JK}=0$ となり I 型となる．
- $\lambda_1\neq 0$, $\lambda_2=\lambda_3=0$: $\lambda_1=1$ とできるので II 型となる．
- $\lambda_1=0$, $\lambda_2, \lambda_3\neq 0$: $\lambda_2=\lambda_3=1$ のとき，VII$_0$ 型，$\lambda_2=-1$, $\lambda_3=1$ のとき，VI$_0$ 型となる．これらを結びつける変換は存在しない．
- $\lambda_1\lambda_2\lambda_3\neq 0$: 必ず $\lambda_1=\lambda_2=\lambda_3=1$ か $\lambda_1=-1, \lambda_2=\lambda_3=1$ のいずれかと同値で，前者は IX 型，後者は VIII 型となる．

クラスB: まず，T として適当な回転行列をとることにより $a_1=A$, $a_2=a_3=0$ とできる．このとき，$Na=0$ から N は2次の対称行列 n を用いて $N=\begin{pmatrix}0 & 0\\ 0 & n\end{pmatrix}$ と表わされる．さらに a を変えない変換 $T=\begin{pmatrix}0 & 0\\ 0 & t\end{pmatrix}(t\in O(2))$ により n を対角化すると，$N=[0,\lambda_2,\lambda_3]$ となる．クラスAの場合と同様に，λ_2,λ_3 はすべて0か ±1 にできる．また，それらの相対符号のみに意味がある．したがって，必ず次の互いに背反的な3つの場合のどれかに帰着される：

- $\lambda_1=\lambda_2=\lambda_3=0$: このとき，$T=\alpha\mathbf{1}$ 型の変換で $A=1$ とできるのでV型となる．
- $\lambda_1=\lambda_2=0$, $\lambda_3=1$: 変換 $T=[\alpha,1,\alpha]$ に対して，N は不変で $A\to\alpha A$ となるので，$A=1$ とでき，IV型となる．
- $\lambda_1=0$, $\lambda_2=\pm1$, $\lambda_3=1$: $a_2=a_3=0$ を保つ変換 $T=\begin{pmatrix}s & 0\\ v & t\end{pmatrix}(s\in\boldsymbol{R}, v\in\boldsymbol{R}^2, t\in GL(2;\boldsymbol{R}))$ に対して，$A\to sA$，$n\to s(\det t)t^{-1}n{}^tt^{-1}$ と変換するので，n が不変とすると $s^2=1$，すなわち $s=\pm1$ となる．したがって，$A>0$ とはできるが A の絶対値を変えることはできない．これらのうち，$\lambda_2=-1,\lambda_3=1$ のとき，$A=1$ ならばIII型，それ以外のとき $A=\sqrt{-h}$ $(h\neq-1)$ とおいて VI_h 型となる．一方 $\lambda_2=\lambda_3=1$ のとき，$A=0$ のとき既出の VII_0 となるので，$A=\sqrt{h}$ $(h\neq0)$ とおいて VII_h 型を得る．▌

一般に，Lie群 G が与えられると，G は(解析的)多様体となるので，G は自分自身に対して推移的な変換群として働く．さらに，3-1節b)で述べたように抽象Lie代数が与えられると，それをLie代数としてもつ連結かつ単連結なLie群が一意的に存在する．したがって，定理4.1.1から，任意のLie代数に対して，それをLie代数としてもつ等長変換群が単純推移的に作用する連結かつ単連結なRiemann多様体が定数行列 g_{ab} の任意性を除いてただ1つ存在する．これより特に，次の定理が成り立つ．

定理 4.1.4 3次元実Lie代数I～IXのそれぞれに対して，それをLie代数としてもつ連結かつ単連結な3次元Lie群 G_3I～G_3IXと，それが単純推移的に作用する(連結かつ単連結な)Riemann多様体が

定数行列 g_{ab} の任意性を除いて一意的に存在する．対応する Killing ベクトル ξ_I，不変基底 X_I，不変双対基底 χ^I は，適当な局所座標のもとで表 4-2, 4-3 に示された形に一意的に表わされる．

証明 例として，V 型および IX 型について，Killing ベクトルおよび不変基底とその双対基底の座標表示を具体的に求めてみる．残りの I～VII 型についてはV 型と，VIII 型については IX 型と同様である．

V 型：$[\xi_1, \xi_2]=0$ なので，命題 2.2.1 から適当な局所座標を用いて

$$\xi_1 = \partial_1, \quad \xi_2 = \partial_2, \quad \xi_3 = \xi_3^j \partial_j$$

と表わされる．この時，$[\xi_1, \xi_3]=\xi_1, [\xi_2, \xi_3]=\xi_2$ から ξ_3 の座標成分は

$$\xi_3{}^1 = x^1+f^1(x^3), \quad \xi_3{}^2 = x^2+f^2(x^3), \quad \xi_3{}^3 = f^3(x^3)$$

となる．この形を保つ座標変換は

$$x'^1 = x^1+a^1(x^3), \quad x'^2 = x^2+a^2(x^3), \quad x'^3 = a^3(x^3)$$

の形のものに限られ，この変換により ξ_3 の座標成分は

$$\xi'_3{}^1 = (\xi_3 x'^1) = x'^1+f^1-a^1+f^3\partial_3 a^1$$

$$\xi'_3{}^2 = (\xi_3 x'^2) = x'^2+f^2-a^2+f^3\partial_3 a^2$$

$$\xi'_3{}^3 = (\xi_3 x'^3) = f^3\partial_3 a^3$$

と変化する．変換群は単純推移的なので $f^3 \neq 0$．よって，a^j に関する常微分方程式を解くことにより，$\xi_3 x'^1 = x'^1$, $\xi_3 x'^2 = x'^2$, $\xi_3 x'^3 = 1$ とできる．したがって，Killing ベクトルは

$$\xi_1 = \partial_1, \quad \xi_2 = \partial_2, \quad \xi_3 = x^1\partial_1+x^2\partial_2+\partial_3$$

と表わされる．残る座標の自由度は各座標を定数だけずらす変換のみである．

次に，不変基底を求める．まず，$[\xi_1, X_I]=0$, $[\xi_2, X_I]=0$ から $X_I = X_I^k(x^3)\partial_k$ となる．このとき，$[\xi_3, X_I]=0$ は

$$\partial_3 X_I{}^1 = X_I{}^1, \quad \partial_3 X_I{}^2 = X_I{}^2, \quad \partial_3 X_I{}^3 = 0$$

と表わされる．いま，$x=0$ で $X_I = \xi_I$ とおくと，この方程式の解は

$$X_I{}^1 = e^{x_3}\delta_I^1, \quad X_I{}^2 = e^{x_3}\delta_I^2, \quad X_I{}^3 = \delta_I^3$$

となる．双対基底は X_I^k の逆行列を求めることにより容易に決定される．

IX 型: $\xi_1=\partial_2$, $\eta=\xi_2+i\xi_3$ とおくと，ξ_1 と ξ_2, ξ_3 の交換関係は $[\xi_1, \eta]=-i\eta$ と表わされるので，η の x^2 座標への依存性は

$$\eta = e^{-ix^2}(f\partial_2+\zeta)$$

となる．ここで，$f=f(x^1, x^3)$, $\zeta=\zeta^1(x^1, x^3)\partial_1+\zeta^3(x^1, x^3)\partial_3$ である．残る交換関係は，f と ζ を用いると

$$[\zeta, \bar{\zeta}] = -i(f\bar{\zeta}+\bar{f}\zeta), \qquad \zeta\bar{f}-\bar{\zeta}f = -2i(|f|^2+1)$$

と表わされる．ξ_1 の形を変えない x^2 座標の変換

$$x^2 \to x'^2 = x^2+a(x^1, x^3)$$

に対して，f, ζ は

$$f \to f' = e^{ia}(f+\zeta a), \qquad \zeta \to \zeta' = e^{ia}\zeta$$

と変換する．この自由度を用いると f を純虚数にできる：$f=ih$．さらに，ζ は 2 次元空間 (x^1, x^3) 上のベクトルなので，x^1, x^3 の間の変換のみで ζ の実部を ∂_1 となるようにできる：

$$\zeta = \partial_1+i(\kappa^1\partial_1+\kappa^3\partial_3)$$

このときに，上記の f に対する方程式は $\partial_1 h=h^2+1$ となるので，h は $h=-\cot(x^1+b(x^3))$ となる．さらに，ζ に対する方程式は，$\partial_1\kappa^1=h\kappa^1$, $\partial_1\kappa^3=h\kappa^3$ となり，その解は

$$\kappa^1 = c^1(x^3)/\sin(x^1+b), \qquad \kappa^3 = c^3(x^3)/\sin(x^1+b)$$

で与えられる．

ζ の形を保つ x^1, x^3 の間の座標変換の自由度は

$$x^1 \to x'^1 = x^1+b^1(x^3), \qquad x^3 \to x'^3 = b^3(x^3) \qquad (\partial_3 b^3 \neq 0)$$

となり，対応する c^1, c^3 の変換は

$$c^1 \to c'^1 = c^1+c^3\partial_3 b^1, \qquad c^3 \to c'^3 = c^3\partial_3 b^3$$

と表わされる．この自由度を用いることにより，直ちに $b=0, c^3=1$ とできることが分かる．最後に，変換 $x^2\to x'^2=x^2+a(x^1, x^3)$ と x^1, x^3 の間の変換を組み合わせることにより，$c^1=0$ とできることが少し長い計算で示される．以上から，適当な座標のもとで ξ_I は必ず

表 4-2 3次元実 Lie 群に対する不変基底と双対基底(1)

Ⅰ型：$C^I{}_{JK} = 0$

$[\xi_I, \xi_J] = 0$

$\xi_1 = \partial_1, \quad \xi_2 = \partial_2, \quad \xi_3 = \partial_3$

$X_1 = \partial_1, \quad X_2 = \partial_2, \quad X_3 = \partial_3$

$\chi^1 = dx^1, \quad \chi^2 = dx^2, \quad \chi^3 = dx^3$

Ⅱ型：$C^1{}_{23} = -C^1{}_{32} = 1$

$[\xi_2, \xi_3] = \xi_1, \quad [\xi_1, \xi_2] = 0, \quad [\xi_1, \xi_3] = 0$

$\xi_1 = \partial_2, \quad \xi_2 = \partial_3, \quad \xi_3 = \partial_1 + x^3\partial_2$

$X_1 = \partial_2, \quad X_2 = x^1\partial_2 + \partial_3, \quad X_3 = \partial_1$

$\chi^1 = dx^2 - x^1 dx^3, \quad \chi^2 = dx^3, \quad \chi^3 = dx^1$

Ⅲ型：$C^1{}_{13} = -C^1{}_{31} = 1$

$[\xi_1, \xi_3] = \xi_1, \quad [\xi_1, \xi_2] = 0, \quad [\xi_2, \xi_3] = 0$

$\xi_1 = \partial_2, \quad \xi_2 = \partial_3, \quad \xi_3 = \partial_1 + x^2\partial_2$

$X_1 = e^{x^1}\partial_2, \quad X_2 = \partial_3, \quad X_3 = \partial_1$

$\chi^1 = e^{-x^1}dx^2, \quad \chi^2 = dx^3, \quad \chi^3 = dx^1$

Ⅳ型：$C^1{}_{13} = -C^1{}_{31} = 1,\ C^1{}_{23} = -C^1{}_{32} = 1,\ C^2{}_{23} = -C^2{}_{32} = 1$

$[\xi_1, \xi_3] = \xi_1, \quad [\xi_2, \xi_3] = \xi_1 + \xi_2, \quad [\xi_1, \xi_2] = 0$

$\xi_1 = \partial_2, \quad \xi_2 = \partial_3, \quad \xi_3 = \partial_1 + (x^2 + x^3)\partial_2 + x^3\partial_3$

$X_1 = e^{x^1}\partial_2, \quad X_2 = e^{x^1}(x^1\partial_2 + \partial_3), \quad X_3 = \partial_1$

$\chi^1 = e^{-x^1}(dx^2 - x^1 dx^3), \quad \chi^2 = e^{-x^1}dx^3, \quad \chi^3 = dx^1$

Ⅴ型：$C^1{}_{13} = -C^1{}_{31} = 1,\ C^2{}_{23} = -C^2{}_{32} = 1$

$[\xi_1, \xi_3] = \xi_1, \quad [\xi_2, \xi_3] = \xi_2, \quad [\xi_1, \xi_2] = 0$

$\xi_1 = \partial_2, \quad \xi_2 = \partial_3, \quad \xi_3 = \partial_1 + x^2\partial_2 + x^3\partial_3$

$X_1 = e^{x^1}\partial_2, \quad X_2 = e^{x^1}\partial_3, \quad X_3 = \partial_1$

$\chi^1 = e^{-x^1}dx^2, \quad \chi^2 = e^{-x^1}dx^3, \quad \chi^3 = dx^1$

VI_h 型：$C^1{}_{13} = -C^1{}_{31} = 1,\ C^2{}_{23} = -C^2{}_{32} = q,$

$h = -(1+q)^2/(1-q)^2 \qquad (q \neq 0, 1)$

$[\xi_1, \xi_3] = \xi_1, \quad [\xi_2, \xi_3] = q\xi_2, \quad [\xi_1, \xi_2] = 0$

$\xi_1 = \partial_2, \quad \xi_2 = \partial_3, \quad \xi_3 = \partial_1 + x^2\partial_2 + qx^3\partial_3$

$X_1 = e^{x^1}\partial_2, \quad X_2 = e^{qx^1}\partial_3, \quad X_3 = \partial_1$

$\chi^1 = e^{-x^1}dx^2, \quad \chi^2 = e^{-qx^1}dx^3, \quad \chi^3 = dx^1$

［注］ この表の基底は，定理 4.1.3 の表 4-1 および証明で用いた固有基底とは必ずしも一致しない．

表 4-3　3 次元実 Lie 群に対する不変基底と双対基底(2)

Ⅶ$_h$ 型：$C^2{}_{13} = -C^2{}_{31} = 1$，$C^1{}_{23} = -C^1{}_{32} = -1$，$C^2{}_{23} = -C^2{}_{32} = q$,

$$h = q^2/(4-q^2) \qquad (q^2<4)$$

$$[\xi_1, \xi_3] = \xi_2, \quad [\xi_2, \xi_3] = -\xi_1 + q\xi_2, \quad [\xi_1, \xi_2] = 0$$

$$\xi_1 = \partial_2, \quad \xi_2 = \partial_3, \quad \xi_3 = \partial_1 - x^3\partial_2 + (x^2 + qx^3)\partial_3$$

$$X_1 = (A + kB)\partial_2 - B\partial_3, \quad X_2 = B\partial_2 + (A - kB)\partial_3, \quad X_3 = \partial_1$$

$$\chi^1 = (C - kD)dx^2 - Ddx^3, \quad \chi^2 = Ddx^2 + (C + kD)dx^3, \quad \chi^3 = dx^1$$

$$A = e^{kx^1}\cos(ax^1), \quad B = -a^{-1}e^{kx^1}\sin(ax^1)$$

$$C = e^{-kx^1}\cos(ax^1), \quad D = -a^{-1}e^{-kx^1}\sin(ax^1)$$

$$k = q/2, \quad a = (1-k^2)^{1/2} = (4-q^2)^{1/2}/2$$

Ⅷ 型：$C^1{}_{32} = C^2{}_{31} = C^3{}_{12} = 1$，$C^1{}_{23} = C^2{}_{13} = C^3{}_{21} = -1$

$$[\xi_1, \xi_2] = \xi_3, \quad [\xi_2, \xi_3] = -\xi_1, \quad [\xi_3, \xi_1] = \xi_2$$

$$\xi_1 = (1/2)\{e^{x^3} + e^{-x^3}/(1+(x^2)^2)\}\partial_1 + (1/2)\{(1+(x^2)^2)e^{x^3} - e^{-x^3}\}\partial_2 - x^2e^{x^3}\partial_3$$

$$\xi_2 = (1/2)\{e^{x^3} - e^{-x^3}/(1+(x^2)^2)\}\partial_1 + (1/2)\{(1+(x^2)^2)e^{x^3} + e^{-x^3}\}\partial_2 - x^2e^{x^3}\partial_3$$

$$\xi_3 = \partial_3$$

$$X_1 = \partial_1$$

$$X_2 = -\frac{x^2}{\sqrt{1+(x^2)^2}}\sin x^1\partial_1 - \sqrt{1+(x^2)^2}\cos x^1\partial_2 - \frac{\sin x^1 + x^2\cos x^1}{\sqrt{1+(x^2)^2}}\partial_3$$

$$X_3 = -\frac{x^2}{\sqrt{1+(x^2)^2}}\cos x^1\partial_1 - \sqrt{1+(x^2)^2}\sin x^1\partial_2 - \frac{\cos x^1 - x^2\sin x^1}{\sqrt{1+(x^2)^2}}\partial_3$$

$$\chi^1 = dx^1 - \{(x^2)^2/(1+(x^2)^2)\}dx^2 - x^2dx^3$$

$$\chi^2 = \frac{\cos x^1 - x^2\sin x^1}{\sqrt{1+(x^2)^2}}dx^2 - \sqrt{1+(x^2)^2}\sin x^1dx^3$$

$$\chi^3 = -\frac{\sin x^1 + x^2\cos x^1}{\sqrt{1+(x^2)^2}}dx^2 - \sqrt{1+(x^2)^2}\cos x^1dx^3$$

Ⅸ 型：$C^1{}_{23} = C^2{}_{31} = C^3{}_{12} = 1$，$C^1{}_{32} = C^2{}_{13} = C^3{}_{21} = -1$

$$[\xi_1, \xi_2] = \xi_3, \quad [\xi_2, \xi_3] = \xi_1, \quad [\xi_3, \xi_1] = \xi_2$$

$$\xi_1 = \partial_2$$

$$\xi_2 = \cos x^2\partial_1 - \cot x^1\sin x^2\partial_2 + \frac{\sin x^2}{\sin x^1}\partial_3$$

$$\xi_3 = -\sin x^2\partial_1 - \cot x^1\cos x^2\partial_2 + \frac{\cos x^2}{\sin x^1}\partial_3$$

$$X_1 = -\sin x^3\partial_1 + \frac{\cos x^3}{\sin x^1}\partial_2 - \cot x^1\cos x^3\partial_3$$

$$X_2 = \cos x^3\partial_1 + \frac{\sin x^3}{\sin x^1}\partial_2 - \cot x^1\sin x^3\partial_3$$

$$X_3 = \partial_3$$

$$\chi^1 = -\sin x^3dx^1 + \sin x^1\cos x^3dx^2$$

$$\chi^2 = \cos x^3dx^1 + \sin x^1\sin x^3\,dx^2$$

$$\chi^3 = \cos x^1dx^2 + dx^3$$

$$\xi_1 = \partial_2$$

$$\eta = \xi_2 + i\xi_3 = e^{-ix^2}\left(-i\cot x^1\partial_2 + \partial_1 + i\frac{1}{\sin x^1}\partial_3\right)$$

と表わされることが分かる.

このKillingベクトルに対する不変基底は次のようにして求められる. まず, $[\xi_1, X_I]=0$ より $X_I = X_I^j(x^1, x^3)\partial_j$ となる. このとき, $[\eta, X_I]=0$ は

$$\partial_1 X_I{}^1 = 0, \qquad \partial_3 X_I{}^1 = -\sin x^1 X_I{}^2,$$

$$\partial_1 X_I{}^2 = -\cot x^1 X_I{}^2, \qquad \partial_3 X_I{}^2 = \frac{1}{\sin x^1}X_I{}^1$$

$$\partial_1 X_I{}^3 = \frac{1}{\sin x^1}X_I{}^2, \qquad \partial_3 X_I{}^3 = -\cot x^1 X_I{}^1$$

となる. これらの方程式を $x_1=\pi/2$, $x_2=x_3=0$ で $X_I=\xi_I$ という条件で解くと

$$X_I{}^1 = \delta_I^2\cos x^3 - \delta_I^1\sin x^3$$

$$X_I{}^2 = \frac{1}{\sin x^1}(\delta_I^2\sin x^3 + \delta_I^1\cos x^3)$$

$$X_I{}^3 = -\cot x^1(\delta_I^2\sin x^3 + \delta_I^1\cos x^3) + \delta_I^3$$

を得る. 双対基底はこれより直ちに求められる. ▌

この定理は, 連結かつ単連結という要請をおくと, Lie群したがってそれが単純推移的に作用する多様体の位相が完全に決まることを意味している. 実際, 次の定理が成り立つ.

> **定理 4.1.5** 3次元実Lie群 G が連結かつ単連結な3次元多様体 M^3 に単純推移的に作用するとき, M^3 の位相は
>
> G がI〜VIII型のとき, $M^3 \approx \boldsymbol{R}^3$
>
> G がIX型のとき, $M^3 \approx S^3$ (3次元球面)
>
> となる.

証明 I〜VII型: Killingベクトルは多様体の任意の点でその点の近傍の適当な局所座標を用いて表4-2, 4-3に与えられた形に書かれる. したがって,

この表の座標$(x^j)\in \boldsymbol{R}^3$が全多様体を覆っていないとすると，これらのKillingベクトルの形を保つ座標変換で特異点を持つものがなければならない．ところが，形を保つ変換はすべて$\boldsymbol{R}^3$全体で正則なものしか存在しないことが容易に確かめられる．したがって，連結かつ単連結である限り$\boldsymbol{R}^3$と多様体は同相となる．この結果は，連結かつ単連結なn次元可解Lie群は$\boldsymbol{R}^n$と同相であるという一般定理の特殊な場合である(巻末文献[13])．

VIII型：G_3VIIIはLie代数の構造から局所的には$SL(2,\boldsymbol{R})\approx S^1\times\boldsymbol{R}^2$と同相である．したがって，連結かつ単連結な群は$\widetilde{SL}(2,\boldsymbol{R})\approx\boldsymbol{R}^3$と同相となる．

IX型：G_3IXはLie代数の構造から局所的には，連結かつ単連結な実コンパクト群$SU(2)\approx S^3$と同相である．▌

この定理の結果はもちろん単連結でなければ成り立たない．実際，等長変換群の適当な離散的部分群Γによる軌道空間$\boldsymbol{R}^3/\Gamma$を考えることにより，I～VIII型でもコンパクトなものを作ることができる．最も単純な例は，I型から作られる3次元トーラス(群)$\boldsymbol{R}^3/\boldsymbol{Z}^3$である．実は逆に，任意のコンパクトな3次元多様体は，G_3I～G_3IXからこのような軌道空間として得られる定曲率空間を結合したもの(正確には連結和)と微分同相であろうという予想(Geometrization Conjecture)がW. P. Thurstonにより出されている(巻末文献[14])．

最後に，G_3IXが具体的に3次元球面S^3にどのように作用するのかを見ておこう．S^3を4次元Euclid空間E^4の単位球面

$$(y^1)^2+(y^2)^2+(y^3)^3+(y^4)^2=1 \tag{4.9}$$

として実現したとき，

$$\xi_1=\frac{1}{2}(y^2\partial_1-y^1\partial_2)+\frac{1}{2}(y^3\partial_4-y^4\partial_3) \tag{4.10}$$

$$\xi_2=\frac{1}{2}(y^3\partial_1-y^1\partial_3)+\frac{1}{2}(y^4\partial_2-y^2\partial_4) \tag{4.11}$$

$$\xi_3=\frac{1}{2}(y^3\partial_2-y^2\partial_3)+\frac{1}{2}(y^1\partial_4-y^4\partial_1) \tag{4.12}$$

はIX型の交換関係に従うKillingベクトルとなる．それぞれは，E^4を適当に

$E^2 \times E^2$ と分解して得られる2つの平面で同時に回転を行なう変換に対応する．

いま，S^3 の Euler 角 θ, ϕ, ψ $(0 \leqq \theta < \pi,\ 0 \leqq \phi < 2\pi,\ 0 \leqq \psi < 4\pi)$ を

$$y^1 - iy^2 = i \sin(\theta/2) e^{i(\phi+\psi)/2} \tag{4.13}$$

$$y^3 + iy^4 = i \cos(\theta/2) e^{i(\phi-\psi)/2} \tag{4.14}$$

により導入すると，上記の Killing ベクトルは $x^1 = \theta$, $x^2 = \phi$, $x^3 = \psi$ とおくことにより，表 4-3 にある形に書かれることが確かめられる．

c）空間的に一様な時空

（1） 計量の形

高い対称性をもつ時空で応用上最も重要なものは，軌道が空間的な超曲面となるような等長変換群（$G(3, S)$ 型）をもつ時空である．この様な時空は**空間的に一様**であるといわれる．特に，そのなかで変換群の作用が単純推移的なものは宇宙論において重要である．前節でみたように，この場合，可能な空間の構造は群により完全に決まってしまい，I～IX までの 9 個の型（type）に分類される．この分類は宇宙論では **Bianchi タイプ**と呼ばれる．Bianchi タイプが指定されると，不変基底を用いることにより，計量の空間部分は非常に単純な形に書かれるが，群が 4 次元時空に作用している場合には，さらに時間的な成分も対称性により強い制約を受ける．実際，一般に次の命題が成り立つ．

> **命題 4.1.6** 等長変換群 G が超曲面を軌道としてもち，それに単純推移的に作用するとき，時空の計量は適当な座標 x^μ を用いて，
>
> $$ds^2 = \eta_{00} N^2 (dx^0)^2 + g_{IJ}(\chi^I + N^I dx^0)(\chi^J + N^J dx^0)$$
>
> と表わされる．ここで，$\eta_{00} = \pm 1$, N, N^I, g_{IJ} は x^0 のみの関数，χ^I は x^j $(j=1, \cdots)$ のみに依存する G に関する不変双対基底である．さらに，軌道が光的でなければ，x^j 座標を適当にとることにより $N=1, N^I=0$ とできる（**同期座標**）．

証明 G の軌道として得られる各超曲面上で x^0 が一定となるように x^0 座標を導入し，対応する超曲面を $\Sigma(x^0)$ と表わす．次に，超曲面の 1 つ Σ_0 を適当にとり，その上に内部座標 x^j を導入する．Σ_0 上の点 x_0^j を通り各超曲面と交

わる曲線 $C(x_0)$ を1本適当にとり，それに G を作用して得られる曲線を，それが Σ_0 と交わる点の x^j 座標をラベルとして $C(x)$ とおく．$C(x)$ は互いに交わらず全時空を埋め尽くす．したがって，Σ_0 の内部座標 x^j を各 $C(x)$ に沿って一定という条件で時空全体の座標に広げると，x^0, x^j は時空の座標系となる．ここで Σ_0 上での G に関する不変双対基底を χ^I とすると，χ^I は x^j のみで表わされ，さらに x^j の定義から G の時空全体への作用も x^j の間の変換となるので，χ^I は時空全体で定義された不変微分形式となる．したがって，計量をこれらの1形式と dx^0 を用いて

$$ds^2 = \eta_{00}N'^2(dx^0)^2 + 2N_I\chi^I dx^0 + g_{IJ}\chi^I\chi^J$$

と成分表示すると，ds^2 の G 不変性より N', N_I, g_{IJ} は軌道上で一定，したがって x^0 のみの関数となる．$N^2 = N'^2 - \eta_{00}g^{IJ}N_IN_J$, $N^I = g^{IJ}N_J$ とおけば，定理の式が得られる．

さらに，軌道が光的でない場合には，$C(x_0)$ をすべての軌道に垂直にとることができる．このとき，$C(x)$ は常に軌道に垂直，したがって $g(\partial_0, \partial_j) = N_I\chi^I_j = 0$ となる．χ^I_j は正則行列なので，結局 $N_I = 0$ を得る．また x^0 を $C(x^0)$ の固有長にとれば，∂_0 は $C(x)$ の単位接ベクトルとなり，$N=1$ を与える．▌

この定理を前節の一様な空間の曲率公式および2-2節b)の時空の分解公式と組み合わせると，直ちに空間的に一様な時空の曲率テンソルに対する表式を求めることができる．ただし，以下では軌道が時間的な超曲面の場合にも適用できるように，超曲面の擬正規直交基底に関する計量 η_{IJ} は必ずしも正定値とは限らない正則な定数行列とする．まず，

$$g_{IJ} = ({}^t\Omega\eta\Omega)_{IJ} = \eta_{KL}\Omega^K{}_I\Omega^L{}_J \tag{4.15}$$

により定義される行列 $\Omega^I{}_J$ および G に関する不変基底 X_I を用いて，擬正規直交基底 e_a とその双対基底 θ^a を

$$e_0 = n = N^{-1}(\partial_0 - N^IX_I), \qquad e_I = X_J(\Omega^{-1})^J{}_I \tag{4.16}$$

$$\theta^0 = Ndx^0, \qquad \theta^I = \Omega^I{}_J(\chi^J + N^Jdx^0) \tag{4.17}$$

により導入する．このとき，公式(2.2.6),(2.2.7)で

$$\nu^0_0 = N, \qquad \zeta^I := \zeta^I_0 = \Omega^I{}_JN^J$$

とおくことにより，直ちに次の公式を得る．

公式 4.1.7 軌道が時間的ないし空間的な超曲面となる 3 次元等長変換群をもつ時空の基底(4.16)に関する接続係数は

$$\omega^I{}_{JK} = \frac{1}{2}(D^I{}_{JK} + D_{JK}{}^I + D_{KJ}{}^I)$$

$$\pi_{IJ} := \omega_{IJ}(n) = -\frac{1}{N}(\dot{\Omega}_{[I|K|}(\Omega^{-1})^K{}_{J]} + D_{[IJ]K}\Omega^K{}_L N^L)$$

$$h_{IJ} := -\eta_{00}\omega^0{}_{IJ} = \frac{1}{N}(\dot{\Omega}_{(I|K|}(\Omega^{-1})^K{}_{J)} + D_{(IJ)K}\Omega^K{}_L N^L)$$

で与えられる．また，Ricci テンソルの成分は

$$(-\eta_{00})R_{IJ} = \frac{1}{N}\dot{h}_{IJ} + hh_{IJ} - h_{IK}\pi_{KJ} - h_{JK}\pi_{KI} + \eta_{00}U_{IJ}$$

$$R_{0I} = h_{IJ}D^J + h^{KL}D_{KLI}$$

$$R_{00} = -h_{IJ}h^{IJ} - \frac{1}{N}\dot{h}$$

$$(-\eta_{00})R = \frac{2}{N}\dot{h} + h_{IJ}h^{IJ} + h^2 + \eta_{00}U$$

$$U_{IJ} = -\frac{1}{2}D^K(D_{IJK} + D_{JIK}) + \frac{1}{2}D^{KL}{}_I(D_{KLJ} + D_{LKJ}) - \frac{1}{4}D_{IKL}D_J{}^{KL}$$

$$U = U^I_I = D^K D_K + \frac{1}{2}D^{IJK}D_{JIK} + \frac{1}{4}D^{IJK}D_{IJK}$$

と表わされる．ここで，$D^I{}_{JK}$ は群の構造定数 $C^I{}_{JK}$ と $\Omega^I{}_J$ を用いて

$$D^I{}_{JK} = \Omega^I{}_{I'}C^{I'}{}_{J'K'}(\Omega^{-1})^{J'}{}_J(\Omega^{-1})^{K'}{}_K, \qquad D_I = D^J{}_{IJ} = C_J(\Omega^{-1})^J{}_I$$

で定義される量である．以上で添え字 $I, J, \cdots$ の上げ下げは η_{IJ} で行なうものとする．

空間的に一様な時空では，Ricci テンソルやエネルギー運動量テンソル $T = T_{\mu\nu}dx^\mu dx^\nu$ も計量テンソルと同様に，不変基底を用いることにより時間 $x^0 = t$ のみに依存した量だけで記述される：

$$T = T_{00}(t)N^2dt^2 + 2T_{0I}(t)Ndt\chi^I + T_{IJ}\chi^I\chi^J \tag{4.18}$$

したがって，Einstein 方程式

$$G_{ab} \equiv R_{ab} - \frac{1}{2}R\eta_{ab} = 8\pi GT_{ab} \tag{4.19}$$

は N, N^I, Ω_{IJ} に対する時間についての常微分方程式系になってしまう．

ただし，いくつか注意すべき点がある．計量の形を決定する議論からも明らかなように，N, N^I は時間座標の再定義と空間座標の変換により任意の値に変更できる（もちろん $N\neq 0$ は要求される）．また，上記の公式から明らかなように，G_{00} と G_{0I} は $\Omega^I{}_J$ の 2 回微分を含まないので，常微分方程式の初期値に対する制限となる．これは，第 6 章で見るように Einstein 方程式の一般的な性質で，一般共変性からの帰結である．もう 1 つ注意すべき点は，$\Omega^I{}_J$ の自由度がもともとの空間計量 g_{IJ} の自由度 6 より 3 だけ多い点である．これは明らかに空間計量を 3 脚場 e_I に分解する際に導入される，3 脚場の回転を表わすゲージ自由度で力学には何の関係もない．実際，すべての方程式は任意の回転行列 $O(t)$ による変換 $\Omega\rightarrow O\Omega$ に対して不変となっている．したがって，この余分な自由度も Ω に 3 個の条件を課すことにより消去しなければならない．ただし，どのような条件を課すのが便利かは問題により異なるが，Ω が対称となるゲージ条件 $\Omega^I{}_J = \Omega^J{}_I$ を課すことが多い．

（2） 初期特異点

輻射やバリオンなどの通常の物質で満たされた一様等方膨張宇宙モデルでは，宇宙項がゼロのときには，宇宙の空間のサイズを表わすスケール因子は過去に遡ると有限な時間でゼロとなる．これは等方性を仮定しない一般の空間的に一様な宇宙モデルでも起こる現象である．

> **定理 4.1.8** 空間的に一様な Einstein 方程式の解では，エネルギー運動量テンソル $T_{\mu\nu}$ が時間一定面の単位法ベクトル n^μ に対して $T_{\mu\nu}n^\mu n^\nu + \frac{1}{2}T_\mu{}^\mu \geqq 0$ を満たすならば，空間のスケール因子 $a = (\det g_{IJ})^{1/6}$ は有限な宇宙時間でゼロとなる．

証明 この定理は $N=1$ の同期座標で成立する．対称ゲージのもとで $\Omega^I{}_J$ を

$$\Omega^I{}_J = a(e^{\beta})_{IJ} \qquad (\mathrm{Tr}\,\beta=0)$$

とおくと，

$$h_{IJ} = \frac{\dot a}{a}\delta_{IJ}+\sigma_{IJ} \qquad \left(\sigma_{IJ}=\left[\frac{d}{dt}(e^{\beta})e^{-\beta}\right]_{(IJ)}\right)$$

$$h = \frac{3\dot a}{a}$$

となるので，Einstein 方程式の 00 成分 $R_{00}=8\pi G(T_{00}+T/2)$ は

$$-\frac{\ddot a}{a} = \frac{8\pi G}{3}\left(T_{00}+\frac{1}{2}T\right)+\frac{1}{3}\sigma^{IJ}\sigma_{IJ}$$

となる．仮定から右辺は正なので $a(t)$ は上に凸な関数となり，有限な t でゼロとなる．▌

通常の物質では空間の体積がゼロとなるとエネルギー密度が発散するので，この定理は，一般に空間的に一様な時空が特異点をもつことを意味している．実は，この性質は空間的に一様な場合の特殊性でないことが示されている(**特異点定理**：この定理の正確な内容と証明については巻末参考書参照)．ただし，次節でみるように，真空解に対しては $a\to 0$ は必ずしも時空の特異点の存在を意味しないことを注意しておく．

4-2 厳密解

a) 真空解と計量の対角化

前節で見たように，空間的に一様な時空すなわち Bianchi モデルに対する Einstein 方程式は時間のみの関数に対する常微分方程式になってしまう．しかし，常微分方程式といえどもその解の振舞いを一般的に知ることはできない．特に，その厳密解が得られるのは比較的限られた場合のみである(巻末文献[8])．真空解に限っても，これまでにその一般解が得られているのは Bianchi タイプ I, II, V 型および VI_h 型($h\neq 0, -1/9$)の場合のみで，3 次元より高い次

元の等長変換群をもつ場合(後述)を除くと，Bianchi タイプ III, IV, VIII, IX 型については真空解はまったく知られていない．また，VII_h, VII_0, VI_0 および $\mathrm{VI}_{-1/9}$ 型については一部の特殊解のみが知られている．

ここでは，これまでに得られた厳密解のうち最も有名な **Kasner 解**を例として挙げておく．

> **定理 4.2.1(Kasner)**　空間的に一様な Bianchi タイプ I 型の真空一般解は
>
> $$ds^2 = -dt^2 + t^{2\sigma_1}(dx^1)^2 + t^{2\sigma_2}(dx^2)^2 + t^{2\sigma_3}(dx^3)^2$$
>
> で与えられる．ここで $\sigma_1, \sigma_2, \sigma_3$ は次の 2 条件を満たす定数である：
>
> $$\sigma_1 + \sigma_2 + \sigma_3 = 1, \qquad {\sigma_1}^2 + {\sigma_2}^2 + {\sigma_3}^2 = 1$$
>
> 3 次元の時間的超曲面を軌道とする G_3I 型の等長変換群をもつ真空一般解は
>
> $$ds^2 = -\rho^{2\sigma_1}dt^2 + \rho^{2\sigma_2}dz^2 + \rho^{2\sigma_3}d\phi^2 + d\rho^2$$
>
> で与えられる．$\sigma_1, \sigma_2, \sigma_3$ は上記と同じ条件を満たす定数である．

証明　計量は $N=1$ の同期座標のもとで

$$ds^2 = -dt^2 + g_{IJ}(t)dx^I dx^J$$

と表わされる．対称行列 Ω_{IJ} を用いて $g_{IJ} = \Omega_{IK}\Omega_{JK}$ とおく．時刻 $t = t_0$ で初期条件を課すことにすると，まず，x^I の 1 次変換により $g_{IJ}(t_0) = \delta_{IJ}$ とできる．このとき $\Omega_{IJ}(t_0) = \delta_{IJ}$ となる．δ_{IJ} は x^I の直交変換で不変であるので，この自由度を用いてさらに $\dot{g}_{IJ}(t_0)$ を対角化することができる．すると，$\dot{g}_{IJ}(t_0) = 2\dot{\Omega}_{IJ}(t_0)$ から $\dot{\Omega}_{IJ}(t_0) = 0\ (I \neq J)$ となる．

Einstein 方程式のうち，$R_{IJ} = 0$ は Ω_{IJ} に対する正則な 2 階の常微分方程式となるので，$\Omega_{IJ}(t_0)$ と $\dot{\Omega}_{IJ}(t_0)$ が与えられると以後の時間発展は一意的に決まる．ところが，Ω_{IJ} が $\Omega_{IJ} = e^{\alpha_I(t)}\delta_{IJ}$ と常に対角型であるとすると，$h_{IJ} = \dot{\alpha}_I\delta_{IJ}$, $\pi_{IJ} = 0$, $C^I{}_{JK} = 0$ から

$$R_{IJ} = 0 \to \ddot{\alpha}_I + h\dot{\alpha}_I = 0 \qquad (h = \sum_I \dot{\alpha}_I)$$

となり，各初期条件 $\alpha_I(t_0) = 0$, $\dot{\alpha}_I(t_0) = \dot{g}_{II}(t_0)/2$ に対して，解が一意的に存在

する．したがって，解の一意性から Ω_{IJ} は常に対角型となることが結論される．ただし上で述べたように初期条件は $G_{00}=0$ により制限される（G_{0I} は $C^I{}_{JK}=0$ から自明となる）．実際，まず $R_{00}+R=\dot{h}+h^2=0$ から，時間の原点を適当に取り直すことにより $h=1/t$ となる．これを α_I の方程式に代入して $e^{\alpha_I}=C_I t^{\sigma_I}$ を得る．$h=\sum_I \dot{\alpha}_I$ は $\sum_I \sigma_I=1$ を，$G_{00}=0$ は $\sum_I {\sigma_I}^2=1$ を与える．この解は座標 x^μ を複素数に拡張しても Einstein 方程式を満たすことに注意すると，軌道が時間的面の場合に対する表式が得られる．▌

Kasner 解では，$\sigma_1, \sigma_2, \sigma_3$ のうち 2 つがゼロで残りが 1 となる場合以外は，必ず 1 つが負，残り 2 つが正となる．実は前者の場合は時空は平坦となる．実際，

$$\theta^0 = dt, \qquad \theta^I = t^{\sigma_I}dx^I \qquad (I=1,2,3)$$

に対して，曲率形式を計算すると

$$\mathscr{R}^0{}_I = \frac{\sigma_I(\sigma_I-1)}{t^2}\theta^0\wedge\theta^I, \qquad \mathscr{R}^I{}_J = \frac{\sigma_I\sigma_J}{t^2}\theta^I\wedge\theta^J \tag{4.20}$$

となるので，σ_1 のうち 2 つがゼロとなることと $R^a{}_{bcd}=0$ は同等となる．この曲率テンソルがゼロとなる場合には，Minkowski 計量への座標変換を具体的に求めることも容易にできる．実際，計量

$$ds^2 = -dt^2+t^2dx^2+dy^2+dz^2 \tag{4.21}$$

は座標変換

$$T = t\cosh x, \qquad X = t\sinh x, \qquad Y = y, \qquad Z = z \tag{4.22}$$

により $ds^2=-dT^2+dX^2+dY^2+dZ^2$ となる．これから，もとの Kasner 解は 2 つの光的面 $T=\pm X$ で囲まれた Minkowski 時空の 1/4 領域に対応することが分かる．

一方，すべてがゼロでない場合には，Kasner 解は空間の 1 方向に収縮し，残り 2 方向に膨張する宇宙を表わす．ただし，空間の体積は，スケール因子の積が t^2 と表わされるので時間とともに増大する．また，スカラ量である曲率の 2 乗和が

$$R^{abcd}R_{abcd} = 4({\sigma_1}^2{\sigma_2}^2+{\sigma_2}^2{\sigma_3}^2+{\sigma_3}^2{\sigma_1}^2)/t^4+4\sum_I {\sigma_I}^2(\sigma_I-1)^2/t^4 \tag{4.23}$$

と表わされることから，$t=0$ は真の特異点となる．

軌道が時間的な面となる場合の解は，ρ, z, ϕ を空間の円筒座標と見なすと，t 時空方向と z 軸方向の平行移動および z 軸の周りの回転に対して不変となっている．したがって，この解は定常な円筒対称性を持つ真空解となっている．この解でも，$\sigma_1=\sigma_2=0, \sigma_3=1$ となる場合は平坦な時空を表わす．ただし，ϕ の変域が 2π からずれると，z 軸 $\rho=0$ 上では円錐の頂点のような特異点(cone singularity)をもつようになる．このような状況は，直線上にエネルギーが集中している宇宙ひもの作る重力場として実現され，物理的に興味深い現象を引き起こす(巻末文献[15][16])．

Kasner 解を求める操作を見てみると，計量が時間によらない空間座標の変換で対角化可能であることが重要な役割を果たしている．このような対角化は一般には許されない．実際，Bianchi タイプ $\mathrm{VII}_{4/11}$ 型に対しては，対角化可能でない真空解が知られている(Lukash 解，巻末文献[8])．しかし，真空解に限ると Bianchi タイプのうちクラス A に属するものとクラス B のうち V 型は対角化可能となる：

> **定理 4.2.2**　Bianchi タイプ I, II, V, VI_0, VII_0, VIII, IX 型の真空解の計量は常に対角化可能である．

証明　I 型についてはすでに示したので，ここでは，$C^I{}_{JK}\neq 0\ (I\neq J\neq K), C_I=0$ となる VIII 型と IX 型についてのみ証明する．他の型についても証明は(拘束条件 $2R_{00}+R=0$ を用いることが必要となる点を除いて)ほぼ同様である．

$N=1, N^I=0, \Omega_{IJ}=\Omega_{JI}$ のゲージをとる．$t=t_0$ で $g_{IJ}=e^{2(\alpha+\beta_I)}\delta_{IJ}$ と対角化すると，$\Omega_{IJ}(t_0)=e^{\alpha+\beta_I}\delta_{IJ}$ となる．ここで，$\beta_1+\beta_2+\beta_3=0$．定理の全ての型に対して，$\Omega_{IJ}$ が時間によらず常に対角型ならば，h_{IJ}, U_{IJ} は常に対角型，$\pi_{IJ}=0$ となるので，常に対角型を保つという条件は時間発展方程式と整合的である．したがって，常微分方程式の解の一意性から初期条件 $\Omega_{IJ}, \dot{\Omega}_{IJ}$ が対角型ならば常に対角型となる．そこで，$\dot{\Omega}_{IJ}(t_0)$ が，時間によらない Ω_{IJ} の直交行列による相似変換で対角型にできることを示せばよい．

まず，$R_{0I}=0$ から $h_{JK}(e^{2(\beta_J-\beta_K)}\pm 1)=0\ (J\neq K)$ となるので，少なくとも $\beta_J\neq\beta_K$ に対しては，

$$h_{JK}(t_0)=\frac{1}{2}e^{-\alpha}(e^{-\beta_J}+e^{-\beta_K})\dot{\Omega}_{JK}(t_0)$$

から，$\dot{\Omega}_{JK}(t_0)=0$ となる．したがって $t=t_0$ で $\beta_1\neq\beta_2\neq\beta_3$ のときには，$\dot{\Omega}_{IJ}(t_0)$ も対角型となる．もし，$\beta_1=\beta_2\neq\beta_3$（あるいは1, 2, 3を入れ換えたもの）の場合には，$\dot{\Omega}_{13}=\dot{\Omega}_{23}=0$ となる．残る $\dot{\Omega}_{12}$ については，1, 2成分の間での回転で g_{IJ} は不変であるので，この回転を利用してゼロにできる．最後に，$\beta_1=\beta_2=\beta_3$ の場合には，3次元回転で $g_{IJ}(t_0)$ が不変であるので，I型の場合と同様に，この回転を利用して $\dot{\Omega}_{IJ}(t_0)=0\ (I\neq J)$ とできる．▌

b) Taub-NUT 解

(1) 計量

すでに述べたように，余分な対称性がない場合には，Bianchi タイプ IX 型の真空解は知られていない．しかし，より高い対称性をもつ場合については1つだけ解が知られている．それは次の Taub-NUT 解である．

> **定理 4.2.3** Bianchi タイプ IX 型の真空解のうち，g_{IJ} の2つの固有値が一致する一般解は次の計量で与えられる：
>
> $$ds^2=-U^{-1}dt^2+(2l)^2U(d\psi+\cos\theta d\phi)^2+(t^2+l^2)(d\theta^2+\sin^2\theta d\phi^2)$$
>
> $$U=\frac{2mt+l^2-t^2}{t^2+l^2}$$
>
> で与えられる．ここで θ,ϕ,ψ は3次元球面の Euler 角，$m, l\ (l\neq 0)$ は定数である．

証明 計量は対角化可能なので，不変双対基底 χ^I

$$\chi^1=\cos\theta d\phi+d\psi$$

$$\chi^2=-\sin\psi d\theta+\cos\psi\sin\theta d\phi$$

$$\chi^3=\cos\psi d\theta+\sin\psi\sin\theta d\phi$$

を用いて

$$ds^2 = -g_1^{-1}dt^2 + g_1(\chi^1)^2 + g_2((\chi^2)^2 + (\chi^3)^2)$$

とおくことができる(表 4-3 の χ^I と順番が異なることに注意). このとき, $N=1/\sqrt{g_1}$, $N^I=0$, $\Omega_{IJ}=\sqrt{g_I}\delta_{IJ}$ とおくことにより, 一般公式(4.1.7)から

$$h_{11} = \frac{\dot{g}_1}{2\sqrt{g_1}}, \qquad h_{22} = h_{33} = \frac{\sqrt{g_1}}{2}\frac{\dot{g}_2}{g_2}$$

$$h_{IJ} = 0 \quad (I \neq J), \qquad \pi_{IJ} = 0$$

を得る. さらに U_{IJ} は

$$U_{11} = -\frac{g_1}{2g_2^2}, \qquad U_{22} = U_{33} = \frac{g_1 - 2g_2}{2g_2^2}$$

で与えられることを用いると, Einstein 方程式は

$$R_{00} + R_{11} = g_1\left[-2\frac{\ddot{\sqrt{g_2}}}{\sqrt{g_2}} + \frac{1}{2g_2^2}\right] = 0$$

$$R_{00} + R_I^I = \dot{g}_1\frac{\dot{g}_2}{g_2} + \frac{1}{2}g_1\left(\frac{\dot{g}_2}{g_2}\right)^2 - \frac{g_1 - 4g_2}{2g_2^2} = 0$$

$$R_{11} = \frac{1}{2}\ddot{g}_1 + \frac{1}{2}\dot{g}_1\frac{\dot{g}_2}{g_2} + \frac{g_1}{2g_2^2} = 0$$

となる. 第 1 式から, t の原点を適当に取ると

$$g_2 = Bt^2 + \frac{1}{4B}$$

を得る. これを第 2 式に代入して

$$g_1 = \frac{At + 1 - 4B^2t^2}{B(4B^2t^2 + 1)}$$

を得る. 第 3 式は Bianchi 恒等式によって他の 2 式から導かれるのでこれらが解となる. この解でパラメーター A, B を適当に置き換え, 不変双対基底の具体的な表式を代入すれば定理の計量が得られる. ▌

Taub-NUT 解は, 本来の Bianchi IX 型時空の Killing ベクトル以外に, 第 4 の Killing ベクトルを持っている :

$$\xi_1 = \partial_\phi \qquad (4.24)$$

$$\xi_2 = \cos\phi\partial_\theta - \cot\theta\sin\phi\partial_\phi + \frac{\sin\phi}{\sin\theta}\partial_\psi \qquad (4.25)$$

$$\xi_3 = -\sin\phi\partial_\theta - \cot\theta\cos\phi\partial_\phi + \frac{\cos\phi}{\sin\theta}\partial_\psi \qquad (4.26)$$

$$\xi_4 = \partial_\psi \qquad (4.27)$$

したがって，この解は $G_4(3, S)$ 型に属する．

(2) 大域的構造

Taub-NUT 解は 3 次元面

$$U = 0 \Leftrightarrow t = t_\pm = m \pm \sqrt{m^2 + l^2} \qquad (4.28)$$

で特異性をもつ．しかし $\det(g_{ab}) = -4l^2(t^2+l^2)^2 < 0$ から予想されるように，この特異性は見かけのものである．実際，

$$d\psi \to d\psi \pm dt/(2lU) \qquad (4.29)$$

と座標変換すると，計量は

$$ds^2 = \pm 4ldt\chi^1 + 4l^2U(\chi^1)^2 + (t^2+l^2)(d\theta^2 + \sin^2\theta d\phi^2) \qquad (4.30)$$

となり，特異性は現われなくなる．ただし，$U<0$ の領域では G_3IX 群の軌道は時間的となり，t はもはや時間座標の役割を果たさなくなる．特に，$U=0$ となる $t=t_\pm$ では軌道は光的となる．

これから予想されるように，Taub-NUT 解を最大限に解析接続したものは，等長変換群の軌道が空間的な時空 $t_- < t < t_+$ と時間的な $t < t_-$, $t > t_+$ の 2 つの時空を光的な面でつないだものとなる．この全時空の大域的な因果構造は，de Sitter 時空の場合と同様に，共形図式を用いて記述することができる．

まず，$t \to lt$ と置き換えた後，

$$ds^2 = l^2(t^2+1)d\hat{s}^2; \qquad (4.31)$$

$$d\hat{s}^2 = \frac{4U}{t^2+1}\left(-\frac{dt^2}{4U^2} + (\chi^1)^2\right) + d\theta^2 + \sin^2\theta d\phi^2 \qquad (4.32)$$

と共形変換すると，$(M, \hat{g})$ は大まかには 2 次元球面 $S^2(\theta, \phi)$ と 2 次元時空 F：(t, ψ) の積となる．ただし，χ^1 が θ, ϕ を含んでいるのでこれは単なる直積とな

らず，厳密にはS^2を底空間，Fをファイバーとするファイバー空間(M, S^2, F)となる．特に，t=const．面である3次元球面上では，この分解はいわゆるHopf fibering(S^3, S^2, S^1)と一致する．しかし，時空の因果構造は本質的にファイバーFで決まるので，以下ではこの2次元時空の構造に着目する．

Fの計量$ds_F{}^2$は，

$$u = \tilde{t} - \psi, \qquad v = \tilde{t} + \psi \tag{4.33}$$

$$\tilde{t} = \int \frac{dt}{2U} = -\frac{1}{2}[t + t_+ \ln|t_+ - t| + t_- \ln|t - t_-|] \tag{4.34}$$

とおくと，

$$ds_F{}^2 = -\frac{4(t_+ - t)(t - t_-)}{(t^2+1)^2} du dv \tag{4.35}$$

と表わされる．

いま，新しい光的な座標u_+, v_+を

$$\tan u_+ = -e^{-u/t_+}, \qquad \tan v_+ = -e^{-v/t_+} \tag{4.36}$$

により導入すると，計量は

$$ds_F{}^2 = -\frac{4t_+^2(t - t_-)^{1+t_-^2}}{(t^2+1)^2} e^{-t/t_+} \frac{du_+ dv_+}{\cos^2 u_+ \cos^2 v_+} \tag{4.37}$$

となる．(4.36)式からtとu_+, v_+の間には

$$\tan u_+ \tan v_+ = e^{t/t_+} \frac{t_+ - t}{(t - t_-)^{t_-^2}} \tag{4.38}$$

の関係があるが，この式の右辺は$t > t_-$でtの単調減少関数となるので，この式を(u_+, v_+)平面の領域$D_+ : |u_+| < \pi/2, |v_+| < \pi/2$で$t$を$u_+, v_+$の関数として定義する表式と見なすことができる．このように見ると，計量(4.37)は領域D_+全体で正則となる．図4-1(a)に示したように，この領域ではt_+は$u_+ v_+ = 0$に，$t = t_-$は$u_+ v_+ > 0$かつ$u_+ = \pm\pi/2$または$v_+ = \pm\pi/2$に，$t = +\infty$は$u_+ v_+ < 0$かつ$u_+ = \pm\pi/2$または$v_+ = \pm\pi/2$に対応する．したがって，計量(4.37)は$t_- < t < t_+$の領域を$t = t_+$を越えて解析接続した時空を記述し，上記の座標変換は，この時空から2次元Minkowski時空の有界な領域D_+へ

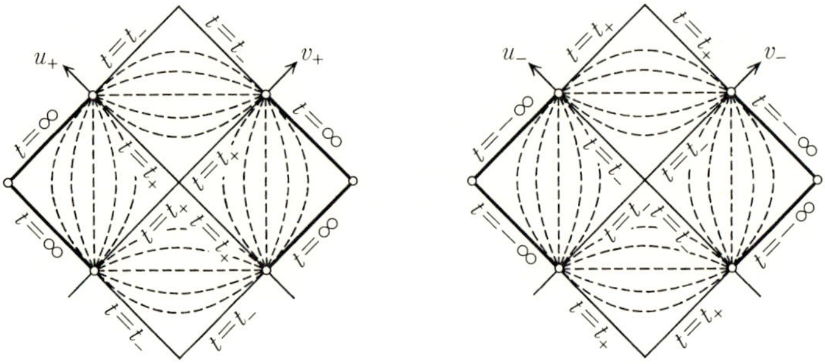

(a)　　　　　　　　(b)

図 4-1　Taub-NUT 時空の $t=t_\pm$ を越える解析接続

の共形写像を与える.

まったく同様にして,

$$\tan u_- = e^{-u/t_-}, \qquad \tan v_- = e^{-v/t_-} \tag{4.39}$$

で定義される u_-, v_- を用いることにより, $t<t_+$ 全体を有界な領域に写し, $t=t_-$ を越える解析接続を与える共形写像を得ることができる(図 4-1(b)).

Taub-NUT 時空の完全な解析接続に対応する共形図式は, 図 4-1 の(a)と(b)の共通な部分を重ねて張り合わせることにより得られる. 結果は, 図 4-2 に示したように, これらの領域が無限に連なったものとなる.

ただし, 以上の図式は実際には ψ が 4π の周期をもつことを無視して得られたものであり, 正しい図式を得るにはこの周期性に対応する同一視を行なわねばならない. ところが, 図 4-2 で $p_\pm$ と書かれた $u_\pm = v_\pm = 0$ となる点は $\psi \to \psi + 4\pi$ という変換に対する不動点となっているため, 図 4-2 全体で, この同一視を行なうと滑らかな多様体が得られなくなってしまう. このため, 同一視を行なうことのできる領域は, 図 4-2 の I, II, III ないし, I′, II, III′ のいずれかの長方形領域となり, その基本領域は図に示された $\delta\psi = 4\pi$ の帯状の部分となる. したがって, 等長変換群の軌道が空間的となる II の領域からの解析接続には独立な 2 つの方法があることになる. もちろん, 得られる時空自体は同じ構造をもつ.

この同一視により得られた時空の興味深い点は, 図から明らかなように, 軌

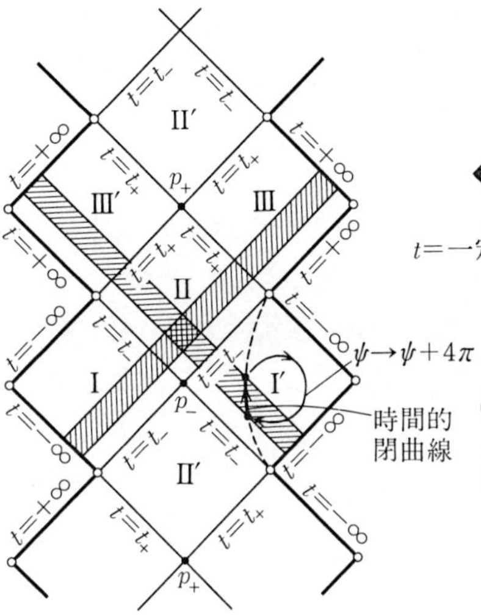

(a)

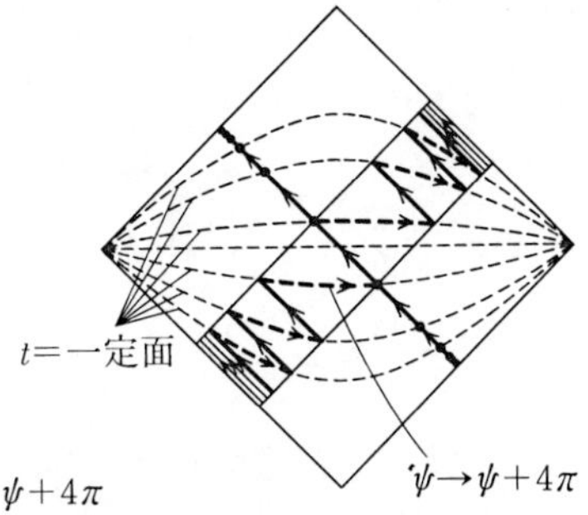

(b) 領域IIでの$\psi\to\psi+4\pi$による同一視と，不完備な光的測地線．

図 4-2　Taub-NUT 時空の共形図式

道が時間的となる領域に閉じた時間的曲線が存在することである．したがって，解析接続された Taub-NUT 時空では因果律が破れることになる．この図だけからだと，一見時空は単連結でないように見えるが，実際の全時空はこの図をファイバーとするファイバー空間となるために位相構造は$M^4\approx \boldsymbol{R}\times S^3$となり，単連結となる．この事情は$S^3$の Hopf fibering と同じである．したがって，反 de Sitter 時空の場合のように普遍被覆空間をとることにより，因果律を回復することはできない．

Taub-NUT 時空のもう1つの特異な点は，それがどこにも特異点をもたないにもかかわらず，測地的に完備でない点である．実際，$V^\mu=dx^\mu/d\tau$をτをアフィンパラメーターとしてもつ測地線の接ベクトルとするとき，それと Killing ベクトルの内積$V_\mu\xi^\mu_I\,(I=1,\cdots,4)$が保存量となることを用いると，例えば，$\theta=$const., $\phi=$const. 面F内に含まれる測地線の方程式は

$$\dot{\psi}=\frac{C}{(2l)^2U},\qquad \dot{t}^2=\left(\frac{C}{2l}\right)^2-\varepsilon U \tag{4.40}$$

で与えられることが導かれる．ここで ε は測地線が時間的なら -1，空間的ならば $+1$，光的ならば 0 である．この式から，$t\to t_\pm$ となると，$\dot{\psi}\to\infty$ となる．ところが，この時，$\dot{t}$ は有限に留まるのでアフィンパラメーター τ はこの極限で有限となる．したがって，測地線はある有限なアフィンパラメーターの値を越えて延長できないことになるので，時空は完備でないことになる．このようなことが起こる原因は，図 4-2 に示したように，ψ に関して同一視する前の時空で有限なアフィン距離をもつ t_- 面と t_+ 面を結ぶ測地線が，周期的同一視の結果 ψ 軸方向に無限に巻きつくことによる．

c） 一様等方宇宙

空間的に一様な時空の中で宇宙論で最もよく用いられるのは，さらに空間的な等方性をもつ時空である．空間的な等方性は，等長変換群の等方群が 3 次元回転群 $SO(3)$ を含むことを要求するので，群の次元は 6 以上となる．したがって，軌道が 3 次元空間となる場合には必然的に群の次元は 6 となり，空間は定曲率空間となる．これから，空間的に一様かつ等方な時空の計量は，$d\sigma^2$ を時間によらない定曲率空間の計量として，**Robertson-Walker 計量**

$$ds^2 = -dt^2+a(t)^2d\sigma^2 \tag{4.41}$$

で与えられることになる．$d\sigma^2$ としては，その断面曲率の符号に応じて 3 つのタイプがある．

(1) 空間的に平坦な場合($K=0$)

この場合は，空間計量は

$$d\sigma^2 = d\boldsymbol{x}^2 = dr^2+r^2d\Omega_2^2 \tag{4.42}$$

となり，等長変換群は 3 次元 Euclid 群 $E(3)$ となる．空間に推移的に作用する $E(3)$ の部分群は 3 次元 Abel 群 $\boldsymbol{R}^3$ となるので，この時空の Bianchi タイプは I となる．

共形時間

$$d\eta = dt/a \tag{4.43}$$

を導入すると，時空計量は

$$ds^2 = a^2[-d\eta^2+d\boldsymbol{x}^2] \tag{4.44}$$

と Minkowski 時空と共形となる．ただし，$a \propto t^n$ ($n<1$) となる Friedmann 宇宙では η は有限な下限をもつので，宇宙の共形図式は Minkowski 時空の共形図式の上半分となる(図 4-3(a))．

(2) 空間的に閉じた場合($K>0$)

空間計量は 3 次元球面の計量

$$d\sigma^2 = \frac{1}{K}d\Omega_3{}^2 = \frac{1}{K}(d\chi^2+\sin^2\chi d\Omega_2{}^2) \qquad (4.45)$$

で与えられる．等長変換群の連結成分は 4 次元回転群 $SO(4) \cong SO(3) \otimes SO(3)$ となるので, 推移的部分群は $SO(3)$, したがって, Bianchi タイプは IX となる．

時空計量は，共形時間を用いると

$$ds^2 = \frac{a^2}{K}[-d\eta^2+d\Omega_3{}^2] \qquad (4.46)$$

と静的 Einstein 宇宙 SE^4 と共形となる．ただし，Friedmann 型の宇宙では a は $t=t_\pm$ で平坦な場合と同じ速さでゼロに近づくので，時空全体は SE^4 のうち有限な $\eta_- < \eta < \eta_+$ の部分に写される(図 4-3(b))．

(3) 空間的に開いた場合($K<0$)

空間計量は 3 次元双曲空間の計量

$$d\sigma^2 = \frac{1}{|K|}dH_3{}^2 = \frac{1}{|K|}(d\chi^2+\sinh^2\chi d\Omega_2{}^2) \qquad (4.47)$$

で与えられる．等長変換群の連結成分は 4 次元 Lorentz 群 $SO(3,1)$ となる．その Killing ベクトルの基底を 3 次元回転群に対応する J_I とブーストに対応する K_I ($I=1,2,3$) と取ると，$\{J_1+K_2, K_1-J_2, K_3\}$ は G_3V 型の交換関係を満たすので，この時空の Bianchi タイプは V 型となる．

座標変換

$$\tan\eta' = \frac{\sinh\eta}{\cosh\chi}, \qquad \tan\chi' = \frac{\sinh\chi}{\cosh\eta} \qquad (4.48)$$

により新しい座標 $(\eta', \chi', \theta, \phi)$ に移ると，時空計量は

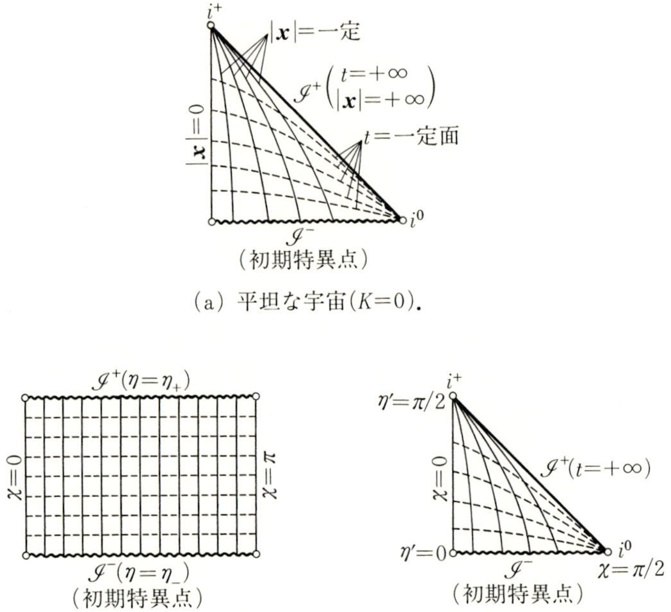

(a) 平坦な宇宙($K=0$).

(b) 閉じた宇宙($K>0$).

(c) 開いた宇宙($K<0$).

図 4-3 一様等方な宇宙の共形図式(Friedmann 宇宙)

$$ds^2=\frac{a^2}{|K|\cos(\chi'+\eta')\cos(\chi'-\eta')}[-d\eta'^2+d\chi'^2+\sin^2\chi' d\Omega_2{}^2] \quad (4.49)$$

と SE^4 と共形な形に書かれ，時空全体は有界領域 $\chi'\geqq 0$, $\eta'>0$, $\eta'+\chi'<\pi/2$ に写される(図 4-3(c)).

d) 時空的に一様なモデル

時空的に一様，すなわち 4 次元時空全体で推移的な等長変換群が存在する場合については，真空，宇宙項のみ，理想流体ないし電磁場が存在する場合のすべてについて Einstein 方程式の一般解が求められている(巻末文献[8])．これらのうち，4 次元時空上で単純推移的な部分群が存在する場合は，4-1 節の議論から 4 次元 Lie 群の分類という完全に代数的問題に帰着されてしまう．この 4 次元 Lie 群の完全な分類は Petrov によりなされている(巻末文献[9])．また，$G_7(4)$型の解は，静的 Einstein 時空 SE^4 か $G_6(3,N)$型の純波動型の解に限ら

表 4-4　$G_m(4)(m \geqq 4)$型の厳密解(G_{10} 型を除く)

重力源	G_4	G_5	G_6	G_7
真空	All (Petrov 解)	∄	All (平面波解)	∄
Λのみ	All ($\Lambda<0$)	All ($\Lambda<0$)	All ($M^2 \times M^2$ $M^2 = S^2, H^2, \boldsymbol{R}^2$)	∄
理想流体	All (Ozsváth 解)	All (Gödel 解)	∄	All (静的 Einstein 解)
電磁場	∄	∄	All (平面波解 Bertotti-Robinson 解)	∄
純輻射		?	All	All

れることが示される．したがって，自明でないのは $G_6(4)$型と $G_5(4)$型のみとなる．ただし，これらのタイプも多くの場合 $G_4(4)$型の部分群を含むことが多い．

ここでは，因果構造の点から興味深く詳しく調べられている，$G_4(4)$型の部分群を含む $G_5(4)$型の解である **Gödel 時空**(Gödel Universe)についてのみ触れることにする．

Gödel 時空の Killing ベクトルは

$$\begin{aligned} &\xi_0 = \partial_0, \quad \xi_1 = \partial_x - y\partial_y, \quad \xi_2 = \sqrt{2}(-\partial_0 + \partial_y), \quad \xi_3 = \partial_z \\ &\xi_4 = -2e^{-x}\partial_0 + y\partial_x + (e^{-2x} - \frac{1}{2}y^2)\partial_y \end{aligned} \tag{4.50}$$

で与えられる．これらの交換関係のうちゼロでないものは

$$[\xi_1, \xi_2] = \xi_2 + \sqrt{2}\xi_0, \quad [\xi_2, \xi_4] = \sqrt{2}\xi_1, \quad [\xi_1, \xi_4] = -\xi_4 \tag{4.51}$$

となるので，$\{\xi_1, \xi_2' = \xi_2 + \sqrt{2}\xi_0, \xi_3\}$ に関して Bianchi タイプ III 型，$\{\xi_1, \xi_2', \xi_4\}$ に関して軌道が時間的な Bianchi タイプ VIII 型，$\xi_0, \cdots, \xi_3$ に関して $G_4(4) \cong G_1(1, T) \otimes G_3\mathrm{III}(3, S)$ 型となる．したがって，ξ_4 が余分な対称性を表わす．

$G_5(4)$全体は$G_5(4)\cong \boldsymbol{R}^2\otimes G_3\mathrm{VIII}(3, T)$型と見ることもできる．時空計量は，この単純推移的に作用する$G_4(4)\subset G_5$に関する不変基底

$$X_0=\partial_t, \quad X_1=\partial_x, \quad X_2=\sqrt{2}(-\partial_t+e^{-x}\partial_y), \quad X_3=\partial_z \tag{4.52}$$

$$\chi^0=dt+e^x dy, \quad \chi^1=dx, \quad \chi^2=\frac{\sqrt{2}}{2}e^x dy, \quad \chi^3=dz \tag{4.53}$$

を用いて

$$\begin{aligned} ds^2 &= a^2\eta_{ab}\chi^a\chi^b \\ &= a^2\left[-(dt+e^x dy)^2+dx^2+\frac{1}{2}e^{2x}dy^2+dz^2\right] \end{aligned} \tag{4.54}$$

で与えられる．

この計量に対して，Einstein テンソルを計算すると

$$G_{00}=G_{11}=G_{22}=G_{33}=1/(2a^2) \tag{4.55}$$

となるので，この解は真空解ではない．このテンソルを理想流体のエネルギー運動量テンソルと等置すると，4元速度ベクトルu^μ，エネルギー密度ρ，圧力Pは

$$(u^\mu)=\frac{1}{a}X_0=\frac{1}{a}\partial_0=\frac{1}{a}\xi_0 \tag{4.56}$$

$$\rho=P=\frac{1}{16\pi G a^2} \tag{4.57}$$

となる．したがって，Gödel 時空は速度ベクトルが Killing ベクトルとなり，$P=\rho$という状態方程式に従う物質を重力源とする場合の解と見なすことができる．

速度場uの共変微分は

$$\nabla_{X_a}u=\frac{1}{\sqrt{2}\,a}\left[\delta_a^2 X_1-\delta_a^1 X_2\right] \tag{4.58}$$

で与えられるので，$\nabla_u u=0$となり，物質は測地線にそって運動している．ただし，これらの測地線に直交する3次元面は存在しない．実際，

$$\Omega^a := \frac{1}{2}\varepsilon^{abcd}u_b\nabla_c u_d = -\frac{1}{\sqrt{2}\,a}\delta_3^a \neq 0 \qquad (4.59)$$

となるので，5-2 b)で示すように u に直交する面は存在しない．実は，Ω^a は測地線の局所的な回転率を表わすベクトルと見なせるので（巻末文献[12]），この式は，Gödel 時空が z 軸の周りに角速度 $1/(\sqrt{2}\,a)$ で回転していることを示している．

Gödel 時空の興味深い性質は，Taub-NUT 宇宙と同じように自明でない閉じた時間的曲線を含む点である．実際，

$$\begin{aligned} x &= \ln(\cosh 2r + \sinh 2r \cos\phi) \\ y &= \frac{\sqrt{2}}{2}\frac{\sin\phi}{\coth 2r + \cos\phi} \\ t/a &= -\sqrt{2}\,\phi + 2\sqrt{2}\,\tan^{-1}(e^{-2r}\tan(\phi/2)) \end{aligned} \qquad (4.60)$$

で定義される．ϕ を径数，r をパラメーターとする $z=\mathrm{const}$. 面内の閉曲線 $\gamma(\phi\,;r)$ の接ベクトル ∂_ϕ のノルムを計算すると

$$g(\partial_\phi, \partial_\phi) = 4\sinh^2 r(1-\sinh^2 r) \qquad (4.61)$$

となり，∂_ϕ は $r=\ln(1+\sqrt{2})$ で光的に，$r>\ln(1+\sqrt{2})$ で時間的になることが分かる．等長変換群の構造から Gödel 時空の位相構造は $M^4 \approx \boldsymbol{R}^4$ となるので単連結となる．したがって，Taub-NUT 時空の場合と同様，普遍被覆空間を考えることにより因果律を回復することはできない．

5

ブラックホール時空

ブラックホールは相対論的効果が最も顕著に現われる，現象的にも理論的にも非常に興味深い対象である．ブラックホールを表わす時空の大まかな構造に関しては一般的な数学的研究が可能で，さまざまな興味深い結果が得られているが，それらの背景には Schwarzschild 解や Kerr 解などのブラックホール時空を表わす Einstein 方程式の厳密解の発見とその詳しい研究がある．

本章では，球対称性ないし軸対称性をもつ時空に対して，Einstein 方程式が比較的簡単な方程式系に帰着されることを示し，その厳密解として得られるいくつかの重要なブラックホール時空の大域的時空構造を調べる．

5-1　球対称なブラックホール

a)　$G_3(2)$型の対称性をもつ時空計量

時空が 3 次元等長変換群 G をもち，その軌道が 2 次元となるとき，3-1 節 d) で示したように，退化型でない限り各軌道は定曲率空間となる．したがって，G は定曲率空間のタイプを指定すれば決まってしまう．

命題 5.1.1　擬 Riemann 多様体 M の 3 次元等長変換群が光的でない 2 次元部分空間 Σ^2 に推移的に作用するとき，Σ^2 は定曲率空間で，等長変換群は Σ^2 が空間的ならば

$$G \cong \begin{cases} \mathrm{G_3VII_0} & (K=0) \\ \mathrm{G_3IX} & (K>0) \\ \mathrm{G_3VIII} & (K<0) \end{cases}$$

Σ^2 が時間的ならば，

$$G \cong \begin{cases} \mathrm{G_3VI_{-1}} & (K=0) \\ \mathrm{G_3VIII} & (K\neq 0) \end{cases}$$

で与えられる．

証明　Σ^2 が空間的の時，$\Sigma^2=E^2\,(K=0)$，$S^2\,(K>0)$，$H^2\,(K<0)$となる．したがって，$G_3\mathrm{VII}_0\cong E(2)$，$G_3\mathrm{IX}\cong SO(3)$，$G_3\mathrm{VIII}\cong SO(2,1)$ から定理の前半の結果を得る．一方，Σ^2 が時間的の時，$\Sigma^2\cong E^{1,1}\,(K=0)$，$dS^2\,(K>0)$，$AdS^2\,(K<0)$となる．したがって，$G_3\mathrm{VI}_{-1}\cong E(1,1)$ および，dS^2 と AdS^2 が局所的に同型でその等長変換群は $SO(2,1)\cong G_3\mathrm{VIII}$ で与えられることを考慮すると定理の後半の結果を得る．▌

$G_3(2)$型の等長変換群をもつ時空の構造は比較的簡単で，大まかには変換群の軌道に対応する 2 次元空間とそれに直交する 2 次元空間の積，ないしファイバー空間の構造をもつ．これを示すために，準備として，2 次元時空に関する次の有名な定理を証明しておこう．

定理 5.1.2　2 次元擬 Riemann 空間は**共形的に平坦**である．すなわち，その計量は局所的には必ず次の形に書かれる：

$$ds^2 = C(x^0,x^1)^2(\pm(dx^0)^2+(dx^1)^2)$$

証明　2 次元時空の曲率テンソルは 1 個しか独立な成分をもたず，スカラ曲率 R で完全に決定される．公式 2.1.16 から，2 次元時空の計量 $g_{\mu\nu}$ の共形変換 $g=e^{2\Omega}\hat{g}$ に対して，スカラ曲率は

$$e^{-2\Omega}\hat{R} = R + 2\triangle\Omega$$

と変換する．ここで $\triangle = \nabla^\mu \nabla_\mu$．ところが，この式で左辺をゼロとおいて得られる Ω に対する方程式

$$\triangle\Omega = -\frac{R}{2}$$

は，空間の計量が正定符号のとき楕円型，不定符号のとき双曲型の偏微分方程式となり，局所的には必ず解をもつ．したがって，この解 Ω に対して，$\hat{g}$ の曲率テンソルはゼロとなるので適当な座標のもとで $\hat{g}_{\mu\nu} = \eta_{\mu\nu}$ となる．$C = e^{2\Omega}$ とおけば定理の結果が得られる．▌

この定理を用いると，$G_3(2)$ 型の等長変換群で不変な時空計量は 2 変数に依存した 2 個の関数の自由度しかもたないことが示される：

命題 5.1.3　4 次元時空 (M, g) が 3 次元の等長変換群 G をもち，その軌道が 2 次元の空間的面 $(\varepsilon = +1)$ ないし 2 次元の時間的な面 $(\varepsilon = -1)$ となるとき，計量 $g = ds^2$ は

$$ds^2 = -\varepsilon e^{2\nu}(dx^0)^2 + e^{2\lambda}(dx^1)^2 + r^2[(dx^2)^2 + \varepsilon(f(x^2))^2(dx^3)^2]$$

と書かれる．ここで，ν, λ, r は x^0, x^1 のみに依存する関数である．また，f は軌道の断面曲率 K に応じて

$$f(x) = \begin{cases} \sin x & (K > 0) \\ x & (K = 0) \\ \sinh x & (K < 0) \end{cases}$$

で与えられる．さらに，x^0, x^1 を適当に選ぶと $r = x^1$（ただし $(\nabla r)^2 \neq 0$ のとき）ないし $\nu = \lambda$ とできる．

証明　等長変換群 G の軌道の全体は 2 次元的集合となるので，その集合（軌道空間）の座標を x^0, x^1 として，各軌道を $\Sigma(x^0, x^1)$ と表わす．勝手な軌道 Σ_0 を 1 つとり，その上の点 p_0 を通り Σ_0 に直交する測地線の集合を Γ とする．Γ に属する測地線の全体は局所的には p_0 を通り Σ_0 に垂直な面を張り，Σ_0 の近傍で各軌道と 1 点のみで交わる．$H(\subset G)$ を点 p_0 における等方群とすると，

等長変換は測地線を測地線に移し，角度を保存するので，H に属する変換に対して Γ は集合として不変となる．ところが Γ に属する勝手な測地線を C とすると，C と軌道 Σ との交点 p は H に属する変換により Σ 内に留まるが，Σ と Γ の交点は 1 点のみなので結局 p，したがって C は H に属する変換で不変となる．いま p における Σ の正規直交基底 e_1, e_2 を 1 つとり，$m=e_1+ie_2$ とおくと，Σ^2 が空間的な場合には H の作用は $m\to e^{i\theta}m$ となるので，V を C の点 p における接ベクトルとすると，等長変換が内積を保存することから $g(V, m)=g(V, e^{i\theta}m)=e^{i\theta}g(V, m)$ となる．よって，$g(V, m)=0$ となり，C は Σ にも直交する．Σ が時間的な場合も l, k を 1 次独立な光的接ベクトルとすると H の変換が $l\to e^{\lambda}l$, $k\to e^{-\lambda}k$ と表わされることから同じ結論を得る．以上から，ある軌道に直交する測地線はそれと交わる全ての軌道と直交することがわかる．

Σ_0 は 2 次元定曲率空間なのでその計量は，Σ_0 の適当な内部座標 x^2, x^3 を用いて，

$$d\sigma_0{}^2 = K_0{}^{-2}[(dx^2)^2+\varepsilon(f(x^2))^2(dx^3)^2]$$

と書かれる．この x^2, x^3 を Σ_0 に垂直な測地線に沿って一定という条件で時空全体 M に広げると M の座標系 (x^0, x^1, x^2, x^3) を得る．このとき，上で示したことから，x^2, x^3 が一定の面 $\Sigma^{\perp}(x^2, x^3)$ は至るところで $\Sigma(x^0, x^1)$ と直交する．したがって，時空の計量は

$$ds^2 = d\gamma^2+d\sigma^2\ ;$$
$$d\gamma^2 = \gamma_{IJ}dx^I dx^J \qquad (I, J=0, 1)$$
$$d\sigma^2 = \sigma_{PQ}dx^P dx^Q \qquad (P, Q = 2, 3)$$

と書かれる．さらに，等長変換は測地線を測地線に移すので，Killing ベクトルは $\xi=\xi^P(x^2, x^3)\partial_P$ と表わされる．これから $[\partial_I, \xi]=0$ となる．したがって，

$$0 = \mathcal{L}_{[\xi, \partial_I]}d\sigma^2 = [\mathcal{L}_\xi, \mathcal{L}_{\partial_I}]d\sigma^2 = \mathcal{L}_\xi((\partial_I\sigma_{PQ})dx^P dx^Q)$$

となる．これは $\partial_I\sigma_{PQ}$ が Σ 上の不変計量を与えることを意味する．ところが，G_3 で不変な計量は定曲率空間のもののみなので $\partial_I\sigma_{PQ}=F_I\sigma_{PQ}$ となる．この方程式の整合性 $[\partial_I, \partial_J]\sigma_{PQ}=0$ から $\partial_I F_J=\partial_J F_I$，したがって F_I は適当な関数 $F(x^0, x^1)$ で $F_I=\partial_I F$ と表わされる．これから

$$\sigma = e^{-F}\sigma_0 = r^2(x^0, x^1)[(dx^2)^2 + \varepsilon(f(x^2))^2(dx^3)^2]$$

となる．ここで $r^2 = e^{-F}/K_0^2$.

一方，$\mathcal{L}_\xi ds^2 = 0, \mathcal{L}_\xi d\sigma^2 = 0$ より $\mathcal{L}_\xi d\gamma^2 = 0$ となる．この条件は $\mathcal{L}_\xi dx^I = 0$ より $\mathcal{L}_\xi \gamma_{IJ} = 0$ と表わされるので $\gamma_{IJ} = \gamma_{IJ}(x^0, x^1)$ となる．したがって，γ は2次元時空 x^0, x^1 上の計量となるので，前定理から x^0, x^1 の間の座標変換により

$$d\gamma^2 = e^{2\lambda}(-\varepsilon(dx^0)^2 + (dx^1)^2)$$

と書かれる．これにさらに座標変換 $\bar{x}^I = \bar{x}^I(x^0, x^1)$ を施したとき，γ が

$$d\gamma^2 = -\varepsilon e^{2\bar{\nu}}(dx^0)^2 + e^{2\bar{\lambda}}(dx^1)^2$$

の形に留まる条件は

$$\varepsilon\partial_1\bar{x}^1\partial_1\bar{x}^0 = \partial_0\bar{x}^1\partial_0\bar{x}^0$$

となる．これは $\bar{x}^1$ を勝手に与えたとき，$\bar{x}^0$ に対する1階の偏微分方程式となり，適当な初期曲線上の値に相当する自由度をもつ解が存在する．x^0, x^1 から $\bar{x}^0, \bar{x}^1$ への座標変換の Jacobi 行列式は $(\nabla\bar{x}^1)^2\partial_0\bar{x}^0/\partial_1\bar{x}^1$ となるので，$(\nabla\bar{x}^1)^2 \neq 0$ ならば適当な初期条件をとることにより $\bar{x}^0, \bar{x}^1$ は独立な関数となり，局所座標系を与える($\partial_1\bar{x}^1 = 0$ のときは $\partial_1\bar{x}^0 \neq 0$ ととればよい)．特に，$(\nabla r)^2 \neq 0$ ならば $\bar{x}^1 = r$ ととることができる．▌

この命題を用いると，2-2節b)の分解公式ないし直接の計算により，直ちに Einstein テンソルに対する次の公式を得る．

公式 5.1.4 命題 5.1.3 で表わされる計量に対して，正規直交基底

$$e_0 = e^{-\nu}\partial_0, \quad e_1 = e^{-\lambda}\partial_1, \quad e_2 = r^{-1}\partial_2, \quad e_3 = r^{-1}f^{-1}\partial_3$$

に関する Einstein テンソルのゼロでない成分は次の式で与えられる：

$$G^0_0 = -\frac{K}{r^2} - \varepsilon e^{-2\nu}\frac{\dot{r}}{r}\left(\frac{\dot{r}}{r} + 2\dot{\lambda}\right) + e^{-2\lambda}\left(2\frac{r''}{r} + \left(\frac{r'}{r}\right)^2 - 2\lambda'\frac{r'}{r}\right)$$

$$G^1_1 = -\frac{K}{r^2} + e^{-2\lambda}\frac{r'}{r}\left(\frac{r'}{r} + 2\nu'\right) - \varepsilon e^{-2\nu}\left(2\frac{\ddot{r}}{r} + \left(\frac{\dot{r}}{r}\right)^2 - 2\dot{\nu}\frac{\dot{r}}{r}\right)$$

$$G^0_1 = \varepsilon\frac{2}{r}e^{-(\lambda+\nu)}(\dot{r}' - \dot{\lambda}r' - \nu'\dot{r})$$

$$G^P_Q = \Big[-\varepsilon e^{-2\nu}\Big(\frac{\ddot{r}}{r}+(\dot{\lambda}-\dot{\nu})\frac{\dot{r}}{r}\Big)+e^{-2\lambda}\Big(\frac{r''}{r}-(\lambda'-\nu')\frac{r'}{r}\Big)$$

$$-\varepsilon e^{-2\nu}(\ddot{\lambda}+\dot{\lambda}^2-\dot{\nu}\dot{\lambda})+e^{-2\lambda}(\nu''+\nu'^2-\lambda'\nu')\Big]\delta^P_Q$$

$$(P, Q=2,3)$$

ここで $\dot{}$ は x^0 に関する微分を，$'$ は x^1 に関する微分を表わす．

b） 一般化された Birkhoff の定理

この節では，真空ないし，高々宇宙項か電磁場のみが存在する場合に対して，$G_3(2)$型の対称性をもつ Einstein 方程式の一般解を求める．

まず，準備として，$G_3(2)$型の対称性をもつ時空における電磁場の形を決定しておこう．

命題 5.1.5 $G_3(2, S)$型ないし $G_3(2, T)$型の等長変換群 G をもつ時空において，計量が命題 5.1.3 で与えられるとするとき，G 不変な電磁場は x^1 方向の電場ないし磁場しかもたず，電磁テンソル $F=\frac{1}{2}F_{\mu\nu}dx^\mu\wedge dx^\nu$ は

$$F = E(x^0, x^1)\theta^0\wedge\theta^1+B(x^0, x^1)\theta^2\wedge\theta^3$$

と表わされる．ここで $\theta^0=e^\nu dx^0$，$\theta^1=e^\lambda dx^1$，$\theta^2=rdx^2$，$\theta^3=rfdx^3$ である．さらに，$x^1=r$ ととれるとき，電磁場の源が存在しない領域では E, B は定数 Q_e, Q_m を用いて

$$E = \frac{Q_e}{r^2},\qquad B = \frac{Q_m}{r^2}$$

と表わされる．

証明 F は一般に，

$$F = E\theta^0\wedge\theta^1+F_{IP}\theta^I\wedge\theta^P+B\theta^2\wedge\theta^3$$

と表わされる．Killing ベクトル ξ による双対基底 θ^a の Lie 微分は

$$\mathcal{L}_\xi\theta^P = A^P{}_Q\theta^Q\,;\quad A_{PQ} = -A_{QP}\qquad (P, Q = 2,3)$$

$$\mathcal{L}_\xi\theta^I = 0\qquad (I = 0,1)$$

と表わされるので，$\mathcal{L}_\xi F=0$ という条件は

$$0=\mathcal{L}_\xi F=\partial_\xi E\theta^0\wedge\theta^1+(\partial_\xi F_{IP}+F_{IQ}A^Q{}_P)\theta^I\wedge\theta^P+\partial_\xi B\theta^2\wedge\theta^3$$

となる．この第1項と第3項から $\partial_\xi E=\partial_\xi B=0$，したがって $E=E(x^0,x^1)$，$B=B(x^0,x^1)$．また，ξ を勝手な点 p での等方群の無限小変換に選べば $\xi_p=0$ から，第2項は $F_{IQ}A^Q{}_P=0$ となる．A は正則な行列なのでこれから $F_{IQ}=0$ となる．

F が真空の Maxwell 方程式を満たすとすると，$x^1=r$ ととれるとき，まず $dF=0$ から

$$\partial_0 B=0,\qquad \partial_1 B+\frac{2}{x^1}B=0$$

を得る．これから，$B=Q_m/r^2$ となる．次に，

$$\nabla_\nu F^{\mu\nu}=-\frac{1}{2}\varepsilon^{\mu\nu\lambda\sigma}\partial_\nu*F_{\lambda\sigma}=-\frac{1}{6}\varepsilon^{\mu\nu\lambda\sigma}(d*F)_{\nu\lambda\sigma}$$

となるので，Maxwell の残りの方程式は $d*F=0$ と表わされる．ところが

$$*F=-\varepsilon B\theta^0\wedge\theta^1+\varepsilon E\theta^2\wedge\theta^3$$

となるので，この方程式は $E=Q_e/r^2$ を与える．▌

以上の準備のもとに，容易に次の一般解が得られる．

> **定理 5.1.6（一般化された Birkhoff の定理）** 高々電磁場を重力源とする Einstein 方程式の真空解が，空間的ないし時間的な2次元面を軌道とする3次元等長変換群をもち，軌道の断面曲率 K が $g^{\mu\nu}\partial_\mu K\partial_\nu K\neq 0$ の条件を満たせば，時空は静的でその計量は次式で与えられる：
>
> $$ds^2=-\varepsilon e^{2\nu}dt^2+e^{-2\nu}dr^2+r^2d\sigma_2{}^2;$$
> $$e^{2\nu}=k-\frac{2Gm}{r}+\varepsilon\frac{Ge^2}{r^2}-\frac{1}{3}\Lambda r^2$$
>
> ここで $d\sigma_2{}^2$ は断面曲率 $k=0,\pm1$ の2次元定曲率空間の計量である．

証明 まず，命題5.1.3の形に書かれた計量に対して，軌道の断面曲率は

$\pm 1/r^2$ に比例するので，$g^{\mu\nu}\partial_\mu K \partial_\nu K \neq 0$ という条件は $(\nabla r)^2 \neq 0$ と同等である．よって $x^1 = r$ とおくことができる．前命題から，命題 5.1.4 で用いた基底に関するエネルギー運動量テンソル

$$T^a_b = \frac{1}{4\pi}\left(F^a{}_c F_b{}^c - \frac{1}{4}\delta^a_b F_{cd}F^{cd}\right) - \frac{\Lambda}{8\pi G}\delta^a_b$$

のゼロでない成分は

$$T_0{}^0 = T_1{}^1 = -\frac{\varepsilon}{8\pi}\frac{e^2}{r^4} - \frac{\Lambda}{8\pi G}, \qquad T_2{}^2 = T_3{}^3 = \frac{\varepsilon}{8\pi}\frac{e^2}{r^4} - \frac{\Lambda}{8\pi G}$$

となる．ここで $e^2 = Q_e{}^2 + Q_m^2$.

これから，まず Einstein 方程式の $(0,1)$ 成分は $\dot{\lambda} = 0$ となり，$\lambda = \lambda(r)$ を得る．次に $G_1{}^1 - G_0{}^0 = 0$ から $(\nu + \lambda)' = 0$ を得る．したがって，$\nu + \lambda$ は t のみの関数となる．この関数は t 座標の変換 $\bar{t} = \bar{t}(t)$ によりゼロとできるので，$\nu = -\lambda(r)$ とおける．このとき，$(1,1)$ 成分は

$$r^2 G_1{}^1 = -k + (re^{2\nu})' = -G\varepsilon\frac{e^2}{r^2} - \Lambda r^2$$

となり，容易に積分できる．積分定数を $-2Gm$ とおけば定理の表式を得る．残りの方程式は Bianchi 恒等式により，以上の方程式から導かれる．▌

この定理で，時空が**静的**とは適当な超曲面族に常に直交する時間的な Killing ベクトル ξ が存在することを意味する．今の場合，$\varepsilon e^\nu > 0$ の領域では，Killing ベクトル $\xi = \partial_0$ は明らかに $t = \text{const}$. 面に直交しているので，この条件を満たしている．

上記の解は多くのパラメーターを含むが，これらのうち e と Λ の意味は明らかである．特に，軌道が球面で $e = 0$, $\Lambda = 0$ の場合に対応する解は **Schwarzschild 解**と呼ばれる．これは完全な真空での唯一の球対称解である．この解のパラメーター m の意味は，この解が無限遠で平坦となっていることに着目すると得られる．

これを見るために，有限な範囲に物質が局在化している場合の時空計量の無限遠での漸近形を求めてみる．簡単のために物質分布は定常で球対称とする．

計量の Minkowski 時空からのずれが小さいとして，$g_{\mu\nu}=\eta_{\mu\nu}+h_{\mu\nu}$ とおき，Einstein 方程式を $h_{\mu\nu}$ について展開して 1 次項のみをとると

$$\delta(G_{00}+G^j_j) = -\Delta h^j_j = 8\pi G(T_{00}+T^j_j) \tag{5.1}$$

を得る．ここで Δ は平坦な 3 次元空間のラプラシアンである．これから，

$$h^j_j = \frac{2GM}{r}+O\left(\frac{1}{r^2}\right) \quad (r\sim\infty); \tag{5.2}$$

$$M := \int d^3x(T_{00}+T^j_j) \tag{5.3}$$

を得る．理想流体に対して第 2 式の被積分関数は $\rho+3P$ となるので，M は物質の全質量を表わす．ところが，左辺を Schwarzschild 計量に対して計算すると $h^j_j=2Gm/r$ となるので，結局，$m=M$ となり，m は重力場の源の質量を表わすことがわかる．ただし，上記の展開を高次まですすめると右辺にはポテンシャルエネルギーの寄与も入ってくるので，m は正確には重力質量を表わす．

Schwarzschild 時空に電場(ないし磁場)を加えた球対称真空解，すなわち $m\neq0, e\neq0, \Lambda=0$ の解は，**Reissner-Nordstrøm 解**と呼ばれる．また，$m=e=0, \Lambda\neq0$ の解は当然，de Sitter 解ないし反 de Sitter 解を静的座標で表わしたものとなる．

c) 球対称真空解の大域的構造

上で求めた一連の球対称真空解の大域的な時空構造を共形図式の方法で調べてみよう．そのために，まず，球対称時空の共形図式を作る一般的な手続きを説明しておこう．

(1) 2 次元共形図式の一般論

定理 5.1.6 ($\varepsilon=1$)で与えられる球対称計量は，一般に，

$$u = t-r_*, \qquad v = t+r_*; \tag{5.4}$$

$$r_* = \int e^{-2\nu}dr \tag{5.5}$$

で定義される光的座標 u, v を用いると，

$$ds^2 = -e^{2\nu}dudv + r^2 d\Omega_2{}^2 \tag{5.6}$$

と書き換えられる．以下では，計量のうち2次元球面の自由度を落として得られる2次元時空の計量 ds_2^2（上式の第1項）のみに着目する．

（**i**）　$e^{2\nu}>0$ **の場合**：$r=0$ で $r_*=0$ となるように積分定数を選ぶと $r_*>0$．新しい光的座標 $\bar{u}, \bar{v}$ を

$$\tan \bar{u} = -e^{-u}, \quad \tan \bar{v} = e^{v} \quad \left(|\bar{u}|<\frac{\pi}{2},\ |\bar{v}|<\frac{\pi}{2}\right) \tag{5.7}$$

により導入すると，計量は

$$ds_2^2 = -e^{2(\nu-r_*)}\sec^2\bar{u}\,\sec^2\bar{v}\,d\bar{u}d\bar{v} \tag{5.8}$$

となる．この変換により，もとの時空は図5-1に示したように，2次元Minkowski時空の有界な三角領域に共形的に写される．この型の図式は S_+ 型と呼ぶことにする．同様に，$e^{2\nu}<0$ の場合にはこの図を90°回転した図式が得られる．この図式は S_- 型と呼ぶ．

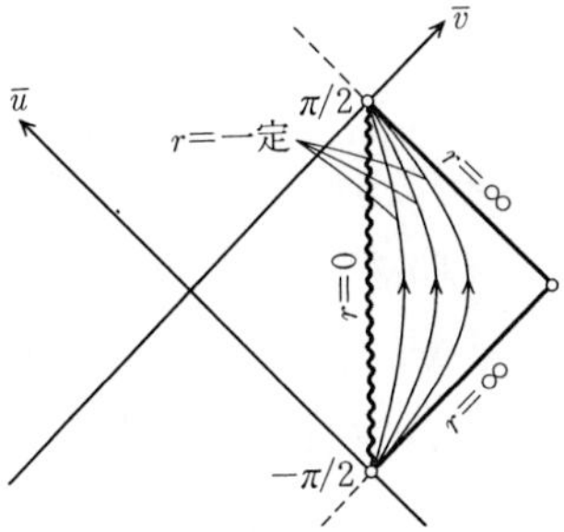

図5-1　S_+ 型の共形図式

（**ii**）　$e^{2\nu}$ **が1次の零点のみをもつ場合**：まず，r_2 を1次の零点とし，$e^{2\nu}$ が区間 $r_1<r<r_3$ $(r_1<r_2<r_3)$ で

$$e^{-2\nu} = \varepsilon\frac{g(r)}{r-r_2} \quad (g(r)>0,\ \varepsilon=\pm 1) \tag{5.9}$$

と書かれるとする（この式の ε は定理5.1.6の ε とは無関係）．このとき，r_* は r の滑らかな関数 $h(r)$ を用いて

$$r_* = \varepsilon\mu[h(r)+\ln|r-r_2|] \quad (\mu=g(r_2)) \tag{5.10}$$

と表わされる．いま，新しい光的座標 U, V を

$$U = \pm\varepsilon e^{-\varepsilon u/2\mu}, \qquad V = e^{\varepsilon v/2\mu} \tag{5.11}$$

$$\Leftrightarrow \quad UV = -\varepsilon(r-r_2)e^h, \qquad \frac{V}{U} = \pm\varepsilon e^{\varepsilon t/\mu} \tag{5.12}$$

により導入すると，UV は r の単調関数となる．ここで $\pm$ は $r_1<r<r_2$ のとき $+$，$r_2<r<r_3$ のとき $-$ をとるものとする．この変換により，計量は

$$ds_2^2 = -4\mu^2 g(r)^{-1} e^{-h} dUdV \tag{5.13}$$

となる．さらに，

$$\tan\bar{u} = U, \qquad \tan\bar{v} = V \qquad (|\bar{u}|<\pi/2,\ |\bar{v}|<\pi/2) \tag{5.14}$$

とおくと，計量は

$$ds^2 = -4\mu^2 g(r)^{-1} e^{-h} \sec^2\bar{u}\,\sec^2\bar{v}\,d\bar{u}d\bar{v} \tag{5.15}$$

となり，もとの時空は $\bar{u},\bar{v}$ を座標とする 2 次元 Minkowski 時空の有界領域に共形的に写される．

$r\to r_1$ で $r_*\to-\infty$，$r\to r_3$ で $r_*\to+\infty$ の場合には，$\varepsilon>0$ ならば，もとの時空の $r_1<r<r_2$, $r_2<r<r_3$ の領域はそれぞれ図 5-2 の II および I の領域に写される．ところが，計量(5.15)はさらに広い領域 I∪II∪I′∪II′ で正則なので，上記の共形写像は $r<r_2$ から $r>r_2$ の領域へあるいはその逆への解析接続を与える．特に，計量が見かけ上特異となる $r=r_2$ 面は正則な光的面であることがわかる．I′ および II′ の領域はそれぞれ I および II と同じ構造をもつ．この型の共形図式は A_+ 型と呼ぶことにする．$\varepsilon<0$ の場合は，まったく同様にして，r_1 と r_3 を入れ換えた図，すなわち図 5-2 を 90° 回転したものが得られる．こ

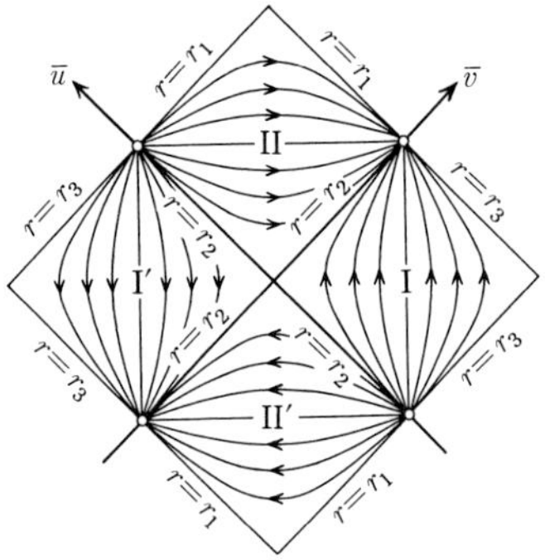

図 5-2　A_+ 型の共形図式

の型の図式は A_- 型と呼ぶ．

つぎに，$r \to r_1$ で r_* が有限値に近づき，$r \to r_3$ で $r_* \to +\infty$ の場合には，$r=r_1$ 面が光的でなくなるので，A 型の図式の II および II′ の領域を $r=r_1$ に相当するところで半分に削った図 5-3 が得られる．この図式は $\varepsilon=\pm 1$ に対応して $B_\pm$ 型と呼ぶ．ただし，この図では $r_1=0$ としてある．

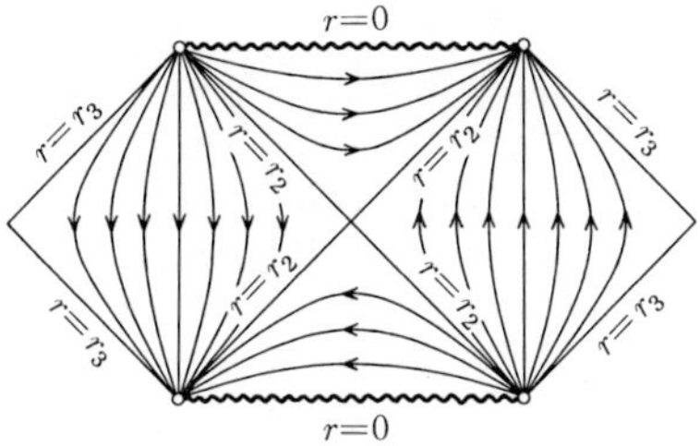

図 5-3　B_+ 型の共形図式

まったく同様にして，今度は $r \to r_3$ で r_* が有限値に近づき，$r \to r_1$ で $r_* \to -\infty$ の場合には，図 5-4 が得られる．この図式は $C_\pm$ 型と呼ぶ．通常この型は $r_3=+\infty$ に対して現われるので，図ではそれに従った．

最後に，$r \to r_1$，$r \to r_3$ のいずれでも r_* が有限値に近づく場合には，I, II の両領域がともにカットされた図 5-5 が得られる．この図式は $D_\pm$ 型と呼ぶ．

(iii)　$e^{2\nu}$ が 2 次の零点のみをもつ場合：(ii)と同様に，区間 $r_1<r<r_2$ で

$$e^{-2\nu}=\varepsilon\frac{g(r)}{(r-r_2)^2} \qquad (g(r)>0,\ \varepsilon=\pm 1) \tag{5.16}$$

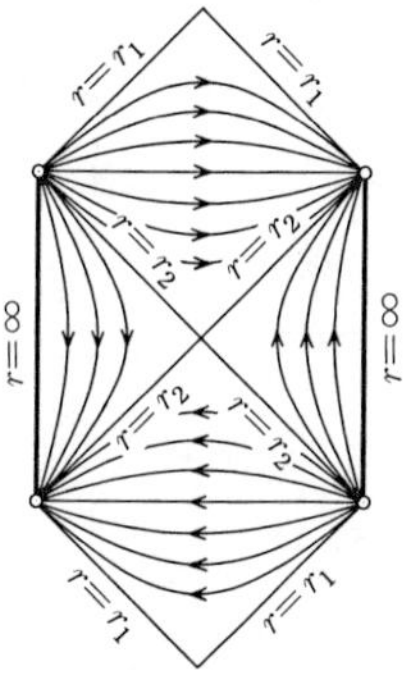

図 5-4　C_+ 型の共形図式

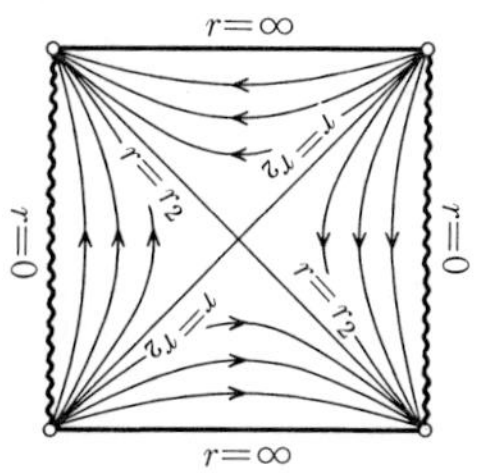

図 5-5　D_+ 型の共形図式

と書かれるとする．$\varepsilon=-1$ のときは，単に図を 90° 回転すればよいので，しばらく $\varepsilon=1$ とする．このとき，r_* は適当な滑らかな関数 h を用いて

$$r_* = h(r-r_2)+\mu_1 \ln|r-r_2|-\frac{\mu_0}{r-r_2} \qquad (\mu_0=g(r_2),\ \mu_1=g'(r_2)) \tag{5.17}$$

と表わされる．いま，新しい光的座標 U を

$$\frac{u}{2} = h(U)+\mu_1 \ln|U|-\frac{\mu_0}{U} \tag{5.18}$$

により導入する．$du/dU=2g(U+r_2)/U^2$ より u は U の単調関数となる．このとき，計量は

$$ds_2^2 = -\frac{(r-r_2)^2}{U^2}\frac{2g(U+r_2)}{g(r)}dUdv \tag{5.19}$$

となる．r, U, v の間には

$$r_* = \frac{v-u}{2} = \frac{v}{2}-h(U)-\mu_1 \ln|U|+\frac{\mu_0}{U} \tag{5.20}$$

の関係があるので，(5.17)式より，$v=\text{const.}$ で $r\to r_2$ $(U\to 0)$ のとき，$(r-r_2)/U$ は -1 に近づき，計量の成分は $r=r_2$ で滑らかで有界となる．したがって，これまでと同じように U, v から $\bar{u}, \bar{v}$ を導入すれば，もとの時空は Minkowski 時空の 4 角形の有界領域に共形的に写される．ただし，今の場合，$r=r_2$ は $U=0$ および$(U>0, v=+\infty)$，$(U<0, v=-\infty)$に対応するので，$r_*(r_1)=-\infty$，$r_*(r_3)=+\infty$ の場合は，図 5-6(a)のようになる．

u の代わりに v で同様の共形写像と解析接続を行なうと図 5-6(a)の上下を裏返した図が得られる．したがって，完全な解析接続を行なった時空の共形図式は図 5-6(b)のように無限に同じパターンが繰り返されたものとなる．この図式は dA_+ 型と呼ぶ．$\varepsilon=-1$ の場合にはこの図を 90° 回転した dA_- 型の図が得られる．

$r\to r_1$，$r\to r_3$ での r_* の振舞いが異なる場合には，(ii)の場合の B, C, D 型に対応して，図 5-6 の一部が切りとられた $\mathrm{dB}_\pm, \mathrm{dC}_\pm, \mathrm{dD}_\pm$ 型が現われる．その形は容易に想像できると思うので，図は書かないことにする．

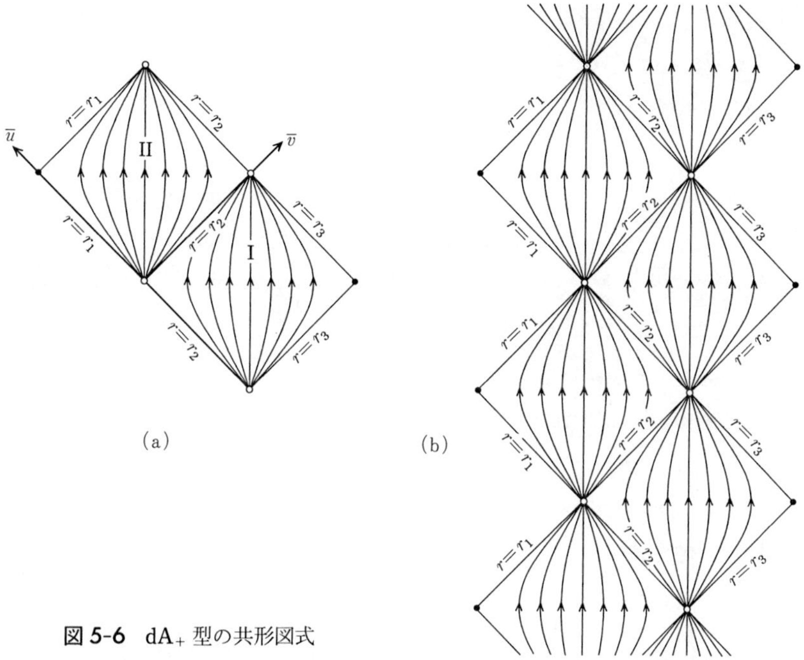

(a)　　　　(b)

図 5-6　dA_+ 型の共形図式

(2)　時空全体の共形図式

以上の一般的な手続きを利用して，いくつかの球対称解に対して時空全体の共形図式を構成してみよう．

(i)　Schwarzschild 時空：この場合には $e^{2\nu}=(r-2m)/r$ となるので，共形図式は $m>0$ のとき B_+ 型，$m<0$ のとき S_+ 型 となる(図 5-7)．いずれの

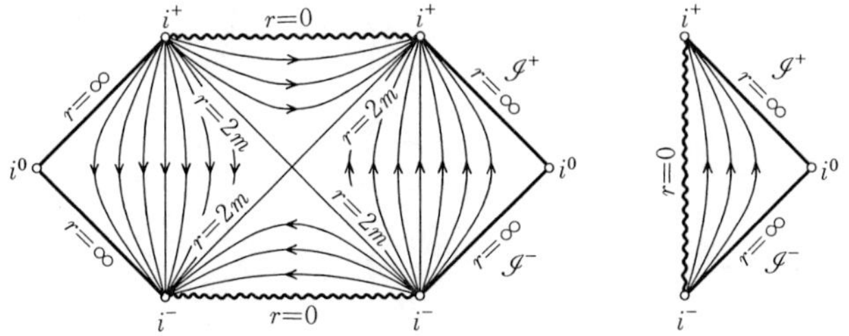

(a) $m>0$　　　(b) $m<0$

図 5-7　Schwarzschild 時空の共形図式

場合にも $r=0$ は曲率の発散する特異点となる．

（**ii**） **Reissner-Nordstrøm 時空**：$e^{2\nu}=(r^2-2mr+e^2)/r^2$ から，$m^2>e^2$ のときは 2 個の単純零点

$$r = r_{\pm} = m \pm \sqrt{m^2-e^2} \tag{5.21}$$

が存在する．したがって，この場合の共形図式は，$(0\,;\,r_-\,;\,r_+)$ に対する B_- 型と $(r_-\,;\,r_+\,;\,\infty)$ に対する A_+ 型の 2 種類の図式を同じ構造のブロックを張り合わせてつないだものとなる(図 5-8)．次に，$m^2=e^2$ のときは $r_+=r_-$ が唯一の 2 次の零点となり，共形図式は dB_+ 型となる．最後に $m^2<e^2$ のときは $e^{2\nu}$ は正定値となり，共形図式は S_+ 型となる．

（**iii**） **Schwarzschild-de Sitter 時空**：この $e=0, m\neq 0, \Lambda\neq 0$ の場合には $e^{2\nu}=(3r-6m-\Lambda r^3)/(3r)$ となり，$m>0, \Lambda>0$ の場合には $r>0$ に 2 個の 1 次

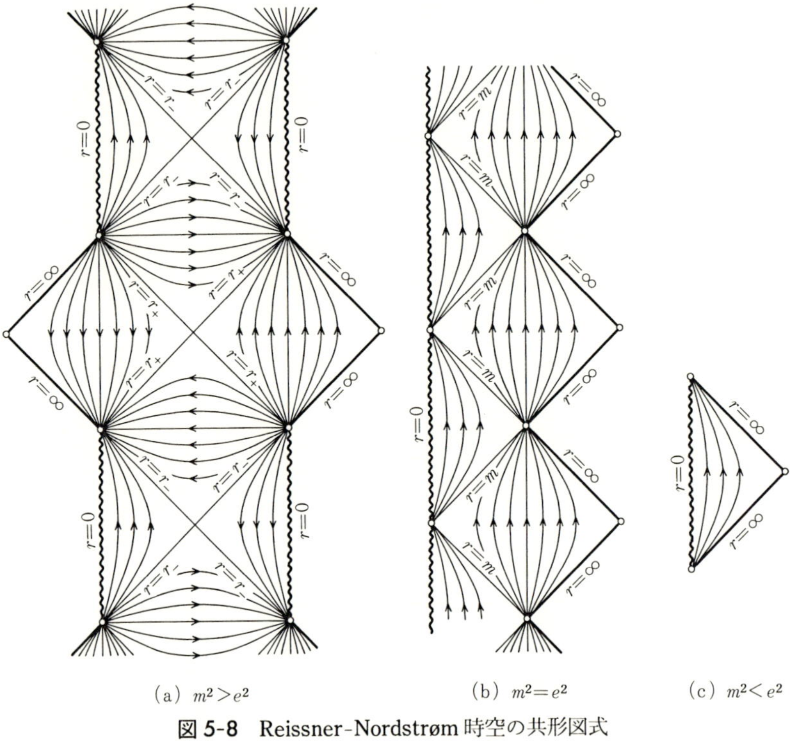

(a) $m^2>e^2$ (b) $m^2=e^2$ (c) $m^2<e^2$

図 5-8 Reissner-Nordstrøm 時空の共形図式

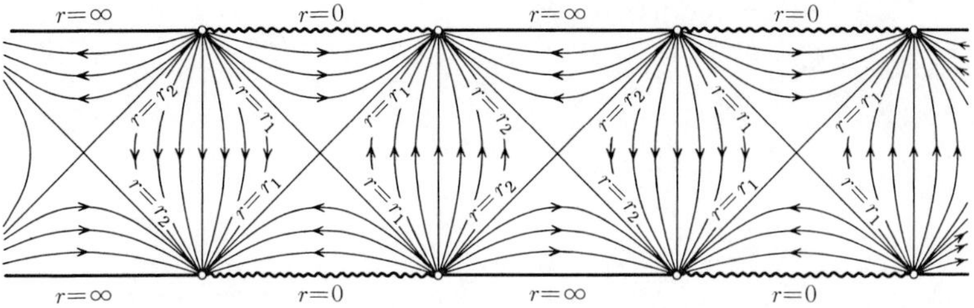

図 5-9 Schwarzschild-de Sitter 時空の共形図式($m>0, \Lambda>0$)

の零点 r_1, r_2 をもつ．したがって，$(0\,;\,r_1\,;\,r_2)$ に対する B_+ 型と $(r_1\,;\,r_2\,;\,\infty)$ に対する C_- 型を組み合わせた共形図式 5-9 を得る．

一方，$m>0, \Lambda<0$ の場合には $r>0$ の零点は 1 個 $r=r_0$ (1 次) となるので，共形図式は D_+ 型となる．同様にして，他のパラメーター範囲に対する共形図式を得ることができる．

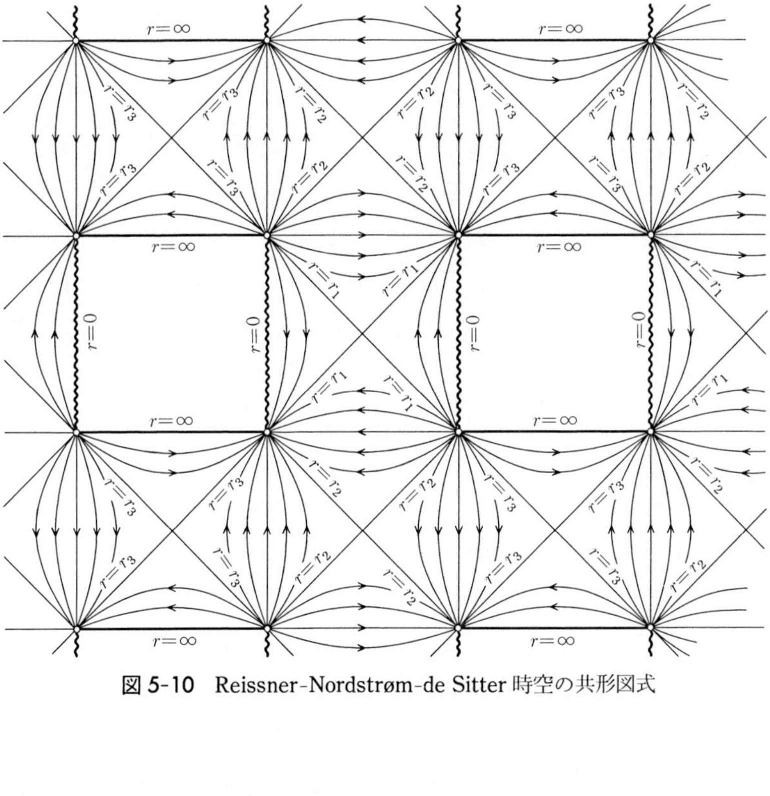

図 5-10 Reissner-Nordstrøm-de Sitter 時空の共形図式

(iv) **Reissner-Nordstrøm-de Sitter 時空**：最後に，最も一般的な場合の共形図式の図を挙げておこう．一般の場合には $e^{2\nu}=(r^2-2mr+e^2-(\Lambda/3)r^4)/r^2$ となり，最大で $r>0$ の範囲に 3 個の零点をもつ．対応する共形図式は，B_- 型，A_+ 型，C_- 型を組み合わせて得られ，図 5-10 に示したように，非常に奇妙なものとなる．

5-2 軸対称なブラックホール

これまでに見てきたように，高い対称性をもつ時空では Einstein 方程式は非常に単純化され，多くの場合，常微分方程式に帰着する．しかし，対称性が低くなるとこのような大幅な単純化は起こらなくなる．しかし，等長変換群の次元が低い場合でも，すべての幾何学的量がその軌道に沿って不変となることを用いると，Einstein 方程式をもとの時空より低次元の軌道空間上の方程式に帰着することが可能である．本節では，1 次元ないし 2 次元の等長変換群をもつ時空に対する Einstein 方程式がこの方法によって大幅に単純化されることを示し，それを用いて定常軸対称ブラックホール時空を表わすいくつかの厳密解を求める．

a) G_1 不変な時空の射影分解

4 次元時空 (M,g) が 1 次元等長変換群 G をもつとし，その Killing ベクトルを ξ とする．Euclid 空間の円柱座標 (r,z,ϕ) の例から予想されるように，変換 G に関する軌道空間 M/G は一般に境界をもつ 3 次元多様体となる．それを M_3 と表わすことにし，その局所座標系を y^p とおく．M の各点にその点を通る軌道に対応する M_3 の点を対応させる写像を π とすると，π は滑らかな写像となる．y^p の π による引き戻しにより定義される関数系 π^*y^p は明らかに軌道に沿って一定値をとる．この関数を混乱のない限り同じ記号 y^p で表わす：

$$\mathcal{L}_\xi y^p = \xi y^p = 0 \tag{5.22}$$

M 上の軌道に対して横断的な面を適当にとり，この面上でゼロとなり $\xi t=1$ となる関数 t をとると，(t,y^p) は M の局所座標系を与え，ξ はこの座標系の

もとで

$$\xi = \partial_t \tag{5.23}$$

と表わされる.

いま, ξ のノルムを $g(\xi,\xi) = -\varepsilon e^{2U}$ $(\varepsilon = \pm 1)$ とおくと, ξ の共変成分と計量の成分の間には

$$g_{00} = g(\xi,\xi) = \xi_0 = -\varepsilon e^{2U} \tag{5.24}$$

$$g_{0p} = g(\xi,\partial_p) = \xi_p \tag{5.25}$$

の関係が成り立つ. 座標系 $(x^\mu) = (t, y^p)$ のもとでは,

$$\mathscr{L}_\xi g = \partial_t g_{\mu\nu} dx^\mu dx^\nu = 0$$

となるので, $g_{\mu\nu}$ は t に依存せず y^p のみの関数となる. 特に, ξ から定義される M 上の 1 形式

$$\xi_* := \xi_p dy^p \tag{5.26}$$

は自然に軌道空間 M_3 上の 1 形式と見なすことができる. 以下, M_3 上の r 形式 $\omega = (1/r!)\omega_{p_1\cdots p_r} dy^{p_1} \wedge \cdots \wedge dy^{p_r}$ と π による M への引き戻し $\pi^*\omega$ を混乱のない限り同じ記号で表わす.

以上のことに注意すると 4 次元計量は

$$ds^2 = \tilde{\gamma}_{pq} dy^p dy^q - \varepsilon e^{2U}(dt - \varepsilon e^{-2U}\xi_*)^2 \tag{5.27}$$

と表わすことができる. ここで $\tilde{\gamma}_{pq}$ はやはり y^p のみに依存する非退化対称行列であるので, M_3 上の計量と見なすことができる($\det(\tilde{\gamma}_{pq})$ の符号は ε). そこで, $\tilde{\gamma}$ に関する正規直交基底を $\tilde{n}_P^p \partial_p$, その双対基底を $\tilde{\nu}^P$ とおくと,

$$\tilde{\gamma}_{pq} = \eta_{PQ} \tilde{\nu}_p^P \nu_q^Q, \qquad \tilde{\nu}_p^P n_Q^p = \delta_Q^P \tag{5.28}$$

から

$$\tilde{\theta}^0 := e^U(dt - \varepsilon e^{-2U}\xi_*) \tag{5.29}$$

$$\tilde{\nu}^P = \tilde{\nu}_p^P dy^p \tag{5.30}$$

は M 上の計量に関する正規直交双対基底となる. 対応するベクトルの基底 $\tilde{e}_0, \tilde{n}_P$ は

$$\tilde{e}_0 = e^{-U}\xi \tag{5.31}$$

$$\tilde{n}_P = \tilde{n}_P^p(\partial_p + \varepsilon e^{-U}\xi_p \tilde{e}_0) \tag{5.32}$$

となる.

Einstein 方程式を $U, \xi_*, \tilde{\gamma}$ を用いて書くために，2-2 節 b)の曲率分解公式 2-2 節 f)を利用する．今の場合，軌道が 1 次元($I=J=0$)なので $\tilde{\omega}_{IJ}=0$ となること，および対応関係 $\zeta^0=-\varepsilon e^{-U}\xi_*$ に注意すると，公式 2.2.7 から，軌道に対する第 2 基本形式 h は

$$h_P = h^0_{P0} = -\tilde{n}^q_P \partial_q U = -\partial_P U \qquad (5.33)$$

垂直方向の対応する量 l は

$$\begin{aligned} l_{0PQ} &= -\tilde{\omega}_{PQ0} = \varepsilon e^{-U}\tilde{n}^p_{[P}\tilde{n}^q_{Q]}(\partial_p \xi_q - 2\partial_p U \xi_q) \\ &= \frac{1}{2}\varepsilon e^{-U}(d\xi_* - 2dU \wedge \xi_*)(\tilde{n}_P, \tilde{n}_Q) \end{aligned} \qquad (5.34)$$

となる．また，$\tilde{\omega}^P{}_Q = \tilde{\omega}^P{}_{QR}\tilde{\nu}^R$ は M_3 上の計量 $\tilde{\gamma}$ に関する接続形式と一致する．

ここで，Killing ベクトルのねじれを表わす 1 形式

$$\omega_\mu = \varepsilon_\mu{}^{\nu\lambda\sigma}\xi_\nu \nabla_\sigma \xi_\lambda = \varepsilon_\mu{}^{\nu\lambda\sigma}\xi_\nu \partial_\sigma \xi_\lambda = -[*(\xi \wedge d\xi)]_\mu \qquad (5.35)$$

を導入する．ω は明らかに軌道に垂直，すなわち

$$\omega_0 = \omega(\xi) = 0 \qquad (5.36)$$

となるが，その成分を計算するために，次の公式を利用する．

> **公式 5.2.1** n 次元擬 Riemann 多様体 (M^n, g_n) が Killing ベクトル ξ をもつとし，その軌道空間を M^{n-1}，M^n から M^{n-1} への自然な射影を π，軌道空間上に g から誘導される計量を g_{n-1}，$|g_n(\xi,\xi)| = e^{2U}$ とおく．このとき，M^{n-1} 上の p 形式 ω に対して，
>
> $$I_\xi \overset{n}{*} \omega = (-1)^{np+n+1} \overset{n}{*}(\omega \wedge \xi) = e^U \overset{n-1}{*} \omega$$
>
> が成り立つ．ここで $\overset{k}{*}$ は 2-1 節 h)で導入した M^k 上の対応する計量に対する Hodge の $*$ 作用素である．また，$\pi^*\omega$ を単に ω と記した．

証明 χ を M^{n-1} 上の任意の p 形式とすると，定義から

$$\overset{n}{*}\omega \wedge \chi = g_n(\omega, \chi)\Omega_n = g_{n-1}(\omega, \chi)\Omega_n$$

が成り立つ．この両辺に I_ξ を作用させ，

$$I_\xi \Omega_n = e^U \Omega_{n-1}$$

および $I_\xi \chi = 0$ に注意すると,

$$I_\xi \overset{n}{*} \omega \wedge \chi = e^U g_{n-1}(\omega, \chi) \Omega_{n-1} = e^U \overset{n-1}{*} \omega \wedge \chi$$

となる. χ は任意なので, これより上記の公式を得る. ▌

ω の定義は

$$\omega = I_\xi \overset{4}{*} d\xi = I_\xi \overset{4}{*} (d\xi_* + 2dU \wedge (\xi - \xi_*)) = I_\xi \overset{4}{*} (d\xi_* - 2dU \wedge \xi_*) \quad (5.37)$$

と書き直せるので, この公式から

$$\omega = e^U \overset{3}{*} (d\xi_* - 2dU \wedge \xi_*) \quad (5.38)$$

を得る. ここで $\overset{3}{*}$ は $\tilde{\gamma}$ に関する $*$ 作用素である. これは公式 2.1.13 より

$$d\xi_* - 2dU \wedge \xi_* = \varepsilon e^{-U} \overset{3}{*} \omega \quad (5.39)$$

と書き直される. この式を ξ_* に対する方程式とみると, $d^2=0$ から解が存在する条件として

$$\overset{3}{*} d \overset{3}{*} \omega = 3\varepsilon \tilde{\gamma}(\omega, dU) \quad (5.40)$$

を得る. 実は, この式の左辺は, 次の一般公式から ω の発散で表わされる:

$$\tilde{D}^p \omega_p = 3\tilde{\gamma}(\omega, dU) \quad (5.41)$$

ここで $\tilde{D}$ は $\tilde{\gamma}$ に関する M_3 上の共変微分である.

> **公式 5.2.2** ω を n 次元擬 Riemann 多様体 (M, g) の 1 形式とするとき
>
> $$* d * \omega = (-1)^{n-1} |\eta| \nabla_\mu \omega^\mu$$
>
> が成り立つ. ここで $|\eta|$ は $\det g$ の符号である.

証明 $*\omega$ は定義から

$$* \omega = \frac{1}{(n-1)!} \sqrt{|g|} \overset{0}{\varepsilon}_{\mu_1 \cdots \mu_{n-1} \nu} \omega^\nu dx^{\mu_1} \wedge \cdots \wedge dx^{\mu_{n-1}}$$

と成分表示される. したがって, その外微分は

$$d * \omega = \frac{1}{(n-1)!} \partial_\lambda (\sqrt{|g|} \overset{0}{\varepsilon}_{\mu_1 \cdots \mu_{n-1} \nu} \omega^\nu) dx^\lambda \wedge dx^{\mu_1} \wedge \cdots$$

$$= (-1)^{n-1} \frac{1}{\sqrt{|g|}} \partial_\nu (\sqrt{|g|} \omega^\nu) \Omega_n$$

となる．これから $*\Omega_n=|\eta|$（公式 2.1.13）および

$$\nabla_\mu \omega^\mu = \frac{1}{\sqrt{|g|}}\partial_\nu(\sqrt{|g|}\omega^\nu)$$

に注意すると公式を得る．▌

以上の諸式と公式 2.2.6 を用いて，4 次元時空の Ricci テンソル $\tilde{R}_{ab}$ を計算すると次のようになる．

$$\varepsilon e^{-2U}\xi^\mu\xi^\nu\tilde{R}_{\mu\nu} = \tilde{\Delta}_3 U+\tilde{\gamma}(dU,dU)+\frac{1}{2}\varepsilon e^{-4U}\tilde{\gamma}(\omega,\omega) \tag{5.42}$$

$$2\varepsilon e^U\xi^\mu\tilde{n}_P^\nu\tilde{R}_{\mu\nu} = (\overset{3}{*}\,d\omega)_p\tilde{n}_P^p \tag{5.43}$$

$$\tilde{n}_P^\mu\tilde{n}_Q^\nu\tilde{R}_{\mu\nu} = {}^3\tilde{R}_{PQ}-\tilde{D}_P\tilde{D}_Q U-\tilde{D}_P U\tilde{D}_Q U + \frac{1}{2}e^{-4U}(\eta_{PQ}\tilde{\gamma}(\omega,\omega)-\omega_P\omega_Q) \tag{5.44}$$

ここで，$\tilde{\Delta}_3=\tilde{D}^p\tilde{D}_p$ で，${}^3\tilde{R}_{PQ}$ は M_3 上の計量 $\tilde{\gamma}$ の Ricci 曲率の $\tilde{n}_P^p\partial_p$ に関する成分である．ただし，最後の式を導く際には，$[\tilde{n}_P,\tilde{n}_Q]$ が軌道に垂直とならないために ${}^3\tilde{R}_{PQ}$ と $R_{PQ}^\perp$ が一致しないことを考慮しないといけない．このずれは，

$$R_{PQ}^\perp-{}^3\tilde{R}_{PQ} = -\tilde{\theta}^0([\tilde{n}_R,\tilde{n}_Q])\tilde{\nu}^R(\nabla_{\tilde{e}_0}^\perp\tilde{n}_P) = 2\tilde{\omega}^0{}_{RQ}\tilde{\omega}^R{}_{P0}$$

を用いて計算される．

最後に，後での利用に便利なように M_3 上の計量 $\tilde{\gamma}$ と正規直交基底 $\tilde{n}_P^p\partial_p$ を

$$\tilde{\gamma}_{pq} = e^{-2U}\gamma_{pq}, \qquad \tilde{n}_P^p = e^U n_P^p, \qquad \tilde{\nu}_p^P = e^{-U}\nu_p^P$$

で定義される計量 γ と対応する正規直交基底 n_P に共形変換する．$*$ 作用素が計量に依存することに注意しながら，Ricci テンソルの共形変換公式 2.1.16 を用いると，式(5.39)，(5.41)，(5.42)，(5.43)，(5.44)から，最終的に Einstein 方程式は 3 次元擬 Riemann 多様体 (M_3,γ) 上の次のような方程式系に帰着される．

定理 5.2.3　Killing ベクトル $\xi=\partial_t$ をもつ 4 次元時空の計量は

$$ds^2 = e^{-2U}\gamma_{pq}dy^p dy^q-\varepsilon e^{2U}(dt-\varepsilon e^{-2U}\xi_p dy^p)^2$$

と表わされる．ここで $\varepsilon=\pm 1$ で，$\varepsilon=1$ のとき Killing ベクトル ξ は

時間的となる.

この時空に対する Einstein 方程式は，ξ の軌道空間 (M_3,γ) 上のテンソル $\gamma_{pq}(y), U(y), \xi_p(y)$ に関する次の M_3 上での方程式系と同等である：

(i) $d\xi_* - 2dU\wedge\xi_* = \varepsilon e^{-2U}\overset{3}{*}\omega \qquad (\xi_* = \xi_p dy^p)$

(ii) $(\overset{3}{*}d\omega)(n_P) = 16\pi G\varepsilon e^{-U}\tilde{n}_P^{\nu}\xi^{\mu}T_{\mu\nu}$

(iii) $D^p\omega_p = 4\gamma(\omega, dU)$

(iv) $\Delta U + \dfrac{1}{2}e^{-4U}\gamma(\omega,\omega) = 8\pi G\varepsilon e^{-4U}\xi^{\mu}\xi^{\nu}(T_{\mu\nu} - \dfrac{1}{2}Tg_{\mu\nu})$

(v) $^3R_{PQ} - 2D_PUD_QU - \dfrac{1}{2}e^{-4U}\omega_P\omega_Q$

$$= 8\pi Ge^{-2U}(\tilde{n}_P^{\mu}\tilde{n}_Q^{\nu} - \varepsilon e^{-2U}\eta_{PQ}\xi^{\mu}\xi^{\nu})(T_{\mu\nu} - \frac{1}{2}Tg_{\mu\nu})$$

ここで，$\tilde{n}_P\,(P=1,2,3)$ は ξ に垂直で不変な (M,g) の正規直交基底，$n_P = e^{-U}\tilde{n}_P^q\partial_q$ はその軌道空間への射影から得られる (M_3,γ) の正規直交基底，$D_P, \Delta, {}^3R_{PQ}$ は (M_3,γ) に対する共変微分，ラプラシアン，Ricci テンソル（の n_P 成分）である．また，ω は

$$\omega_\mu = \varepsilon_\mu{}^{\nu\lambda\sigma}\xi_\nu\nabla_\sigma\xi_\lambda$$

で定義される 1 形式で，$\omega(\xi)=0$, $\mathcal{L}_\xi\omega=0$ を満たす.

b） Ernst ポテンシャルと変換論

電磁場以外に物質が存在しない時空を記述する，Einstein 方程式と真空の Maxwell 方程式の組は **Einstein-Maxwell 系**と呼ばれる．G_1 不変な Einstein-Maxwell 系の方程式は，適当な複素ポテンシャルを導入することにより非常に単純でかつ有用な方程式系に書き換えられる.

まず，真空中の電磁場に対して次の基本的な命題が成り立つことに注意する.

命題 5.2.4 電磁テンソル $F = \dfrac{1}{2}F_{\mu\nu}dx^\mu\wedge dx^\nu$ を用いて

$$\mathcal{F} := F + i*F \qquad (*\mathcal{F} = -i\mathcal{F})$$

により定義される複素ポテンシャル $\mathcal{F}$ を導入すると，真空中の

Maxwell 方程式は1個の複素方程式

$$d\mathcal{F} = 0$$

にまとめられる．また，電磁場のエネルギー運動量テンソルは $\mathcal{F}$ により

$$T_{ab} = \frac{1}{8\pi}\mathcal{F}_a{}^c\bar{\mathcal{F}}_{bc}$$

と表わされる．

証明 5.1.5の命題の証明で示したように，$\nabla_\nu F^{\nu\mu} = -(1/6)\varepsilon^{\mu\nu\lambda\sigma}(d*F)_{\nu\lambda\sigma}$ となることを用いると直ちに命題を得る．▌

G_1 不変な電磁場 $\mathcal{L}_\xi\mathcal{F}=0$ に対しては，Lie 微分，内部積，外微分の間の恒等式

$$\mathcal{L}_\xi\mathcal{F} \equiv dI_\xi\mathcal{F} + I_\xi d\mathcal{F}$$

から(公式2.1.7)，$dI_\xi\mathcal{F}=0$ となるので，$I_\xi\mathcal{F}$ は適当な複素ポテンシャル $\boldsymbol{\Phi}$ を用いて

$$I_\xi\mathcal{F} = \frac{1}{\sqrt{G}}d\boldsymbol{\Phi} \tag{5.45}$$

と表わされる．$\boldsymbol{\Phi}$ は

$$0 \equiv \sqrt{G}\,I_\xi^2\mathcal{F} = I_\xi d\boldsymbol{\Phi} = \partial_\xi\boldsymbol{\Phi}$$

から，ξ に沿って一定となるので，軌道空間 M_3 上の関数と見なすことができる．

実は，$\mathcal{F}$ はポテンシャル $\boldsymbol{\Phi}$ により完全に決定される．実際，恒等式

$$*I_\xi*I_\xi\mathcal{F} + I_\xi*I_\xi*\mathcal{F} \equiv -g(\xi,\xi)\mathcal{F} = \varepsilon e^{2U}\mathcal{F}$$

から(公式2.1.13)，$*\mathcal{F}=-i\mathcal{F}$ に注意して

$$\varepsilon\sqrt{G}\,e^{2U}\mathcal{F} = *I_\xi*d\boldsymbol{\Phi} + i*(*I_\xi*d\boldsymbol{\Phi})$$

となるが，$*I_\xi*d\boldsymbol{\Phi}=d\boldsymbol{\Phi}\wedge\xi$ なので，

$$\sqrt{G}\,\mathcal{F} = \varepsilon e^{-2U}[d\boldsymbol{\Phi}\wedge\xi + i*(d\boldsymbol{\Phi}\wedge\xi)] \tag{5.46}$$

を得る．

Maxwell 方程式 $d\mathcal{F}=0$ のうち，ξ に平行な成分は(5.45)式と同等であるので，残りは垂直成分

$$0=\varepsilon\sqrt{G}\,e^{2U}*(d\mathscr{F}\wedge\xi)=-2i*(dU\wedge\xi\wedge*(d\Phi\wedge\xi))$$
$$-*(d\Phi\wedge d\xi\wedge\xi)+i*(d*(d\Phi\wedge\xi)\wedge\xi)$$

のみとなる．このうち，第1項は $*$ 作用素と内積の関係から

$$*(dU\wedge\xi\wedge*(d\Phi\wedge\xi))=*(g(dU\wedge\xi,d\Phi\wedge\xi)\Omega_4)=\varepsilon e^{2U}\tilde{\gamma}(dU,d\Phi)$$

となる．ここで Ω_4 は4次元体積要素である．同様に第2項は(5.35)式より

$$*(d\Phi\wedge d\xi\wedge\xi)=*(*\omega\wedge d\Phi)=*(g(\omega,d\Phi)\Omega_4)=-\tilde{\gamma}(\omega,d\Phi)$$

と書き直される．最後の項は，公式5.2.1を用いて

$$*(d*(d\Phi\wedge\xi)\wedge\xi)=-*(d(e^U\overset{3}{*}d\Phi)\wedge\xi)=e^U\overset{3}{*}d(e^U\overset{3}{*}d\Phi)$$
$$=\varepsilon e^{2U}(\tilde{\triangle}_3\Phi+\tilde{\gamma}(dU,d\Phi))=\varepsilon e^{4U}(\triangle_3\Phi+2\gamma(dU,d\Phi))$$

と書き換えられる．以上から，Maxwell方程式は(5.45)式と

$$\triangle_3\Phi-2\gamma(dU,d\Phi)-i\varepsilon e^{-2U}\gamma(\omega,d\Phi)=0 \qquad (5.47)$$

に同値であることが分かる．

前命題と以上の式を用いると，電磁場に対するエネルギー運動量テンソルも複素ポテンシャル Φ で表わすことができる．まず，明らかに，

$$8\pi G\xi^\mu\xi^\nu T_{\mu\nu}=e^{2U}\gamma(d\Phi,d\bar{\Phi}) \qquad (5.48)$$

となる．次に，T_{0P} 成分は(5.46)式を用いると

$$8\pi G\xi^\mu T_{\mu\nu}\tilde{n}_P^\nu\tilde{\nu}^P=-Gg(I_\xi\mathscr{F},I_{\tilde{n}_P}\bar{\mathscr{F}})\tilde{\nu}^P=-i\varepsilon e^{-2U}I_{d\Phi}*(d\bar{\Phi}\wedge\xi)$$
$$=-i\varepsilon\overset{3}{*}(d\Phi\wedge d\bar{\Phi})=-i\varepsilon\overset{3}{*}d(\bar{\Phi}d\Phi) \qquad (5.49)$$

と表わされる．最後に，T_{PQ} 成分は $*\mathscr{F}=-i\mathscr{F}$ より

$$\varepsilon 8\pi G\tilde{n}_P^\mu\tilde{n}_Q^\nu T_{\mu\nu}=G\varepsilon(\mathscr{F}_P{}^0\bar{\mathscr{F}}_{Q0}+\mathscr{F}_P{}^R\bar{\mathscr{F}}_{QR})$$
$$=-d\Phi(n_{(P})d\bar{\Phi}(n_{Q)})+\varepsilon\varepsilon_P{}^{RS}d\Phi(n_S)\varepsilon_{QR}{}^Td\bar{\Phi}(n_T)$$
$$=-2d\Phi(n_{(P})d\bar{\Phi}(n_{Q)})+\delta_{PQ}\gamma(d\Phi,d\bar{\Phi}) \qquad (5.50)$$

となる．

以上で求めた方程式のうち，特に T_{0P} の表式(5.49)を用いると，前節の定理5.2.3の $d\omega$ に対する方程式(ii)は

$$d(\omega+2i\bar{\Phi}d\Phi)=0$$

となる．この式は

$$d\mathcal{E}=d(e^{2U})+i\omega-2\bar{\Phi}d\Phi \qquad (5.51)$$

により，M_3 上の複素ポテンシャル $\mathcal{E}$ を導入することが可能であることを示している．この複素ポテンシャルは **Ernst ポテンシャル**と呼ばれる．この定義式から $\Delta_3\mathcal{E}$ は

$$\begin{aligned}\Delta_3\mathcal{E} &= \varepsilon \overset{3}{*} d \overset{3}{*} d\mathcal{E}\\ &= 2\varepsilon e^{2U}\Delta_3 U + 4e^{2U}\overset{3}{*}(dU\wedge \overset{3}{*}dU) + iD_P\omega^P - 2\bar{\boldsymbol{\Phi}}\Delta_3\boldsymbol{\Phi}\\ &\quad -2\varepsilon\overset{3}{*}(d\bar{\boldsymbol{\Phi}}\wedge\overset{3}{*}d\boldsymbol{\Phi})\\ &= 2\varepsilon e^{2U}\Delta_3 U + 4\varepsilon e^{2U}\gamma(dU, dU) + iD_P\omega^P - 2\bar{\boldsymbol{\Phi}}\Delta_3\boldsymbol{\Phi}\\ &\quad -2\gamma(d\bar{\boldsymbol{\Phi}}, d\boldsymbol{\Phi})\end{aligned}$$

と表わされるので，$\Gamma = d(\varepsilon e^{2U}) + i\omega$ とおくと，定理 5.2.3 の(iii),(iv)式は Ernst ポテンシャルに対する 1 つの式

$$\Delta_3\mathcal{E} = \varepsilon e^{-2U}\gamma(\Gamma, d\mathcal{E})$$

にまとめられる．また，上で得た $\boldsymbol{\Phi}$ に対する方程式(5.47)は

$$\Delta_3\boldsymbol{\Phi} = \varepsilon e^{-2U}\gamma(\Gamma, d\boldsymbol{\Phi})$$

とまったく同じ構造の方程式に書き換えられる．

以上から，次の定理を得る．

> **定理 5.2.5** 真空中の Einstein-Maxwell 系が Killing ベクトル ξ ($g(\xi,\xi) = -\varepsilon e^{2U}$) に対して不変であるとき，複素電磁テンソル $\mathcal{F}$ は複素ポテンシャル $d\boldsymbol{\Phi} = \sqrt{G}I_\xi\mathcal{F}$ ($\mathcal{L}_\xi\boldsymbol{\Phi} = 0$) を用いて
>
> $$\sqrt{G}\mathcal{F} = \varepsilon e^{-2U}[d\boldsymbol{\Phi}\wedge\xi + i*(d\boldsymbol{\Phi}\wedge\xi)]$$
>
> と表わされる．さらに，$\omega_a = \varepsilon_{ab}{}^{cd}\xi^b\nabla_d\xi_c$ に対して
>
> $$\Gamma = d(\varepsilon e^{2U}) + i\omega$$
>
> とおくとき，Γ は Ernst ポテンシャル $\mathcal{E}$ を用いて
>
> $$d\mathcal{E} = \Gamma - 2\bar{\boldsymbol{\Phi}}d\boldsymbol{\Phi}$$
>
> と表わされる．$\mathcal{E}, \boldsymbol{\Phi}$ を ξ の軌道空間 (M_3, γ) 上の関数と見るとき，$\mathcal{E}$，$\boldsymbol{\Phi}, \gamma_{pq}$ は次の方程式系により決定される：
>
> $$\Delta_3\mathcal{E} = \varepsilon e^{-2U}\gamma(\Gamma, d\mathcal{E})$$
>
> $$\Delta_3\boldsymbol{\Phi} = \varepsilon e^{-2U}\gamma(\Gamma, d\boldsymbol{\Phi})$$

$$^3R_{PQ} = \frac{1}{2}e^{-4U}\Gamma_{(P}\bar{\Gamma}_{Q)} - 2\varepsilon e^{-2U}\partial_{(P}\boldsymbol{\Phi}\partial_{Q)}\bar{\boldsymbol{\Phi}}$$

Ernst ポテンシャルを用いる定式化の重要な点は，それが方程式を単純化するだけでなく，既知の解から新しい解を構成する手段を与える点にある．その基礎となるのは次の定理である．

定理 5.2.6(Neugebauer-Kramer の定理)　光的でない Killing ベクトルをもつ Einstein-Maxwell 系の 1 つの解 $(\mathcal{E}, \boldsymbol{\Phi}, \gamma_{pq})$ に対して，次の変換の組合せにより得られる新たな組 $(\mathcal{E}', \boldsymbol{\Phi}', \gamma_{pq})$ は再び解となる：

(i)　$\mathcal{E}' = \alpha\bar{\alpha}\mathcal{E}, \quad \boldsymbol{\Phi}' = \alpha\boldsymbol{\Phi}$

(ii)　$\mathcal{E}' = \mathcal{E} + ib, \quad \boldsymbol{\Phi}' = \boldsymbol{\Phi}$

(iii)　$\mathcal{E}' = \dfrac{\mathcal{E}}{1+ic\mathcal{E}}, \quad \boldsymbol{\Phi}' = \dfrac{\boldsymbol{\Phi}}{1+ic\mathcal{E}}$

(iv)　$\mathcal{E}' = \mathcal{E} - 2\bar{\beta}\boldsymbol{\Phi} - \beta\bar{\beta}, \quad \boldsymbol{\Phi}' = \boldsymbol{\Phi} + \beta$

(v)　$\mathcal{E}' = \dfrac{\mathcal{E}}{1-2\bar{\mu}\boldsymbol{\Phi} - \mu\bar{\mu}\mathcal{E}}, \quad \boldsymbol{\Phi}' = \dfrac{\boldsymbol{\Phi} + \mu\mathcal{E}}{1-2\bar{\mu}\boldsymbol{\Phi} - \mu\bar{\mu}\mathcal{E}}$

ここで，α, β, μ は複素定数，b, c は実定数である．

証明　定理 5.2.5 の $(\mathcal{E}, \boldsymbol{\Phi}, \gamma_{pq})$ に対する方程式系は，ラグランジアン

$$L = \sqrt{\gamma}\,[{}^3R - \frac{1}{2}e^{-4U}\gamma^{pq}(\partial_p\mathcal{E} + 2\bar{\boldsymbol{\Phi}}\partial_p\boldsymbol{\Phi})(\partial_q\bar{\mathcal{E}} + 2\boldsymbol{\Phi}\partial_q\bar{\boldsymbol{\Phi}})$$
$$+ 2\varepsilon e^{-2U}\gamma^{pq}\partial_p\boldsymbol{\Phi}\partial_q\bar{\boldsymbol{\Phi}}]$$

から変分原理で得られる．ところが，このラグランジアンは定理の変換で不変である．よって，$(\mathcal{E}, \boldsymbol{\Phi}, \gamma_{pq})$ に対する方程式系も不変となる．▍

この定理から，適当な変換を組み合わせることにより，電磁場の存在しない真空解($\boldsymbol{\Phi}=0$)から電磁場の存在する真空解($\boldsymbol{\Phi}\neq 0$)を作ることが可能となる．特に，次の定理が成り立つ．

定理 5.2.7(Harrison の定理) 光的でない Killing ベクトルを持つ Einstein方程式の真空解 $(\mathcal{E}, \Phi=0, \gamma)$ から，複素定数 μ をパラメーターとしてもつ変換

$$\mathcal{E}' = \frac{\mathcal{E}}{1-\mu\bar{\mu}\mathcal{E}}, \quad \Phi' = \frac{\mu\mathcal{E}}{1-\mu\bar{\mu}\mathcal{E}}$$

により，Einstein-Maxwell 系の解が得られる．

c) 定常軸対称時空

Ernst ポテンシャルによる定式化を用いると，Einstein 方程式のさまざまな真空厳密解を見いだすことができる．ただし，これまでに見いだされた解は，2 つの Killing ベクトルをもつ軸対称で定常なものがほとんどである．ここで，時空が**定常**とは時間的な Killing ベクトルが存在することを，**軸対称**とは空間的な Killing ベクトルで軌道が閉曲線となるものが存在するものを指す．これらの定式化は 2 つの Killing ベクトルをもつ円柱対称あるいは平面対称な重力波の厳密解問題にも容易に転換できる(巻末参考書参照)．

軸対称定常時空では，時間的な Killing ベクトル ξ と空間的な Killing ベクトル η が時間的な 2 次元面を軌道とする 2 次元等長変換群 G_2 を生成するが，4-1 節 b)で触れたように，G_2 には一般に可換なものと非可換なものが存在する．もし，G_2 が非可換だと議論はかなりやっかいになるが，幸いなことに，応用上重要である漸近的に平坦な場合は可換となる．

命題 5.2.8(Carter) 漸近的に平坦な軸対称定常時空では，2 次元等長変換群は Abel 群となる．

証明 適当に座標を取ると，Killing ベクトルは

$$\eta = \partial_\phi, \quad \xi = \xi^0\partial_0 + \xi^1\partial_\phi + \xi^p\partial_p$$

と表わされる．このとき，η は閉曲線を軌道としてもち，時空は漸近的に平坦なので，ϕ は無限遠における適当な球座標の方位角と一致しなければならない．したがって，ϕ は周期 2π をもち，ξ の成分は ϕ に関して同じ周期の周期関数

となっていなければならない．

η,ξ の交換関係を $[\eta,\xi]=c_1\eta+c_2\xi$ と表わすと，ξ の各成分は方程式

$$\partial_\phi\xi^0 = c_2\xi^0, \quad \partial_\phi\xi^1 = c_1+c_2\xi^1, \quad \partial_\phi\xi^p = c_2\xi^p$$

に従う．もし，$c_2\neq 0$ とすると，この方程式から

$$\xi^0 = d(t,y)e^{c_2\phi}, \quad \xi^1 = -\frac{c_1}{c_2}+f(t,y)e^{c_2\phi}$$

となり，ξ は ϕ の周期関数でなくなる．そこで $c_2=0$ とすると，ξ は

$$\xi^0 = \xi^0(t,y), \quad \xi^1 = c_1\phi+b(t,y)$$

となる．したがって，ξ が周期関数であるためには c_1 もゼロとなる．▌

2つの Killing ベクトルが可換であると，前節の議論を各 Killing ベクトルに対して順次適用することにより，Einstein 方程式を G_2 の軌道空間 M_2 上の方程式に帰着することができる．ただし，一般の軸対称定常時空では，ξ と η の両者に垂直な曲面族は存在しないため，依然として方程式はかなり複雑となる．しかし，真空の Einstein-Maxwell 系に対しては実はこのような曲面族が存在する．これを見るために，2つの Killing ベクトルのいずれにも直交する曲面族が存在する条件を与える次の一般命題を証明しておこう．

命題 5.2.9　4次元 Riemann 空間において，2つの1次独立なベクトル場 ξ,η に直交する2次元曲面族が存在するための必要十分条件は

$$\xi\wedge\eta\wedge d\xi = 0, \quad \xi\wedge\eta\wedge d\eta = 0$$

と表わされる．特に，ξ,η が可換な Killing ベクトルでいずれかが不動点をもつとき，この条件は

$$\xi^d R_{d[a}\xi_b\eta_{c]} = 0, \quad \eta^d R_{d[a}\eta_b\xi_{c]} = 0$$

と表わされる．

証明　前半は，Frobenius の定理から，条件が適当な1形式 $\alpha,\beta,\gamma,\delta$ を用いて

$$d\xi = \xi\wedge\alpha+\eta\wedge\beta, \quad d\eta = \xi\wedge\gamma+\eta\wedge\delta$$

と表わされることから直ちに導かれる．

Killing ベクトルは，Killing 方程式 $\nabla_\mu \xi_\nu + \nabla_\nu \xi_\mu = 0$ から $\Delta \xi_\mu = -R_\mu{}^\nu \xi_\nu$ を満たす．このことを用いると，$\mathcal{L}_\eta \xi = 0$ から，

$$\begin{aligned} d(*(\eta \wedge \xi \wedge d\xi)) &= -dI_\eta * (\xi \wedge d\xi) \\ &= I_\eta d * (\xi \wedge d\xi) + \mathcal{L}_\eta * (\xi \wedge d\xi) \\ &= I_\eta I_\xi d(*d\xi) = -I_\eta I_\xi * \Delta \xi \\ &= -dx^\mu \varepsilon_\mu{}^{\nu\lambda\sigma} \eta_\nu \xi_\lambda R_{\sigma\alpha} \xi^\alpha \end{aligned}$$

となる．したがって，定理の前半の条件が満たされれば，後半の条件は満たされる．逆に，後半の条件が満たされれば $*(\eta \wedge \xi \wedge d\xi)$，$*(\xi \wedge \eta \wedge d\eta)$ はともに定数となるが，ξ ないし η が零点をもつ場合にはこの定数はゼロとなり，前半の条件が導かれる．▮

定常時空では，時間的な Killing ベクトルに対して前節の定理を適用すると，複素電磁テンソル $\mathcal{F}$ は複素電磁ポテンシャル $\boldsymbol{\Phi}$ で表わされる．さらに軸対称の場合にはこのポテンシャルは η の軌道に沿って一定となる．したがって，$d\boldsymbol{\Phi}$ は η にも ξ にも垂直なベクトルに対応する．このことを用いると，真空中の軸対称定常な Einstein-Maxwell 系に対してはその Killing ベクトルが上記の命題の条件を満たすことが示される．実際，定理 5.2.5 で与えた $\mathcal{F}$ の表式から

$$\xi^\mu T_{\mu\nu} \propto g(d\boldsymbol{\Phi}, d\bar{\boldsymbol{\Phi}}) \xi_\nu - i \varepsilon_\nu{}^{\alpha\beta\gamma} \partial_\alpha \boldsymbol{\Phi} \partial_\beta \bar{\boldsymbol{\Phi}} \xi_\gamma$$

となるが，第 1 項は明らかに ξ に平行で，また第 2 項は $d\boldsymbol{\Phi}$ が ξ, η に垂直なので η に平行となる．$\mathcal{F}$ を ξ に関して分解する公式では ξ が時間的であることは本質的でないので，ξ と η を入れ換えても同様の結果が得られる．したがって，上記の命題の条件は成立している．

このように，2 つの Killing ベクトルの両者に直交する 2 次元曲面族が存在することを利用すると，前節の Ernst ポテンシャルを用いた方程式系はさらに平坦な 2 次元空間上の方程式系に帰着される：

定理 5.2.10(Ernst 方程式) 可換な Killing ベクトルをもつ軸対称定常な Einstein-Maxwell 系の時空計量は

$$ds^2 = e^{-2U}[e^{2k}(d\rho^2+dz^2)+\rho^2 d\phi^2]-e^{2U}(dt+Ad\phi)^2$$

と表わされる．ここで U, k, A は ρ, z のみに依存する関数である．これらの関数は，Ernst ポテンシャル $\mathcal{E}(\rho, z)$ と複素電磁ポテンシャル $\Phi(\rho, z)$ を用いて，

$$\begin{aligned} e^{2U} &= \mathrm{Re}\,\mathcal{E}+\Phi\bar{\Phi} \\ \partial_\zeta A &= \rho e^{-4U}[i\partial_\zeta(\mathrm{Im}\,\mathcal{E})+\bar{\Phi}\partial_\zeta\Phi-\Phi\partial_\zeta\bar{\Phi}] \\ \partial_\zeta k &= 2\rho\left[\frac{1}{4}e^{-4U}(\partial_\zeta\mathcal{E}+2\bar{\Phi}\partial_\zeta\Phi)(\partial_\zeta\bar{\mathcal{E}}+2\Phi\partial_\zeta\bar{\Phi})-e^{-2U}\partial_\zeta\Phi\partial_\zeta\bar{\Phi}\right] \end{aligned}$$

と表わされる．ここで $\zeta=\rho+iz$ である．さらに，Einstein-Maxwell 方程式はつぎの $\mathcal{E}, \Phi$ に対する平坦な 2 次元空間 (ρ, z) 上の微分方程式に帰着される：

$$\begin{aligned} e^{2U}\rho^{-1}\partial^p(\rho\partial_p\mathcal{E}) &= \partial^p\mathcal{E}(\partial_p\mathcal{E}+2\bar{\Phi}\partial_p\Phi) \\ e^{2U}\rho^{-1}\partial^p(\rho\partial_p\Phi) &= \partial^p\Phi(\partial_p\mathcal{E}+2\bar{\Phi}\partial_p\Phi) \end{aligned}$$

証明 上で述べたように，真空 Einstein-Maxwell 系に対しては Killing ベクトル ξ, η の生成する 2 次元等長変換群 G_2 の 2 次元軌道面 $\Sigma(\hat{y})$ $(\hat{y}=(\hat{y}^p)$ $(p=2,3)$は軌道のラベル)に常に垂直な 2 次元曲面族 $\Sigma^\perp(x)$ $(x=(x^i)$ $(i=0, 1)$は曲面のラベル)が存在する．それぞれの面族のラベルを合わせた $x^i, \hat{y}^p$ は 4 次元時空の座標系となる．等長変換は角度を保存するので，各 2 次元面 $\Sigma^\perp(x)$ を $f\in G_2$ により変換して得られる曲面は再び $\Sigma(\hat{y})$ に直交する．これから，G_2 の作用は x^0, x^1 の作る 2 次元時空の変換と見なすことができる．したがって，ξ と η が可換であることを考慮すると，2-2 節 a)の命題 2.2.1 から $x^0=t, x^1=\phi$ を

$$\xi=\partial_t, \qquad \eta=\partial_\phi$$

となるようにとることができる．このとき，時空の計量は

$$ds^2 = g_{pq}(\hat{y})d\hat{y}^p d\hat{y}^q+\delta_{IJ}\tilde{\theta}^I\tilde{\theta}^J$$

と表わされる．ここで $\tilde{\theta}^I\ (I=0,1)$ は $\tilde{\theta}^I=\tilde{\theta}^I_i(y)dx^i$ と表わされる G_2 に関する $\Sigma(\hat{y})$ の不変双対基底である．

$\Sigma(\hat{y})$ の正規直交基底を

$$\tilde{e}_0 = e^{-U}\xi, \qquad \tilde{e}_1 = W^{-1}e^{U}(\eta - A\xi)$$

ととる．ここで U, A, W は

$$e^{2U} = -g_{00}, \qquad A = \frac{g_{0\phi}}{g_{00}}, \qquad W^2 = g_{0\phi}^2 - g_{00}\,g_{\phi\phi}$$

と表わされる y のみに依存する関数である．この基底は明らかに G_2 に対して不変となる．その双対基底は

$$\tilde{\theta}^0 = e^{U}(dt + Ad\phi), \qquad \tilde{\theta}^1 = e^{-U}Wd\phi$$

となる．したがって，$g_{pq}=e^{-2U}\hat{\gamma}_{pq}$ とおくと，時空計量は

$$ds^2 = e^{-2U}(\hat{\gamma}_{pq}d\hat{y}^p d\hat{y}^q + W^2 d\phi^2) - e^{2U}(dt + Ad\phi)^2$$

と表わされる．2次元空間は必ず共形的に平坦なので，$\hat{y}$ 座標を適当に取り替えることにより $\hat{\gamma}_{pq}=e^{2k}\delta_{pq}$ の形にできる．以下では，$\hat{y}^2=\rho$, $\hat{y}^3=z$ と書くことにする．

η を ξ の軌道空間 $(M_3(\phi,\rho,z), \gamma=(W^2,\hat{\gamma}))$ の Killing ベクトルと見なすと，その軌道空間は2次元空間 $M_2=\{(\rho,z)\}$ となり $\hat{\gamma}$ がその自然な計量を与える．軌道空間 $(M_2,\hat{\gamma})$ の正規直交基底を $\hat{n}^p_P(\hat{y})\ (p=\rho,z)$，空間 $(M_3,(W^2,\hat{\gamma}))$ の正規直交基底を $e^i_1=W^{-1}\delta^i_\phi$, $\hat{n}^i_P(y)\ (i=\phi,\rho,z)$ として，M_3 を η の軌道と M_2 に分解すると，2-2節 b)の分解公式から，

$$h_{P11} = -\partial_P W/W, \qquad \omega_{PQ1} = \cdots = 0$$

を得るので，$\hat{\gamma}$ が共形的に平坦であることに注意すると，M_3 の Ricci テンソルは

$$^3R_{pq} = -\delta_{pq}\partial^2 k - W^{-1}(\partial_p\partial_q W - \partial_p k\partial_q W - \partial_q k\partial_p W + \partial^r k\partial_r W\delta_{pq})$$

$$^3R_{11} = e^{-2k}\partial^2 W/W$$

$$^3R_{1P} = 0$$

となる．ここで $\partial^2=\partial_z^2+\partial_\rho^2$ である．

一方，$\xi_\phi=g(\xi,\delta_\phi)=-e^{2U}A$ より ξ の共変成分の空間部分を M_3 の1形式と

みると$\xi=-e^{2U}Ad\phi$となる．したがって，命題5.2.3の(i)式から，

$$\overset{3}{*}\omega = -e^{4U}dA\wedge d\phi$$

となる．これから特に$\omega(\eta)=0$となるので，ωは2次元空間M_2上の1形式と見なせる．U,Φもϕに依存しないので，同じくM_2上の関数となる．これから$\mathcal{E}$もρ,zのみに依存する．したがって上記の${}^3R_{11}$の表式と定理5.2.5から

$$\partial^2 W = 0$$

を得る．これはWがρ,zの調和関数であることを意味するので，γの共形的平坦性を保つ座標変換により$W=\rho$とすることができる．このとき，定理5.2.5の${}^3R_{23}$および${}^3R_{22}-{}^3R_{33}$に対する方程式は本定理のkに対する方程式に帰着する．また，$\mathcal{E}$およびΦの方程式は本定理の対応する方程式を与える．${}^3R_{22}+{}^3R_{33}$に対する方程式は残りの方程式から導かれる．

最後に，ωをM_2上の1形式と見なしたときの共役形式$\overset{2}{*}\omega$と$\overset{3}{*}\omega$の間の関係は

$$\overset{2}{*}\omega = (\gamma(\eta,\eta))^{-1/2}I_\eta\overset{3}{*}\omega = W^{-1}e^{4U}dA$$

となるので，

$$dA = -We^{-4U}\overset{2}{*}\omega$$

となる．これに定理5.2.5のωと$\mathcal{E}$の関係式を代入し，その$d\zeta$成分をとると，本定理の$\partial_\zeta A$の表式を得る．▌

d) 厳密解

(1) Weylクラス

静的な時空では，定義から，時間的なKillingベクトルξに常に直交する3次元曲面族が存在する．ξに垂直なベクトルに対して常にゼロとなる1形式は$\xi_\mu dx^\mu$で与えられるので，この1形式をこれまでと同じようにベクトルと同じ記号ξで表わすことにすると，Frobeniusの定理から，ξに直交する超曲面族が存在する条件は$\xi\wedge d\xi=0$となる．これは(5.35)式より

$$\omega = -*(\xi\wedge d\xi) = 0 \qquad (5.52)$$

と表わされる．したがって，静的で軸対称な時空では$A=0$となり，前節の方程式は非常に簡単となる．さらに，電磁場が存在しないとErnstポテンシャ

ルは実関数 $\mathcal{E}=e^{2U}$ となってしまう．したがって次の定理を得る：

定理 5.2.11（Weyl クラス） 軸対称で静的な Einstein 方程式の真空解の計量は，平坦な 2 次元 Euclid 空間 (ρ, z) 上の微分方程式

$$\triangle_2 U := \rho^{-1}\partial^\rho(\rho\partial_\rho U) = 0$$

$$\partial_\rho k = \rho[(\partial_\rho U)^2-(\partial_z U)^2], \qquad \partial_z k = 2\rho\partial_z U\partial_\rho U$$

の解，$U(\rho, z), k(\rho, z)$ を用いて，

$$ds^2 = e^{-2U}[e^{2k}(d\rho^2+dz^2)+\rho^2 d\phi^2]-e^{2U}dt^2$$

と表わされる．

この定理は，Einstein 方程式の静的な軸対称真空解と平坦な 3 次元空間の Laplace 方程式の軸対称解が 1 対 1 に対応していることを意味している．したがって，その一般解を容易に構成することができる．たとえば，漸近的に平坦な一般解は球座標 $(\Sigma, \vartheta, \phi)$，

$$\rho = \Sigma \sin \vartheta, \qquad z = \Sigma \cos \vartheta \tag{5.53}$$

のもとで

$$U = \sum_{n=-\infty}^{\infty} a_n \Sigma^{-(n+1)} P_n(\cos\vartheta) \tag{5.54}$$

$$k = -\sum_{l,m=0}^{\infty} a_l a_m \frac{(l+1)(m+1)}{l+m+2} \frac{(P_l P_m - P_{l+1}P_{m+1})}{\Sigma^{l+m+2}} \tag{5.55}$$

により与えられる．これらの解は，見かけ上 $\Sigma=0$ すなわち $\rho=z=0$ のみで特異となるが，実際には級数が全 (ρ, z) 平面では収束しないため，$\Sigma=0$ 以外にも特異点をもつ．たとえば，Schwarzschild 解に対する U, k は

$$U = \frac{1}{2}\ln\left(\frac{\Sigma_+ + \Sigma_- - 2m}{\Sigma_+ + \Sigma_- + 2m}\right) \tag{5.56}$$

$$k = \frac{1}{2}\ln\frac{(\Sigma_+ + \Sigma_-)^2 - 4m^2}{4\Sigma_+\Sigma_-} \tag{5.57}$$

$$\Sigma_\pm^2 = \rho^2 + (z\pm m)^2 \tag{5.58}$$

と表わされるので，z 軸上の線分 $\rho=0, |z|\leqq m$ で発散するか虚数となる．通

常の r,θ 座標と ρ,z の間の関係は

$$\rho=\sqrt{r(r-2m)}\sin\theta,\qquad z=(r-m)\cos\theta \tag{5.59}$$

で与えられるので，この線分はホライズン $r=2m$ に対応する．したがって，ρ,z 座標はホライズンの外しか覆っていない．

以上では，暗黙のうちに ϕ が通常の Euclid 空間の方位角と同様に 0 から 2π の範囲を動くとしたが，時空の軸対称性から一般には ϕ の動く範囲は 2π からずれてもよい．このような場合には，Kasner 解のところで触れた宇宙ひも解のように，z 軸上に円錐型の特異点をもつ時空が得られる．ただし，以下ではこのような場合は考えないことにする．

(2) Kerr-TS クラス

軸対称定常だが静的でない場合については，一般の真空解は求められていない．しかし，1つの重要な解の系列が得られている．この系列を与えるには，$\mathcal{E}$ の代わりに

$$\Xi=\frac{1-\mathcal{E}}{1+\mathcal{E}} \tag{5.60}$$

で定義される Ξ を用いるのが便利である．Weyl 座標 ρ,z の代わりに扁球座標 x,y を

$$\rho=\sigma(x^2-1)^{1/2}(1-y^2)^{1/2},\qquad z=\sigma xy \tag{5.61}$$

で導入すると，

$$d\rho^2+dz^2=\sigma^2(x^2-y^2)\left(\frac{dx^2}{x^2-1}+\frac{dy^2}{1-y^2}\right) \tag{5.62}$$

から，Ernst 方程式は

$$\begin{aligned}(\Xi\bar{\Xi}-1)\{\partial_x[(x^2-1)\partial_x\Xi]+\partial_y[(1-y^2)\partial_y\Xi]\}\\=2\bar{\Xi}[(x^2-1)(\partial_x\Xi)^2+(1-y^2)(\partial_y\Xi)^2]\end{aligned} \tag{5.63}$$

となる．ここで σ は定数である．

Ξ が，分母の次数が分子より1次だけ高い有理式となる

$$\Xi=\frac{\beta}{\alpha} \tag{5.64}$$

の形の解を求めると，α が δ^2 次($\delta=1,2,\cdots$)となる解の系列が得られる：

$$\delta = 1: \quad \alpha = px - iqy, \qquad \beta = 1 \tag{5.65}$$

$$\delta = 2: \quad \alpha = p^2(x^4-1) - 2ipqxy(x^2-y^2) - q^2(1-y^4)$$

$$\beta = 2px(x^2-1) - 2iqy(1-y^2) \tag{5.66}$$

$$\delta = 3: \quad \alpha = p(x^2-1)^3(x^3+3x) + iq(1-y^2)^3(y^3+3y)$$

$$-pq^2(x^2-y^2)^3(x^3+3xy^2) - ip^2q(x^2-y^2)^3(y^3+3x^2y)$$

$$\beta = p^2(x^2-1)^3(3x^2+1) - q^2(1-y^2)^3(3y^2+1)$$

$$-12ipqxy(x^2-y^2)(x^2-1)(1-y^2) \tag{5.67}$$

…

以上で p, q は $p^2+q^2=1$ を満たす定数である.

この系列の最初のものは，かなり前に Kerr により発見された解であるが，残りの解は冨松-佐藤により発見されたもので TS 解と呼ばれる.

Kerr 解に対する U, k, A を前節の定理を用いて求めると

$$e^{2U} = \frac{p^2x^2+q^2y^2-1}{(1+px)^2+q^2y^2} \tag{5.68}$$

$$e^{2k} = \frac{p^2x^2+q^2y^2-1}{p^2(x^2-y^2)} \tag{5.69}$$

$$A = \frac{2q\sigma}{p}\frac{(px+1)(y^2-1)}{p^2x^2+q^2y^2-1} \tag{5.70}$$

と表わされる．通常，Kerr 解は扁球座標ではなく

$$\rho = \sqrt{r^2-2mr+a^2}\sin\theta, \qquad z = (r-m)\cos\theta \tag{5.71}$$

$$\Leftrightarrow \quad \sigma x = r-m, \qquad y = \cos\theta \tag{5.72}$$

で定義される極座標を用いて表わされる．ここで p, q, σ と m, a の間には

$$mq = a, \qquad mp = \sigma \tag{5.73}$$

の関係がある．この極座標では，計量は

$$ds^2 = \Sigma^2\left(\frac{dr^2}{\Delta} + d\theta^2\right) + \sin^2\theta\left(r^2+a^2+\frac{2mra^2}{\Sigma^2}\sin^2\theta\right)d\phi^2$$

$$-\frac{4mar}{\Sigma^2}\sin^2\theta d\phi dt - \left(1-\frac{2mr}{\Sigma^2}\right)dt^2 \tag{5.74}$$

と表わされる．ここで Δ と Σ は

$$\Sigma^2 = r^2 + a^2 \cos^2\theta, \qquad \Delta = r^2 - 2mr + a^2 \tag{5.75}$$

で定義される関数である.

Kerr 解は常に漸近的に平坦で，$a=0$ のとき Schwarzschild 解と一致する．したがって，パラメーター m は質量を表わすと考えられる．残りのパラメーター a の意味を見るために，m の意味を調べた場合と同じように，局在化した物質の作る重力場の無限遠での漸近挙動を調べてみよう．まず，重力場が軸対称定常で Minkowski 時空からのずれが小さいとして $g_{\mu\nu} = \eta_{\mu\nu} + h_{\mu\nu}$ とおき，Einstein 方程式を h について展開して 1 次の項を取ると

$$-2\delta G_{0\phi} = \partial_r^2 h_{0\phi} + \frac{1}{r^2} \sin\theta \partial_\theta \left(\frac{1}{\sin\theta} \partial_\theta h_{0\phi} \right) = -16\pi G T_{0\phi} \tag{5.76}$$

を得る．この方程式を Green 関数法で解くと，r が十分大きいとして

$$\begin{aligned} h_{0\phi} &= -\frac{2GJ}{r} \sin^2\theta + O\left(\frac{1}{r^2}\right); \\ J &:= -\int d^3x T_{0\phi} \cong \int d^3x (\rho + P) u_\phi \end{aligned} \tag{5.77}$$

を得る．これを Kerr 解の $r \to \infty$ と比較すると

$$a = \frac{J}{m} \tag{5.78}$$

を得る．J は物質の全角運動量を表わしているので，これは a が時空全体の単位質量当りの各運動量を表わしていると解釈できることを示している．言い替えれば，Kerr-TS クラスの解は回転する真空解を表わしている．

(3)　Kerr-Newman クラス

これまでに求めた真空解に Harrison 変換を施すと，自動的に電場や磁場を伴った解が得られる：

Schwarzschild 解	→	Reissner-Nordstrøm 解
Weyl 解	→	帯電した Weyl 解
Kerr 解	→	Kerr-Newman 解
TS 解	→	帯電した TS 解

たとえば，Kerr 解の Ernst ポテンシャル(パラメーター p, q, σ)にパラメーター μ の Harrison 変換を施して得られる解は，

$$\nu = \frac{1+|\mu|^2}{1-|\mu|^2} = \frac{m}{\sqrt{m^2-e^2}} \tag{5.79}$$

$$p = \frac{2\sigma}{1+\nu}\frac{1}{\sqrt{m^2-e^2}} \tag{5.80}$$

$$q = \frac{a}{\sqrt{m^2-e^2}} \tag{5.81}$$

により定義されるパラメーター m, a, e および

$$\frac{2\sigma}{1+\nu}x = r-m, \qquad y = \cos\theta \tag{5.82}$$

により定義される球座標 r, θ, ϕ, t を用いて，

$$\begin{aligned} ds^2 = {} & \Sigma^2\left(\frac{dr^2}{\varDelta}+d\theta^2\right)+\sin^2\theta\left(r^2+a^2+\frac{a^2(2mr-e^2)}{\Sigma^2}\sin^2\theta\right)d\phi^2 \\ & -\frac{2a(2mr-e^2)}{\Sigma^2}\sin^2\theta d\phi dt-\left(1-\frac{2mr-e^2}{\Sigma^2}\right)dt^2 \end{aligned} \tag{5.83}$$

と表わされる．ここで $\varDelta$ と Σ は

$$\Sigma^2 = r^2+a^2\cos^2\theta, \qquad \varDelta = r^2-2mr+a^2+e^2 \tag{5.84}$$

で定義される関数である．

この計量で $e=0$ とおくと，当然 Kerr 解が得られる．一方，$a=0$ とおくと，Reissner-Nordstrøm 解を得る．したがって，Kerr-Newman 解は電荷を帯びた回転するブラックホールを表わしている．

(4) Kerr 解の時空構造

Kerr 解はすでに述べたように漸近的に平坦な時空を表わすが，その構造は m と a の大小関係に応じて大きく変化する．

(A) $m^2<a^2$：この場合は計量は $r=0$ のみで特異性を示す．この特異点は，実は点ではなくリング状の構造をもつ．これを見るために，

$$x = (r\cos\tilde{\phi}+a\sin\tilde{\phi})\sin\theta \tag{5.85}$$

$$y = (r\sin\tilde{\phi}-a\cos\tilde{\phi})\sin\theta \tag{5.86}$$

$$z = r\cos\theta \tag{5.87}$$

$$\tilde{\phi} = \phi - \int a\Delta^{-1}dr \tag{5.88}$$

$$\tilde{t} = t + r - \int (r^2+a^2)\Delta^{-1}dr \tag{5.89}$$

により，Descartes 的な座標 $x, y, z, \tilde{t}$ を導入すると，計量は

$$ds^2 = -d\tilde{t}^2 + dx^2 + dy^2 + dz^2 + \frac{2mr^3}{r^4+a^2z^2}\left(d\tilde{t} - \frac{zdz}{r} - \frac{r(xdx+ydy)+a(xdy-ydx)}{r^2+a^2}\right)^2 \tag{5.90}$$

と表わされる．r と x, y, z の関係が

$$r^2 = \frac{\delta+\sqrt{\delta^2+4a^2z^2}}{2}, \qquad \delta = x^2+y^2+z^2-a^2 \tag{5.91}$$

と表わされることに注意すると，この計量は x, y 平面上のリング

$$x^2+y^2 = a^2, \qquad z = 0 \tag{5.92}$$

で特異になることが分かる．ただし，このリングの内側の円盤では，

$$\frac{z}{r} = \pm\frac{(\sqrt{\delta^2+4a^2z^2}+|\delta|)^{1/2}}{\sqrt{2}\,|a|} \to \pm\frac{(a^2-x^2-y^2)^{1/2}}{|a|} \tag{5.93}$$

から，計量は $z\to\pm 0$ で異なった正則な極限をもつ．したがって，Kerr 解はこの円盤を通して別の時空に解析接続できることになる(図 5-11)．解析接続された先はもとの時空からみると $r<0$ に相当するので，ちょうどもとの計量を $m\to -m$ と置き換えたものとなっている．

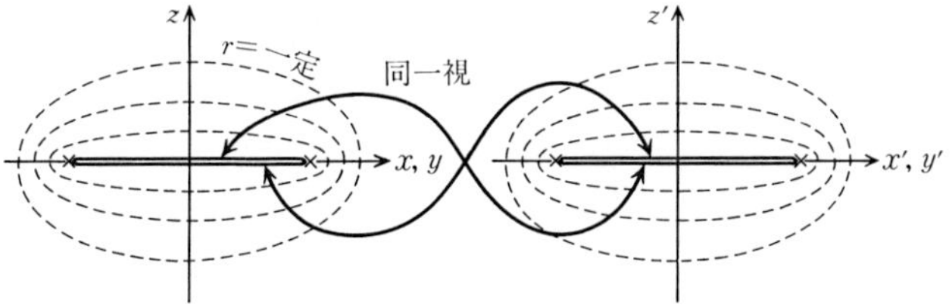

図 5-11 時空のリング特異点と解析接続

Kerr 解は回転により捻れているので，球対称時空のように単純に角度の自由度を分離することにより，その大域的構造を 2 次元の問題に帰着することはできない．しかし，特別の角度方向に制限すると同様の解析が可能となる．たとえば，回転軸 $\theta=0$ に制限した計量は

$$ds^2 = -\frac{\Delta}{r^2+a^2}dt^2+\frac{r^2+a^2}{\Delta}dr^2 \tag{5.94}$$

となり，5-1 節 c)で説明した共形図式の方法が利用できる形となる．結果は，$r=0$ が特異でないことを考慮すると S_+ 型を 2 つ合わせた図 5-12 となる．

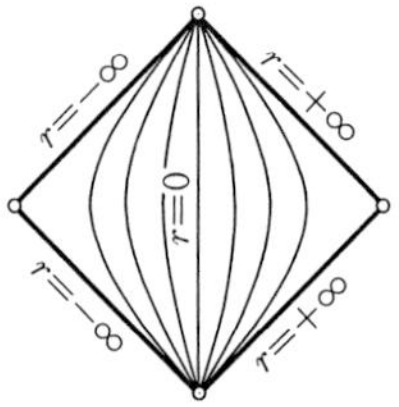

図 5-12　$m^2<a^2$ の Kerr 時空の z 軸上の共形図式

$m^2<a^2$ の場合の Kerr 解のもう 1 つの興味深い点は，ホライズンが現われないにもかかわらず Killing ベクトル $\xi=\partial_t$ が空間的になる領域 $\Sigma^2-2mr<0$ が現われることである(図 5-13 の斜線部)．この領域では物体が ϕ, r, θ 一定の運動をすることは許されず，t は通常の時間としての意味を失う．この種の領域は**エルゴ領域**(ergoregion)と呼ばれる．

(**B**)　$m^2>a^2$：この場合には，$r=0$ 以外に

$$\Delta=0 \Leftrightarrow r=r_\pm=m\pm\sqrt{m^2-a^2} \tag{5.95}$$

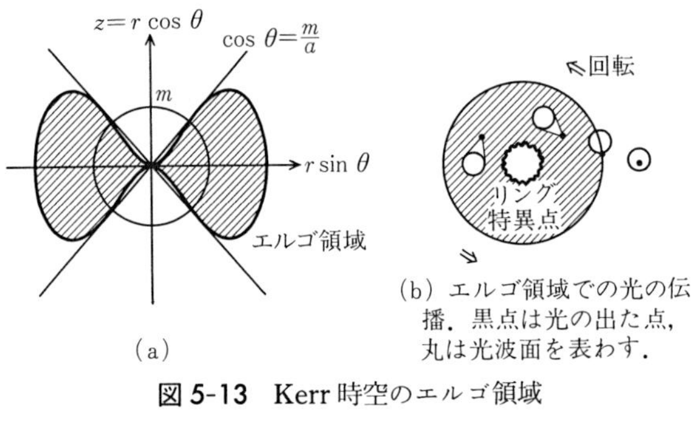

(b) エルゴ領域での光の伝播．黒点は光の出た点，丸は光波面を表わす．

図 5-13　Kerr 時空のエルゴ領域

で計量が発散する．この特異性は実は見かけのものである．実際，t, ϕ の代わりに

$$u_{\pm} = t \pm \int (r^2 + a^2) \Delta^{-1} dr, \qquad \phi_{\pm} = \phi \pm \int a \Delta^{-1} dr \tag{5.96}$$

により新しい座標系に移ると，計量は

$$\begin{aligned} ds^2 = \Sigma^2 d\theta^2 &\mp 2a \sin^2\theta dr d\phi_{\pm} \pm 2 dr du_{\pm} \\ &+ \frac{(r^2+a^2)^2 - \Delta a^2 \sin^2\theta}{\Sigma^2} \sin^2\theta d\phi_{\pm}^2 \\ &- \frac{4amr}{\Sigma^2} \sin^2\theta d\phi_{\pm} du_{\pm} - \left(1 - \frac{2mr}{\Sigma^2}\right) du_{\pm}^2 \end{aligned} \tag{5.97}$$

となり，特異性は消えてしまう($\det g = -\Sigma^4 \sin^2\theta$)．

$a^2 > m^2$ の場合と同じく，回転軸に沿う方向に対しては簡単に共形図式を求

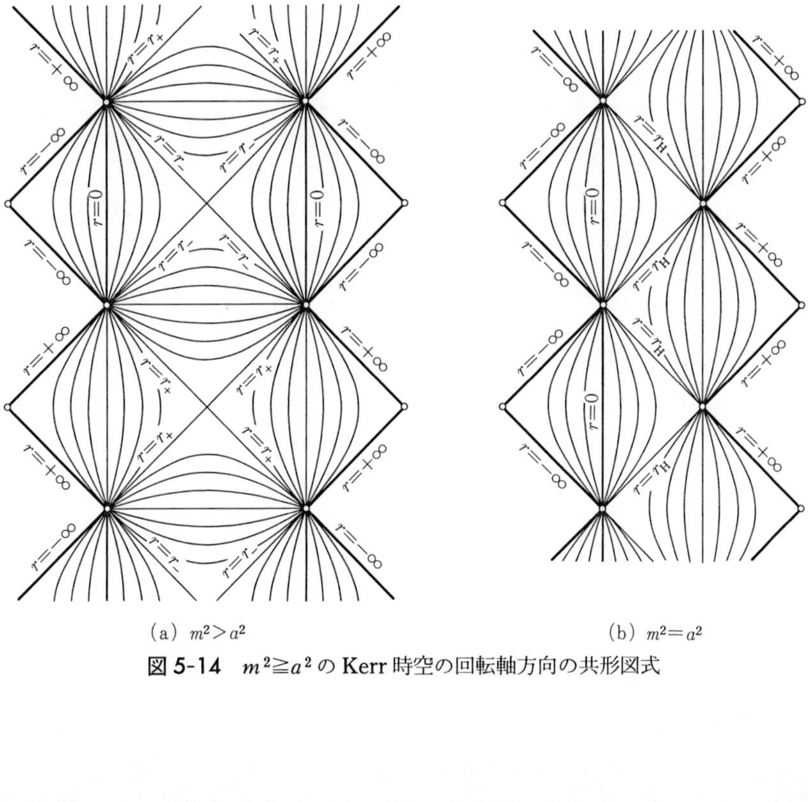

(a) $m^2 > a^2$　　(b) $m^2 = a^2$

図 5-14　$m^2 \geqq a^2$ の Kerr 時空の回転軸方向の共形図式

めることができる．結果は，A_- 型と A_+ 型を組み合わせた図 5-14 となる．また，エルゴ領域も現われる．

(**C**) $m^2=a^2$：この場合には $r_+=r_-$ となる点を除くと，$m^2>a^2$ の場合と同じである．共形図式は零点が 2 次となるので Reissner-Nordstrøm 解と類似したものとなる．

6 時空の動力学

一般相対論の最も重要な特徴は，時空構造自体が物質と同様に力学的な性格をもつことにある．本章では，この時空の動力学を研究する上で中心的な役割を果たす重力の正準理論を紹介し，それを用いて Bianchi 時空の時間発展を調べる．

6-1 重力の正準理論

一般相対論の基礎方程式は，通常，計量や物質場が満たす局所的な関係式，すなわち場の方程式により表わされる．このような表現形式は，局所的な因果構造や一般共変性を見る上では便利であるが，大域的な時空構造の時間発展を議論するのには適さない．この時空の大域的動力学を研究するには，通常，Einstein 方程式を含む場の方程式を，無限自由度の力学系に対する発展方程式として捉える定式化が用いられる．この節では，この新たな定式化とそれに基づく一般相対論の正準理論について説明する．

a) (3+1)分解

Einstein 方程式を発展方程式に書き換える際の出発点は，時空の (3+1) 分解である．これは，4 次元の時空を空間的な 3 次元超曲面の 1 次元的な時系列 $\Sigma(t)$ として捉え，4 次元的な物理量を時間をパラメーターとする 3 次元超曲面上の物理量に分解する定式化である．

まず，時間一定面 $\Sigma(t)$ の単位法ベクトル n を

$$n = \frac{1}{N}(\partial_t - N^j\partial_j) \tag{6.1}$$

とおく．通常の成分表示のもとで，$Ndtn=(dt, -N^jdt)$ となるので，図 6-1 に示したように，Ndt は 2 つの超曲面 $\Sigma(t)$ と $\Sigma(t+dt)$ の間の法ベクトルにそう距離，即ち固有時で測った時間間隔を表わす．そこで N は **ラプス(lapse)関数** と呼ばれる．また，N^jdt は $\Sigma(t)$ 上の点から $\Sigma(t+dt)$ におろした法ベクトルの足が空間座標が一定の曲線 $x^j=\mathrm{const.}$ からどれだけずれているかを表わし，**シフトベクトル** と呼ばれる．

$\Sigma(t)$ 上の点 x^μ を始点とし，$\Sigma(t+dt)$ 上の点を終点とするベクトル dx^μ は $(dx^\mu)=Ndtn+(0, dx^j+N^jdt)$ と直交分解されるので，3 次元超曲面 $\Sigma(t)$ の計量テンソルを $q_{jk}(t, x^j)$ と置くと，4 次元計量は

$$ds^2 = -N^2dt^2+q_{jk}(dx^j+N^jdt)(dx^k+N^kdt) \tag{6.2}$$

と表わされる．これは，$g_{\mu\nu}$, $g^{\mu\nu}$ で表わすと，

$$g_{00} = -N^2+N^jN_j, \quad g_{0j} = N_j, \quad g_{jk} = q_{jk} \tag{6.3}$$

$$g^{00} = -\frac{1}{N^2}, \quad g^{0j} = \frac{N^j}{N^2}, \quad g^{jk} = q^{jk}-\frac{N^jN^k}{N^2} \tag{6.4}$$

となる．ここで，q^{jk} は q_{jk} の逆行列，$N_j=q_{jk}N^k$ である．N^j, N_j, q_{jk}, q^{jk} は空間

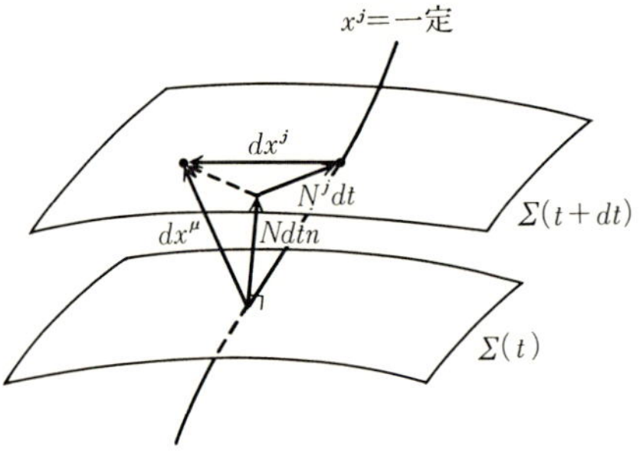

図 6-1 時空の(3+1)分解

座標の変換に関して各超曲面 $\Sigma(t)$ 上の3次元テンソルとして振る舞う．以下，このように $\Sigma(t)$ 上の3次元テンソルと見なされる量に関しては，特に断わらない限り q_{jk}, q^{jk} を用いて添え字の上げ下げを行なうものとする．また，3次元計量 q_{jk} に関する $\Sigma(t)$ 上の Riemann 接続を D と書くことにする．

時間一定面 $\Sigma(t)$ の接ベクトルの正規直交基底を $e_I = e_I{}^j \partial_j$，双対基底を $\theta^I = \theta^I{}_j dx^j$，$n$ と e_I に対する4次元双対基底を $\tilde{\theta}^0, \tilde{\theta}^I$ とおくと，上記の公式は2-2節 b)の一般論から導くこともできる．実際，n の定義から

$$n^0{}_0 = 1/N, \qquad n^I{}_0 = -\theta^I{}_j N^j/N \tag{6.5}$$

$$\nu^0{}_0 = N, \qquad \zeta^I{}_0 = \theta^I{}_j N^j \tag{6.6}$$

となるので，$q_{jk} = \theta^I{}_j \theta^I{}_k$ に注意すると，(6.2)式が得られる．

一般相対論を力学系の理論として捉えるということは，$q_{jk}(t, x^j)$ を空間座標 x^j をパラメーターとする無限成分の力学変数と見なし，Einstein 方程式をその時間発展方程式として表わすことを意味する．この方程式を求める最も便利な方法は，変分方程式を出発点とするものである．

1-6節で述べたように，作用積分 S は重力に対する Einstein-Hilbert 作用積分

$$S_G = \int dt L_G\,; \quad L_G = \int d^3x \frac{1}{2\kappa^2} \sqrt{-g}\, R \tag{6.7}$$

と物質場に対する作用積分

$$S_m = \int dt L_m\,; \quad L_m = \int d^3x \mathcal{L}_{\mathrm{m}} \tag{6.8}$$

の和 $S = S_G + S_m$ として表わされる．これらのうち，物質に対する作用積分はエネルギー運動量テンソルを通して Einstein 方程式に影響する．ここでは，重力場の時間発展のみに興味があるので，その具体的な形は特定しないことにする．ただし，簡単のために計量テンソルの微分を含まないことは仮定する．この仮定は，重力場と極小結合するスカラ場，電磁場を含むゲージ場では満たされるが，共形結合するスカラ場やスピノール場では満たされないことを注意しておく(もちろん，4脚場が必要となるスピノール場はもともとこれまでの

定式化の範囲を越えている．スピノール場を含む場合への拡張については巻末参考書であげた Penrose-Rindler の教科書および Ashtekar の教科書を参照）．

この作用積分を(3+1)分解する際に特にやっかいなのは，4次元スカラ曲率 R である．公式 2.2.6 から R を3次元超曲面上の量で表わすには，第2基本形式 h_{0IJ} が必要となる．(3+1)分解では，習慣的にこの量を表わすのに K_{IJ} という記号を用いる．公式 2.2.7 から，K_{IJ} は q_{jk}, N, N^j を用いて

$$K_{jk} = h_{0jk} = h_{0IJ}\theta^I{}_j\theta^J{}_k$$
$$= \frac{1}{2N}(-\dot{q}_{jk} + D_j N_k + D_k N_j) \qquad (6.9)$$

と表わされる．したがって，荒っぽく言えば K_{jk} は3次元計量の時間変化率を表わす．特に，そのトレース

$$K = K^j_j = \frac{1}{N}\left(-\frac{\dot{\sqrt{q}}}{\sqrt{q}} + D_j N^j\right) \qquad (6.10)$$

は一定の空間座標をもつ領域の体積変化率を表わす．

公式 2.2.6 において，$\hat{\nabla}_n = N^{-1}(\partial_0 - N^j\partial_j)$，$\tilde{\nabla}_I = D_I$，$l_I = l_I{}^0{}_0 = -N^{-1}\partial_I N$，$R^{\perp} = 0$ となることに注意すると，4次元スカラ曲率は q_{jk}, N, N^j, K_{jk} を用いて次のように表わされる．

公式 6.1.1　4次元計量を

$$ds^2 = -N^2 dt^2 + q_{jk}(dx^j + N^j dt)(dx^k + N^k dt)$$

と(3+1)分解すると，4次元スカラ曲率は，第2基本形式を用いて

$$\sqrt{-g}\,R = N\sqrt{q}\,({}^3R + \boldsymbol{K}^2 - K^2) - \partial_0(2\sqrt{q}\,K)$$
$$+\partial_j[2\sqrt{q}\,(N^j K - D^j N)]$$

と表わされる．ここで，$\boldsymbol{K}^2 = K^{jk}K_{jk}$，$K = K^j_j$ である．

ただし，この公式は一般の$(n+1)$次元計量の$(n+1)$分解に対してもそのまま成り立つ．

この結果を用いて，作用積分から計量に対する時間発展方程式を得るには，計量の変分に対する幾何学的諸量の変化を与える次の公式を用いる：

公式 6.1.2 計量テンソル $g_{\mu\nu}$ の変分 $\delta g_{\mu\nu}=h_{\mu\nu}$ に対して，接続係数，曲率テンソルなどの幾何学的諸量は次のように変化する：

$$\delta g^{\mu\nu} = -h^{\mu\nu}+O(h^2)$$

$$\delta|g| = |g|h+O(h^2)\,; \quad h = g^{\mu\nu}h_{\mu\nu}$$

$$\delta\Gamma^{\mu}_{\nu\lambda} = \frac{1}{2}(\nabla_\nu h^{\mu}_{\lambda}+\nabla_\lambda h^{\mu}_{\nu}-\nabla^\mu h_{\nu\lambda})+O(h^2)$$

$$\begin{aligned}\delta R^{\mu}{}_{\nu\lambda\sigma} &= \nabla_\lambda\delta\Gamma^{\mu}_{\nu\sigma}-\nabla_\sigma\delta\Gamma^{\mu}_{\nu\lambda}+O(h^2)\\ &= \frac{1}{2}(\nabla_\lambda\nabla_\nu h^{\mu}_{\sigma}-\nabla_\sigma\nabla_\nu h^{\mu}_{\lambda}-\nabla_\lambda\nabla^\mu h_{\nu\sigma}+\nabla_\sigma\nabla^\mu h_{\nu\lambda}\\ &\quad +R_{\lambda\sigma}{}^{\mu}{}_{\beta}h^{\beta}_{\nu}+R_{\lambda\sigma\nu}{}^{\beta}h^{\mu}_{\beta})+O(h^2)\end{aligned}$$

$$\begin{aligned}\delta R_{\mu\nu} &= \frac{1}{2}(-\nabla^2 h_{\mu\nu}-\nabla_\mu\nabla_\nu h+\nabla_\mu\nabla_\alpha h^{\alpha}_{\nu}+\nabla_\nu\nabla_\alpha h^{\alpha}_{\mu}\\ &\quad +R_{\mu\alpha}h^{\alpha}_{\nu}+R_{\nu\alpha}h^{\alpha}_{\mu}-2R_{\mu\alpha\nu\beta}h^{\alpha\beta})+O(h^2)\end{aligned}$$

$$\delta R = -h_{\mu\nu}R^{\mu\nu}+\nabla^\mu\nabla^\nu h_{\mu\nu}-\nabla^2 h+O(h^2)$$

まず，作用積分を q_{jk} に関して変分すると，q_{jk} に対する時間について2階の微分方程式が得られる．この方程式を具体的に書き下すには，q_{jk} に共役な一般化された運動量 $p^{jk}(t,x^j)$，

$$p^{jk} := \frac{\delta L}{\delta\dot{q}_{jk}} = -\frac{\sqrt{q}}{2\kappa^2}(K^{jk}-q^{jk}K) \tag{6.11}$$

を導入して，q_{jk} と p^{jk} の組に対する1階の発展方程式系として表現する方が表式も簡単になり，また正準理論との対応も付けやすい．ただし，p^{jk} はその定義に $\sqrt{q}$ を含むためテンソルではなく，重み1のテンソル密度として振る舞い，その共変微分が

$$Dp^{jk} := \sqrt{q}\,D(p^{jk}/\sqrt{q}) \tag{6.12}$$

と定義されることに注意することが必要である．具体的な，方程式の表式は次のようになる：

$$\dot{q}_{jk} = 4\kappa^2\frac{N}{\sqrt{q}}\left(p_{jk}-\frac{1}{2}pq_{jk}\right)+D_jN_k+D_kN_j \tag{6.13}$$

$$\dot{p}^{jk} = \kappa^2 \frac{N}{\sqrt{q}} \left(\boldsymbol{p}^2 - \frac{1}{2} p^2 \right) q^{jk} - 4\kappa^2 \frac{N}{\sqrt{q}} \left(p^{jl} p^k_l - \frac{1}{2} p p^{jk} \right)$$
$$+ \frac{\sqrt{q}}{2\kappa^2} \left[N \left(\frac{1}{2} q^{jk}\, {}^3R - {}^3R^{jk} \right) + D^j D^k N - D^2 N q^{jk} \right]$$
$$+ D^l (N_l p^{jk}) - D_l N^j p^{lk} - D_l N^k p^{lj} + \frac{N}{2} \sqrt{q}\, q^{jl} q^{km} T_{lm} \quad (6.14)$$

これに対して，作用積分が N^μ $(N^0=N)$ の時間微分を含まないために，N^μ に関する変分は N^μ の時間発展方程式ではなく，$q_{jk}, \dot{q}_{jk}, N^\mu$ の間の 4 つの関係式を与える：

$$\mathscr{H}_\mu = \mathscr{H}_{G\mu} + \mathscr{H}_{m\mu} = 0 \quad (6.15)$$

$\mathscr{H}_{G\mu}$ と $\mathscr{H}_{m\mu}$ はそれぞれ重力場および物質場に対する作用積分から得られる部分である．ここで興味深いことは，$\dot{q}_{jk}$ の代わりに運動量 p^{jk} を用いると，これらの関係式が N を含まず，q_{jk}, p^{jk} のみで表わされることである．具体的な $\mathscr{H}_{G\mu}$ と $\mathscr{H}_{m\mu}$ の表式は次のようになる．

$$\mathscr{H}_{G0} = \frac{2\kappa^2}{\sqrt{q}} \left(\boldsymbol{p}^2 - \frac{1}{2} p^2 \right) - \frac{\sqrt{q}}{2\kappa^2}\, {}^3R \quad (6.16)$$
$$\mathscr{H}_{Gj} = -2 D_k p^k_j \quad (6.17)$$
$$\mathscr{H}_{m0} = \sqrt{q}\, T_{nn} := \sqrt{q}\, T_{\mu\nu} n^\mu n^\nu \quad (6.18)$$
$$\mathscr{H}_{mj} = \sqrt{q}\, T_{nj} := \sqrt{q}\, T_{\mu j} n^\mu \quad (6.19)$$

で与えられる．これらの条件は一般に初期条件を拘束するので**拘束条件**と呼ばれ，特に $\mathscr{H}_0$ は**ハミルトニアン拘束条件**，$\mathscr{H}_j$ は**運動量拘束条件**と呼ばれる．

拘束条件が現われる理由は，作用積分から見るとそれが N^μ の時間微分を含まないことにあるが，Einstein 方程式との対応でみると，その一部が計量の 1 階微分までしか含まないことによる．実際，$P_{\mu\nu}$ を法ベクトル $\boldsymbol{n}$ に関する射影テンソル

$$P_{\mu\nu} = g_{\mu\nu} + n_\mu n_\nu \qquad (P^j_k = \delta^j_k,\ 他は\ 0) \quad (6.20)$$

$I_{\mu\nu}$ を

$$I_{\mu\nu} := R_{\mu\nu} - \frac{1}{2} g_{\mu\nu} R - \kappa^2 T_{\mu\nu} \quad (6.21)$$

とおくと，定理で与えた方程式は

$$\text{発展方程式} \Leftrightarrow P_\mu^\alpha P_\nu^\beta I_{\alpha\beta} = 0 \tag{6.22}$$

$$\text{拘束条件}\ \mathcal{H}_\mu = 0 \Leftrightarrow I_{\mu\nu} n^\mu = 0 \tag{6.23}$$

となることが示される．

この関係に着目すると，各時刻での q_{jk} と p^{jk} の間の関係を規定する拘束条件が時間発展方程式と矛盾しないことが Bianchi 方程式から示される．まず，拘束条件の法ベクトル方向の共変微分は

$$\begin{aligned}\nabla_n(n^\mu I_{\mu\nu}) = & -\nabla^\mu I_{\mu\nu} + \nabla_\alpha(P^{\alpha\mu}P_\nu^\beta I_{\mu\beta}) - \nabla_\alpha(P^{\alpha\mu}n_\nu)(I_{\beta\mu}n^\beta) \\ & - n_\nu P^{\mu\alpha}\nabla_\alpha(I_{\beta\mu}n^\beta) - \nabla_\alpha n^\alpha(I_{\nu\mu}n^\mu)\end{aligned} \tag{6.24}$$

と表わされる．右辺は，$P^{0\mu}=0$ から，最初の項を除くと，$I_{\mu\nu}$ の時間微分を含まない．ところが，エネルギー運動量テンソルの保存則 $\nabla_\mu T^{\mu\nu}=0$ および Bianchi 方程式より $\nabla_\mu I^{\mu\nu}=0$ となる．したがって，発展方程式が常に満たされるとすると，L_μ^ν を高々空間微分しか含まない微分作用素として，拘束条件は

$$\partial_0 \mathcal{H}_\mu = L_\mu^\nu \mathcal{H}_\nu$$

という方程式に従う．これは，ある初期面 $t=t_0$ で拘束条件が満たされれば，任意の時刻で拘束条件が満たされることを意味している．

b） 拘束条件をもつ系の正準理論

(1) Dirac の理論

前項でみたように，一般相対論の作用積分には共役な運動量をもたない変数が現われ，その結果として，基礎方程式を1階の発展方程式として表わしたときに，その基本変数に対する拘束条件が現われる．このような拘束条件をもつ系の正準理論を構成するには，拘束条件と正準方程式との整合性，非正準的変数の取扱いに関して注意深い考察が必要となる．そこで，ここでは Dirac により展開された拘束条件をもつ系の正準理論の一般論を復習しておく．ただし，簡単のために Lagrange 関数が

$$\begin{aligned}&L = L(Q, \dot{Q}, \Lambda)\,; \\ &\quad Q = (Q^i)\quad (i=1,\cdots,I), \qquad \Lambda = (\Lambda^\alpha)\quad (\alpha=1,\cdots,A)\end{aligned} \tag{6.25}$$

という形をもち，I 階行列 $\partial^2 L/\partial\dot{Q}^j\partial\dot{Q}^k$ が正則で $\dot{Q}$ に依存しない場合に考察を限ることにする．重力を含むゲージ理論やその他本書で扱う系はすべてこの場合に含まれる(より一般の場合については巻末参考書参照)．

このLagrange関数からHamilton関数を作るために，新たなLagrange関数

$$L' = L(Q, V, \Lambda) - P\cdot(V - \dot{Q}) \tag{6.26}$$

を考える．ここで $P=(P_i)$, $V=(V^i)$ で，・は通常の内積を表わす．この新たなLagrange関数から得られる変分方程式 $\delta\int L'dt$ は，V, P を Q, Λ と独立な変数と見なすと，もとのLagrange関数から得られる方程式 $\delta\int Ldt$ と同等であることが容易に確かめられる．

L' から得られる変分方程式のうち，V の変分から得られる方程式

$$P_i = \frac{\partial L}{\partial V^i} \tag{6.27}$$

は L に関する仮定から V について解くことができ，V を残りの変数で表わす表式 $V=V(Q, P, \Lambda)$ を与える．この関係式は変数の間の代数的関係式となるので，L' からこの式を用いて V を消去して得られるLagrange関数

$$L'' = P\cdot\dot{Q} - H\ ; \tag{6.28}$$

$$H(Q, P, \Lambda) = P\cdot V - L \tag{6.29}$$

の与える変分方程式は，L'，したがって L の与える変分方程式と同等となる．

L'' から得られる変分方程式は，直ちに，Q, P を正準共役な変数，H をHamilton関数とする正準方程式を与える．すなわち，Q, P の間のPoisson括弧式を

$$\{Q^i, P_j\} = \delta^i_j, \qquad \{Q^i, Q^j\} = \{P_i, P_j\} = 0 \tag{6.30}$$

と定義すると，Q, P に関する変分方程式は

$$\dot{Q}^i = \{Q^i, H\} \tag{6.31}$$

$$\dot{P}_i = \{P_i, H\} \tag{6.32}$$

と表わされる．一方，Λ に関する変分方程式は，時間発展方程式ではなく，正準変数の間の時間微分を含まない関係式である拘束条件

$$\phi_\alpha := \frac{\partial H}{\partial \Lambda^\alpha} = 0 \tag{6.33}$$

を与える．ϕ_α は一般には Λ にも依存する．しかし，このような場合には，拘束条件を用いて Λ の一部を Q, P で表わすことができる．正確には，行列 $\partial\phi_\alpha/\partial\Lambda^\beta$ のランクに等しい個数の Λ の成分を Q, P で表わすことができる．簡単のため，それらを $\Lambda^{A'+1}=\Lambda^{A'+1}(Q,P), \cdots, \Lambda^A=\Lambda^A(Q,P)$ とする．これらは V の場合と同様，代数的関係式なので，L'' の表式に代入することができる．このようにして L'' から $\Lambda^{A'+1}, \cdots, \Lambda^A$ を消去して得られる Lagrange 関数を出発点として上記の議論を繰り返せば，最終的に Λ に依存しない拘束条件が得られる．したがって，ϕ_α が Λ に依存しないとしても一般性は失われない．このとき，ϕ_α の定義から Hamilton 関数は

$$H = H'(Q,P) + \Lambda^\alpha \phi_\alpha(Q,P) \tag{6.34}$$

と表わされる．ϕ_α は**1 次拘束条件**(primary constraints)と呼ばれる．

ここで拘束条件の独立性について注意しておく．本来，拘束条件 $\phi_\alpha=0$ の役割は，物理的に許される状態を全位相空間 $\Gamma=\{(Q,P)\}$ からその部分空間 $\Gamma_0=\{(Q,P)\in\Gamma \mid \phi_\alpha(Q,P)=0\}$ に制限することにある．したがって，同じ部分空間 Γ_0 を与える方程式の組はすべて同等である．この意味で，たとえば ϕ_1 が $\phi_2=0, \cdots, \phi_A=0$ で指定される部分空間上で常にゼロとなるならば，$\phi_1=0$ の条件は不要な条件となる．このような場合，拘束条件 $\phi_1=0$ は残りの拘束条件に従属しているという．これに対して，どの条件も残りの条件に従属していないとき独立であるという．一般には，独立な拘束条件の 2 つの組は，それらが同等でも同じ個数の方程式となるとは限らない．しかし，Γ_0 上で $d\phi_\alpha$ が線形独立となる関数 ϕ_α の組により与えられる拘束条件の組に制限すれば，拘束条件の組の数は(Γ の次元-Γ_0 の次元)となり，Γ_0 の次元により一意的に決まる．このような拘束条件の組を，以下では，拘束条件の正則な基底と呼ぶ．正則な基底 ϕ_α を用いると，Γ_0 上でゼロとなる滑らかな任意の関数 ϕ は，適当な滑らかな関数の組 c^α を用いて $\phi=c^\alpha\phi_\alpha$ と表わされる．もちろん，正則な基底が常に存在するとは限らないが，以下ではその存在を仮定し，1 次拘束条件 ϕ_α は

正則な基底であるとする．

拘束条件は任意の時刻で成立する条件なので，時間発展で保存されねばならない．正準方程式から，この条件は

$$\dot{\phi}_\alpha = \{\phi_\alpha, H\} = \{\phi_\alpha, H'\} + \{\phi_\alpha, \phi_{\alpha'}\}\Lambda^{\alpha'} \approx 0 \qquad (6.35)$$

となる．ここで $X \approx 0$ は X が拘束条件に従属すること，すなわち $\phi_\alpha = 0$ ならば $X = 0$ となることを意味する．もし，$\{\phi_\alpha, \phi_{\alpha'}\}$ が拘束条件のもとでゼロでなければこれは Λ の一部を決める条件となる．さらに，$z^\alpha\{\phi_\alpha, \phi_{\alpha'}\} = 0$ という方程式がゼロでない解 $z^\alpha(Q, P)$ をもてば，上記の Λ に対する方程式の整合性から拘束条件 $x := z^\alpha\{\phi_\alpha, H'\} = 0$ が得られる．もしこの拘束条件が ϕ_α と独立なら，これは新たな拘束条件となる．さらに，χ の時間発展との整合性に対して同じ議論が繰り返される．このように，1次拘束条件の時間発展との整合性から導かれる新たな拘束条件は**2次拘束条件**(secondary constraints)と呼ばれる．2次拘束条件の正則な基底を χ_β $(\beta = 1, \cdots, B)$ とおくと，拘束条件の整合性条件の全体は(6.35)式と

$$\dot{\chi}_\beta = \{\chi_\beta, H\} = \{\chi_\beta, H'\} + \{\chi_\beta, \phi_{\alpha'}\}\Lambda^{\alpha'} \approx 0 \qquad (6.36)$$

で与えられる．

Γ_0 を $\Gamma_0 = \{(Q, P) \in \Gamma \mid \phi_\alpha(Q, P) = 0, \chi_\beta(Q, P) = 0\}$ と再定義し，Γ_0 の各点 (Q, P) で $z_k = (z_k^\alpha)$ $(k = 1, \cdots, K)$ を連立方程式

$$\{\phi_\alpha, \phi_{\alpha'}\} z_k^{\alpha'} = 0, \qquad \{\chi_\beta, \phi_{\alpha'}\} z_k^{\alpha'} = 0 \qquad (6.37)$$

の1次独立な解の組，$w_l = (w_l^\alpha)$ $(l = 1, \cdots. L)$ を z_k と1次独立なベクトルの組とする．この時，$K + L = A$ となる．これらのベクトルを適当に取ると，z_k^α，w_l^α は Γ 上の滑らかな関数に広げられる．これらのベクトルを用いて，Λ^α を

$$\Lambda^\alpha = z_k^\alpha \lambda^k + w_l^\alpha \xi^l \qquad (6.38)$$

と展開すると，上記の整合性条件は

$$\{\phi_\alpha, H'\} + \{\phi_\alpha, \phi_{\alpha'}\} w_l^{\alpha'} \xi^l \approx 0 \qquad (6.39)$$

$$\{\chi_\beta, H'\} + \{\chi_\beta, \phi_{\alpha'}\} w_l^{\alpha'} \xi^l \approx 0 \qquad (6.40)$$

となる．χ_β が2次拘束条件の正規基底となっていることから，これらの方程式は Γ_0 上でランク L の方程式となるはずである．したがって，それを解くこ

とにより，ξ^l が Γ_0 上で一意的に決定される．それを Γ 全体に滑らかに拡張したものを $\xi^l(Q,P)$ とし，拘束条件の基底 ϕ_α を

$$C_k := \phi_\alpha z_k^\alpha \tag{6.41}$$

$$\psi_l := \phi_\alpha w_l^\alpha \tag{6.42}$$

に変更すると，Hamilton 関数は

$$H = H_0(Q,P) + \lambda^k C_k(Q,P) \tag{6.43}$$

$$H_0 = H'(Q,P) + \xi^l(Q,P)\psi_l(Q,P) \tag{6.44}$$

と表わされ，含まれる時間の任意関数は K 個に減少する．ここで，z_k, w_l, ξ^l には任意関数を係数とする C_k, ψ_l, χ_β の線形結合だけの任意性があるが，この任意性は正準方程式に拘束条件に比例する項を生み出すのみであるので，運動方程式の解には影響しない．

すでに述べたように，拘束条件は物理的に許される状態を位相空間のある部分空間 Γ_0 に制限する役割を果たす．したがって，Γ_0 に適当な正準構造を入れて，そこで正準理論を展開すれば拘束条件のないもっと単純な理論が得られることが予想される．しかし，一般にはこのプログラムはうまくいかない．それは Γ_0 の次元が必ずしも偶数とは限らないことにある．また，偶数次元の場合でも適切な正準構造を見いだすことは技術的に困難であることが多い．Dirac はこの拘束条件の消去問題を，正準構造の変更により巧みに解決した．

Dirac の方法は，まず，拘束条件を 2 種類のタイプに分類することから始める．上の議論で Hamilton 関数に現われる拘束関数 C_k は z_k の定義から

$$\{C_k, C_{k'}\} \approx 0, \qquad \{C_k, \psi_l\} \approx 0, \qquad \{C_k, \chi_\beta\} \approx 0 \tag{6.45}$$

を満たす．このように，すべての拘束関数との間の Poisson 括弧式の値が Γ_0 上でゼロとなる拘束関数は第 1 種の拘束関数と呼ばれる．これに対して，$\{\psi_l, \psi_{l'}\}$ は正則な行列となりゼロとならない．このような拘束関数は第 2 種に分類される．2 次拘束条件もこれら 2 つのタイプに分類することができ，最終的に，上で述べた拘束条件の中で，独立な第 2 種の拘束関数 ω_s の数 S は行列

$$\begin{pmatrix} \{\psi_l, \psi_{l'}\} & \{\psi_l, \chi_{\beta'}\} \\ \{\chi_\beta, \psi_{l'}\} & \{\chi_\beta, \chi_{\beta'}\} \end{pmatrix} \tag{6.46}$$

の階数(必ず偶数)に一致し，独立な第1種拘束関数 $\boldsymbol{\Phi}_m$ の個数 M は $M=L+B-S$ となることが容易に示される．

これら2種類の拘束関数のうち，第2種の拘束関数に対応する拘束条件は次のようにして消去することができる．まず，正則な行列 $\Delta_{ss'}$ を

$$\Delta_{ss'} := \{\omega_s, \omega_{s'}\} \tag{6.47}$$

で定義し，その逆行列を用いて **Dirac の括弧式**と呼ばれる新たな括弧式を

$$\{X, Y\}_D := \{X, Y\} - \{X, \omega_s\}\Delta^{-1}_{ss'}\{\omega_{s'}, Y\} \tag{6.48}$$

により導入する．この括弧式が，括弧式の満たすべき一般的条件である，双線形性，反可換性および Jacobi の恒等式を満たすことは容易に確かめられる．さらに $\dot{\omega}_s \approx \{\omega_s, H\} \approx 0$ から，任意の関数 $X(Q, P)$ に対して $\{X, H\}_D \approx \{X, H\}$ となることが確かめられる．したがって，正準方程式は拘束条件のもとで

$$\dot{X} = \{X, H\}_D \tag{6.49}$$

と表わされる．同様に，

$$\{X, C_k\}_D \approx \{X, C_k\}, \qquad \{X, \boldsymbol{\Phi}_m\}_D \approx \{X, \boldsymbol{\Phi}_m\} \tag{6.50}$$

も示される．さらに，第2種の拘束関数に関しては，定義から

$$\{X, \omega_s\}_D \equiv 0 \tag{6.51}$$

が成り立つ．したがって，正準構造と矛盾せずに $\omega_s \equiv 0$ と置くことが可能となり，第2種の拘束条件は形式的に取り除かれ，第1種の拘束条件のみが残ることになる．

同じ方法は第1種の拘束条件には適用できない．しかし，Hamilton 関数の中に現われる拘束条件に関しては，適当な拘束条件を新たに付加することにより取り除くことができる．その理由は，それらが Hamilton 関数の中で任意関数の係数として現われることにある．Hamilton 関数が任意関数を含むということは，真の力学的自由度が，拘束条件から許される自由度より，任意関数の個数 K だけ小さいことを意味する．実際，$\kappa^k(Q, P)$ を行列 $\{C_k, \kappa^{k'}\}$ が正則となる関数の適当な組とすると，その時間変化は

$$\dot{\kappa}^k = \{\kappa^k, H\} + \{\kappa^k, C_{k'}\}\lambda^{k'} \tag{6.52}$$

となるので，κ^k の時間発展の自由度は任意関数 λ^k の自由度と1対1に対応す

る．したがって，f^k を時間の任意関数として，$\kappa^k=f^k$ という拘束条件を課すことにより，任意関数 λ^k の自由度を取り除くことができる．この付加的な拘束条件のもとで，C_k と κ_k-f_k の組は第2種の拘束関数となる．したがって，これらに上で述べたDiracの方法を適用することにより，拘束条件 $C_k=0$ を消去することができる．$\kappa_k=f_k$ という付加的な拘束条件は，ゲージ場の理論におけるゲージ固定条件に対応する．

(2) 例：ゲージ場の理論

以上の一般論が具体的にどのように運用されるかを見るために，拘束条件が現われる代表的な系である，ゲージ場の理論を見てみよう．まず，最も簡単なゲージ理論である，複素スカラ場 ϕ と相互作用する電磁場 A_μ を考える．後で利用することを考慮して，一般の曲がった時空の上で考える．Lagrange関数は

$$L=\int d^3x\sqrt{-g}\left[-\frac{1}{4}F_{\mu\nu}F^{\mu\nu}-(\mathcal{D}^\mu\phi)^*\mathcal{D}_\mu\phi-V(\phi)\right] \tag{6.53}$$

で与えられる．ここで，$\mathcal{D}_\mu$ は微分作用素

$$\mathcal{D}_\mu:=\partial_\mu-ieA_\mu \tag{6.54}$$

ϕ^* は ϕ の複素共役を表わす．A_j,ϕ,ϕ^* は共役な運動量

$$E^j:=\frac{\partial L}{\partial\dot{A}_j}=\frac{\sqrt{q}}{N}q^{jk}(F_{0k}-N^lF_{lk}) \tag{6.55}$$

$$\pi:=\frac{\partial L}{\partial\dot{\phi}}=\frac{\sqrt{q}}{N}(\mathcal{D}_0\phi-N^j\mathcal{D}_j\phi)^* \tag{6.56}$$

$$\pi^*:=\frac{\partial L}{\partial\dot{\phi}^*}=\frac{\sqrt{q}}{N}(\mathcal{D}_0\phi-N^j\mathcal{D}_j\phi) \tag{6.57}$$

をもつが，L は $\dot{A}_0$ を含まないので，A_0 は共役な運動量をもたず，上の一般論の Λ の役割を果たす．したがって，Hamilton関数は，

$$\begin{aligned}H&:=\int d^3x(E^j\dot{A}_j+\pi\dot{\phi}+\pi^*\dot{\phi}^*)-L\\&=\int d^3x[N\mathcal{H}_{m0}+N^j\mathcal{H}_{mj}+A_0C_A+\partial_j(A_0E^j)]\end{aligned} \tag{6.58}$$

となる．ここで，$\mathcal{H}_{m\mu},C_A$ は

$$B_j := \frac{1}{2}\varepsilon_{jkl}F^{kl} \tag{6.59}$$

とおくとき，

$$\mathcal{H}_{m0} = \frac{\pi\pi^*}{\sqrt{q}} + \sqrt{q}\,[(\mathcal{D}^j\phi)^*(\mathcal{D}_j\phi) + V] + \frac{1}{2\sqrt{q}}E^jE_j + \frac{\sqrt{q}}{2}B_jB^j \tag{6.60}$$

$$\mathcal{H}_{mj} = \pi\mathcal{D}_j\phi + (\pi\mathcal{D}_j\phi)^* + \varepsilon_{jkl}E^kB^l \tag{6.61}$$

$$C_A = ie(\pi\phi - \pi^*\phi^*) - \partial_jE^j \tag{6.62}$$

と表わされる．

(A_j, E^j)，(ϕ, π)，(ϕ^*, π^*) は正準共役な組となり，それらの間の Poisson 括弧式は

$$\{A_j(\boldsymbol{x}), E^k(\boldsymbol{y})\} = \delta_j^k\delta^3(\boldsymbol{x}-\boldsymbol{y}) \tag{6.63}$$

$$\{\phi(\boldsymbol{x}), \pi(\boldsymbol{y})\} = \{\phi^*(\boldsymbol{x}), \pi^*(\boldsymbol{y})\} = \delta^3(\boldsymbol{x}-\boldsymbol{y}) \tag{6.64}$$

他はゼロ

で与えられる．また，A_0 に関する変分から，拘束条件

$$C_A = 0 \tag{6.65}$$

が得られる．正準方程式から，この拘束条件は正準方程式で保存されることが示されるので，今の系では 2 次拘束条件は現われず，この拘束条件は自動的に第 1 種となる．

上記の Lagrange 関数は λ を任意関数として，ゲージ変換

$$A_\mu \to A_\mu - \partial_\mu\lambda, \qquad \phi \to e^{-ie\lambda}\phi \tag{6.66}$$

に対して不変となっているが，この不変性が拘束条件の発生の原因となっている．実際，ゲージ不変な Lagrange 関数を A_μ から構成しようとすると，$\dot{A}_j$ のゲージ変換 $\delta\dot{A}_j = -\partial_j\dot{\lambda}$ は，$F_{0j} = \partial_0A_j - \partial_jA_0$ という組合せを作れば A_0 の変換 $\delta A_0 = -\dot{\lambda}$ により打ち消されるが，$\dot{A}_0$ の変換 $\delta\dot{A}_0 = -\ddot{\lambda}$ を打ち消す組合せは存在しない．このため，Lagrange 関数は $\dot{A}_0$ を含まず，A_0 は非力学変数となってしまう．実は，さらに，拘束関数 C_A はこのゲージ変換の生成関数となっている．実際，

$$G := \langle \lambda C_A \rangle = \int d^3x \lambda C_A \tag{6.67}$$

とおくと，$X = A_j, E^j, \phi, \pi, \phi^*, \pi^*$ の(無限小)ゲージ変換はすべて

$$\delta X = \{G, X\} \tag{6.68}$$

と表わされることが容易に確かめられる．以上の性質は，電磁場に限らずゲージ不変性をもつ理論すべてに共通のものである．

ゲージ場の理論では，観測可能量はゲージ不変なものに限られる．このゲージ不変量に限ると，A_0 の任意性は取り除かれる．これを見る1つの方法は，適当なゲージ条件を課すことにより，物理量からゲージの任意性を取り除くことである．例えば，Coulomb ゲージ

$$D^j A_j = 0 \tag{6.69}$$

を考える．この条件と拘束関数の間の Poisson 括弧式は

$$\{\langle \lambda C_A \rangle, \langle f D^j A_j \rangle\} = \langle f \Delta \lambda \rangle \tag{6.70}$$

となるので，Laplace-Beltrami 作用素 $\Delta = D^j D_j$ が可逆となる空間(および境界条件)のもとでは，ゲージ条件ともとの拘束条件の組は第2種となる．さらに，ゲージ条件が時間発展で保存される条件

$$\{H, D^j A_j\} = -D_j\left(\frac{N}{\sqrt{q}} E^j - \varepsilon^{jkl} N_k B_l\right) + \Delta A_0 = 0 \tag{6.71}$$

は A_0 を決定する式となり，さらに新たな拘束条件を生まない．したがって，上で述べたように，Dirac の括弧式を導入することにより拘束条件を解くことができる．まず，Dirac の括弧式のうち，Poisson の括弧式と異なるものは

$$\{\langle f^j A_j \rangle, \langle g_j E^j \rangle\}_D = \langle f^j g_j \rangle + \langle \partial_j f^j \Delta^{-1} D^k g_k \rangle \tag{6.72}$$

$$\{\langle f\phi \rangle, \langle g_j E^j \rangle\}_D = ie\langle \phi \Delta^{-1} D^j g_j \rangle \tag{6.73}$$

$$\{\langle f\pi \rangle, \langle g_j E^j \rangle\}_D = -ie\langle \pi \Delta^{-1} D^j g_j \rangle \tag{6.74}$$

およびその複素共役のみである．ここで，E^j を

$$E^j = -\sqrt{q}\, D^j \Phi + E^{Tj}; \quad D_j E^{Tj} = 0 \tag{6.75}$$

と分解すると，拘束条件 $C_A = 0$ は Φ を ϕ, π で表わす式

$$\Delta \Phi = -ie(\pi\phi - \pi^* \phi^*)/\sqrt{q} \tag{6.76}$$

となり，C_A，したがって A_0 は Hamilton 関数から姿を消す．最終的に残る独立な自由度 $A_j{}^T, E^{Tj}, \phi, \pi, \phi^*, \pi^*$ の間の Dirac の括弧式はもとの Poisson の括弧式と一致する．

ゲージ変換の自由度を取り除くもう1つの方法は，直接ゲージ不変な物理量を構成することである．一般に，物理量 F がゲージ不変である条件は上記の議論より

$$\{C_A(\boldsymbol{x}), F\} = ie\left(\pi(\boldsymbol{x})\frac{\delta}{\delta\pi(\boldsymbol{x})} - \phi(\boldsymbol{x})\frac{\delta}{\delta\phi(\boldsymbol{x})} - \mathrm{cc}\right)F + \partial_j\left(\frac{\delta F}{\delta A_j(\boldsymbol{x})}\right) = 0 \tag{6.77}$$

と表わされる．ここで，cc は複素共役量を表わす．この一般解は，

$$\tilde{\phi}(\boldsymbol{x}) = \exp\left[-ie\int_{\gamma_x} A_j(\boldsymbol{y})dy^j\right]\phi(\boldsymbol{x}) \tag{6.78}$$

$$\tilde{\pi}(\boldsymbol{x}) = \exp\left[ie\int_{\gamma_x} A_j(\boldsymbol{y})dy^j\right]\pi(\boldsymbol{x}) \tag{6.79}$$

として，$F = F[B_j, E^j, \tilde{\phi}, \tilde{\pi}, \tilde{\phi}^*, \tilde{\pi}^*]$ で与えられる．ここで γ_x は適当な定点Oを基点とし $\boldsymbol{x}$ を終点とする経路である．これらのゲージ不変量は定義から C_A と可換であるので，明らかに A_0 はその時間発展に影響しない．さらに，C_A の項を除く Hamilton 関数はこれらのゲージ不変量のみの簡単な表式で与えられることも容易に確かめられる（もとの表式で物質場を $\phi \to \tilde{\phi}$ などと置き換え，$A_j = 0$ とおいた式となる）．また，C_A との可換性から，$\partial_j E^j$ は $ie(\pi\phi - \pi^*\phi^*)$ で置き換えることもできる．ただし，これらのゲージ不変量の間の Poisson の括弧式は，一般に非局所的となる．たとえば，

$$\{\tilde{\phi}(\boldsymbol{x}), \langle g_j E^j \rangle\} = -ie\tilde{\phi}(\boldsymbol{x})\int_{\gamma_x} dy^j g_j(\boldsymbol{y}) \tag{6.80}$$

このため，ゲージ不変量の正準方程式も非局所的となる．このアプローチのもう1つのやっかいな点は，ゲージ不変量が点 $\boldsymbol{x}$ と基点Oを結ぶ経路 γ_x に依存する点である．もちろん，経路の変更は Stokes の定理から B^j の面積積分により決まる位相 $\exp[\pm ie\oint B^j dS_j]$ を物質場にかけることに等しく，新たなゲ

ージ不変量を生み出すわけではないので，独立なゲージ不変量を定義する目的に限れば各点ごとに経路を1つ指定しておけば十分である．この観測量の経路依存性はAharonov-Bohm効果と密接に関係している．

(3) 例：非相対論的粒子

通常の非相対論的粒子の運動方程式を与える作用積分

$$S = \int dt \left[\frac{m}{2} \left(\frac{dx}{dt} \right)^2 - V(x) \right] \tag{6.81}$$

は任意関数を含まず，拘束条件を伴わない．しかし，この作用積分を任意関数を含む形に変形することが可能である．実際，任意関数 $N(\tau)$ を用いて $dt = N(\tau)d\tau$ により新たな時間変数 τ を導入し，t を形式的に空間座標 x と対等の力学変数として扱うと，変分方程式

$$\delta S' = \delta \int d\tau \left[\frac{m}{2N} \left(\frac{dx}{d\tau} \right)^2 - NV(x) + \pi \left(\frac{dt}{d\tau} - N \right) \right] = 0 \tag{6.82}$$

の解はもとの運動方程式の解と一致する．ただし，ここで π, N は独立な変数として変分するものとする．x に対する正準運動量 p を

$$p = \frac{m}{N} \frac{dx}{d\tau} \tag{6.83}$$

で導入すると，この変分原理は

$$\delta S'' = \delta \int d\tau [p\dot{x} + \pi \dot{t} - NC_H] = 0 \tag{6.84}$$

$$C_H = \frac{p^2}{2m} + V(x) + \pi \tag{6.85}$$

と同等であるので，(x, p)，(t, π) を正準共役な変数とし，$H = NC_H$ をHamilton関数とする正準形式が得られる．さらに，残りの変数 N に関する変分から拘束条件

$$C_H = 0 \tag{6.86}$$

が得られる．C_H は明らかに H と可換なので，この拘束条件は時間発展で保存され第1種の拘束条件となる．

前項のゲージ理論の場合と同様に，この理論から拘束条件を除去し，もとの t をパラメーターとする形式に戻すには 2 つの方法がある．その 1 つは，ゲージ条件

$$\psi := t-\tau = 0 \tag{6.87}$$

を課すことである．この条件と時間発展との整合性は

$$\dot{\psi} := N-1 = 0 \tag{6.88}$$

となり N を決定する．この条件下で S'' は通常の正準理論に対する作用積分に帰着する．もちろん，この手続きは，第 2 種拘束条件の組 C_H, ψ ($\{\psi, C_H\}=1$) に対して Dirac の方法を適用するのと同等である．実際，x, p の間の Dirac の括弧式はもとの括弧式と一致し，x, p と π は可換となるので，$\tau=t$ の置き換えにより x, p の正準方程式は通常の表式に帰着する．

もう 1 つの方法は，ゲージ不変量に着目することである．作用積分 S'' は時間 τ の変換

$$\begin{aligned} &\tau \to \tau' = \tau'(\tau), \qquad N \to N'(\tau') = \frac{d\tau}{d\tau'}N(\tau) \\ &t(\tau) \to t'(\tau') = t(\tau), \qquad \pi(\tau) \to \pi'(\tau') = \pi(\tau) \\ &x(\tau) \to x'(\tau') = x(\tau), \qquad p(\tau) \to p'(\tau') = p(\tau) \end{aligned} \tag{6.89}$$

に対して不変となっている．これは一種のゲージ変換で，**一般時径数変換不変性**(time-reparametrization invariance)と呼ばれる．この変換は，前項の例と同様に，拘束関数により生成される．実際，

$$G = NH\delta\tau \tag{6.90}$$

とおくと，τ の無限小変換 $\tau \to \tau+\delta\tau$ に対する $X=x, p, t, \pi$ の変化 $\delta X = X'(\tau) - X(\tau)$ は

$$\delta X = \{G, X\} \tag{6.91}$$

で与えられる．したがって，$F(x, p, t, \pi)$ がゲージ不変である条件は

$$\{F, G\} = \partial_t F - \{h, F\} = 0\,; \quad h := p^2/2m + V(x) \tag{6.92}$$

となる．この方程式は，F が通常の運動方程式

$$\frac{dX}{dt} = \{X, h\} \tag{6.93}$$

の解に沿って一定であることと同等である．したがって，すべてのゲージ不変量が求まれば，それらがすべて一定となる (x, p, t, π) 空間の軌跡として，運動方程式の解が決まることになる．ただし，π はそれ自身ゲージ不変であるので，解を決定するだけなら，(x, p) の次元と同じ個数の独立なゲージ不変量のみで十分である．

一般時径数変換に対して不変な系の大きな特徴は，Hamilton 関数が拘束関数に比例することである．このため，ゲージ不変な量に対する正準方程式は，

$$\dot{F} = \{F, H\} = 0 \tag{6.94}$$

と自明になってしまう．これは，上で述べたように，通常の正準理論からみるとゲージ不変量は運動の定数に対応することに相当している．したがって，一般時径数変換に対して不変な理論では，形式的な正準方程式は物理的な役割を果たさず，拘束条件とゲージ不変量を取り出す方程式のみが意味のある方程式となる．後ほど見るように一般共変性の帰結として一般相対論も一般時径数変換不変性をもつために，この結果は，重力の正準量子化において重要となる．

(4) 例：相対論的自由粒子

拘束条件をもつ系の最後として相対論的自由粒子の正準理論を取り上げる．質量 m の相対論的自由粒子に対する最も自然な作用積分は

$$S = -m\int ds = -m\int[-\eta_{\mu\nu}dx^\mu dx^\nu]^{1/2} \tag{6.95}$$

で与えられる．この作用積分は，経路パラメーター τ を時間パラメーターとすると上の例と同様に一般時径数変換不変性をもつ．ただし，この作用積分に対応する Lagrange 関数は上で述べた一般論で扱った Lagrange 関数のカテゴリーに属さないので，それと同値な次の作用積分を出発点にすることにする：

$$S = \int d\tau L \ ; \quad L = \frac{1}{2N}\dot{x}^\mu\dot{x}_\mu - \frac{N}{2}m^2 \tag{6.96}$$

ここで N は x^μ と独立な関数で，一般論の Λ の役割を果たす．

x^μ に共役な運動量 p_μ は

$$p_\mu = \frac{\partial L}{\partial \dot{x}^\mu} = \frac{1}{N}\dot{x}_\mu \tag{6.97}$$

となるので，Hamilton 関数は

$$H := \dot{x}^\mu p_\mu - L = \frac{N}{2}C_H \,; \tag{6.98}$$

$$C_H = p^\mu p_\mu + m^2 \tag{6.99}$$

となる．また，N に関する変分から拘束条件

$$C_H = 0 \tag{6.100}$$

が得られる．この拘束条件が時間発展で保存され，したがって第1種となることは容易に確かめられる．

一般時径数変換不変な形式で書かれた非相対論的自由粒子の場合と同様に，2つの方法で拘束条件のない正準理論を得ることができる．1つはゲージ条件を課す方法で，たとえば，

$$\psi := x^0 - \tau = 0 \tag{6.101}$$

というゲージ条件を拘束条件として課すと，$\dot{\psi}=0$ から

$$\dot{\psi} = Np^0 - 1 = 0 \tag{6.102}$$

と N が決まる．第2種の拘束条件の組 $C_H=0, \psi=0$ から決まる Dirac の括弧式を Poisson の括弧式の代わりに用いると，p^0 は p_j の関数となり，(x^j, p_j) を正準変数とし，$x^0=\tau$ を時間パラメーターとする正準理論が得られる．この手続きは前項の例と同様に，$C_H=0, \psi=0$ の条件を作用積分に代入する事と同等である：

$$S = \int (dx^j p_j + p_0 dx^0) \tag{6.103}$$

このアプローチのやっかいな点は $C_H=0$ から決まる p_0 が $p_0 = \pm\sqrt{p^2+m^2}$ と 2つの解をもち，しかもその表式が無理式となることである．いま考えている自由粒子の例では，この特徴は古典論はもちろん，量子論に移行しても本質的な困難とならない．しかし，他の場と相互作用する場合に拡張すると，量子化

の際に困難を引き起こす．もう1つの問題は，理論の Lorentz 不変性が見かけ上失われることである．

これに対して，変数をゲージ不変量に制限するアプローチではこれらの困難は現われない．F がゲージ不変である条件は

$$\{F, C_H\} = 2p^{\mu}\frac{\partial F}{\partial x^{\mu}} = 0 \qquad (6.104)$$

と表わされ，この一般解は，並進運動量 p_{μ} と4次元角運動量テンソル

$$M_{\mu\nu} = x_{\mu}p_{\nu} - x_{\nu}p_{\mu} \qquad (6.105)$$

を用いて，$F = F(p_{\mu}, M_{\mu\nu})$ と表わされる．

基本ゲージ不変量の間の Poisson の括弧式は，Poincaré 群の Lie 代数

$$\{p_{\mu}, p_{\nu}\} = 0 \qquad (6.106)$$

$$\{M_{\mu\nu}, p_{\lambda}\} = \eta_{\mu\lambda}p_{\nu} - \eta_{\nu\lambda}p_{\mu} \qquad (6.107)$$

$$\{M_{\mu\nu}, M_{\lambda\sigma}\} = M_{\mu\lambda}\eta_{\nu\sigma} + M_{\nu\sigma}\eta_{\mu\lambda} - M_{\mu\sigma}\eta_{\nu\lambda} - M_{\nu\lambda}\eta_{\mu\sigma} \qquad (6.108)$$

で与えられる．ゲージ不変量に基づくアプローチでは，理論はこの交換関係と拘束条件 $C_H = 0$ および $M_{\mu\nu}$ の定義から得られる関係式

$$C_{\sigma} := \varepsilon_{\mu\nu\lambda\sigma}M^{\mu\nu}p^{\lambda} = 0 \qquad (6.109)$$

により完全に記述される．したがって，その量子化は自然に通常の相対論的場の理論を与える．特に，$C_H = 0$ は質量条件に，$C_{\sigma} = 0$ の条件はゼロヘリシティ条件に対応する．

c） 重力理論への応用

6-1節a)で見たように，重力に対する作用積分は $\dot{q}_{jk}$ に関して正則な2次式となっており，q_{jk} は(6.11)式で定義される運動量をもつ．これに対して，N^{μ} の時間微分は作用積分に含まれず，それに関する変分は空間の各点ごとに4個の拘束条件(6.15)を生み出す．したがって，たとえば，物質場として複素スカラ場と電磁場を考えると，6-1節b)の一般論から，Einstein 理論は次のような拘束条件をもつ正準理論を与える．

定理 6.1.3 複素スカラ場および電磁場と相互作用する重力場に対する正準形式の Lagrange 関数は次のように表わされる：

$$L = \int d^3x(-\dot{p}^{jk}q_{jk} + \pi\dot{\phi} + \pi^*\dot{\phi}^* + E^j\dot{A}_j) - H\ ;$$
$$H = \int d^3x(A_0C_A + N^\mu\mathcal{H}_\mu + \mathcal{H}_\infty) \tag{6.110}$$

ここで，C_A は(6.62)式で，また $\mathcal{H}_\mu$ は(6.15)式の $\mathcal{H}_{m\mu}$ を(6.60)式および(6.61)式で置き換えたもので与えられる．また，$\mathcal{H}_\infty$ は

$$\mathcal{H}_\infty = \partial_j[2N_kp^{kj} - pN^j + \kappa^{-2}\sqrt{q}\,D^jN + A_0E^j] \tag{6.111}$$

である．

この Lagrange 関数からえられる拘束条件 $\mathcal{H}_\mu=0$ は，6-1 節 a)で述べたように，時間発展で保存される．また，6-1 節 b)の例で見たように，$C_A=0$ に関しても同様である．したがって，これらの 1 次拘束条件以外の拘束条件は現われない．さらに，これらの拘束条件が第 1 種であることが，それらの間の Poisson の括弧式を直接計算することにより確かめられる．具体的には，Poisson の括弧式は次のようになる．

定理 6.1.4 拘束条件 $\mathcal{H}_\mu=0, C_A=0$ は第 1 種で，それらの間の Poisson の括弧式は次式で与えられる：

$$\{\langle f\mathcal{H}_0\rangle, \langle g\mathcal{H}_0\rangle\} = \langle (fD^jg - gD^jf)\mathcal{H}_j\rangle$$
$$\{\langle f^j\mathcal{H}_j\rangle, \langle g\mathcal{H}_0\rangle\} = \langle (f^j\partial_jg)\mathcal{H}_0 - q^{-1/2}gf^jE_jC_A\rangle$$
$$\{\langle f^j\mathcal{H}_j\rangle, \langle g^j\mathcal{H}_j\rangle\} = \langle [f,g]^j\mathcal{H}_j + f^jg^kF_{jk}C_A\rangle$$
$$\{\mathcal{H}_\mu(\boldsymbol{x}), C_A(\boldsymbol{y})\} = \{C_A(\boldsymbol{x}), C_A(\boldsymbol{y})\} = 0$$

ここで，$X(\boldsymbol{x})$ に対して，$\langle X\rangle$ は $\langle X\rangle = \int d^3xX(\boldsymbol{x})$ を表わす．また，$[f,g]$ はベクトル場 f^j, g^j の括弧式である．

6-1 節 b)の例で示したように，ゲージ場の理論では第 1 種拘束条件はゲージ変換の生成関数となっていた．この結果は，重力に対する拘束条件に対して

も成立する．実際，無限小座標変換に対する変換公式

公式 6.1.5 無限小座標変換 $\delta x^0=T(x), \delta x^j=L^j(x)$ に対して，計量および物質場 A_μ, ϕ は次のように変換する：

$$\begin{aligned}
\delta N &= -(NT)^{\cdot}+NN^j\partial_j T-L^j\partial_j N \\
\delta N^j &= -(TN^j)^{\cdot}-\dot{L}^j+(N^2q^{jk}+N^jN^k)\partial_k T+[N,L]^j \\
\delta q_{jk} &= -[D_j(N_kT+L_k)+D_k(N_jT+L_j)] \\
&\quad -4\kappa^2 NTq^{-1/2}(p_{jk}-\frac{1}{2}q_{jk}p) \\
\delta A_j &= -\partial_j TA_0-T\dot{A}_j-L^k\partial_k A_j-A_k\partial_j L^k \\
\delta A_0 &= -\partial_j(TA_0+L^kA_k)-(L^k+TN^k)F_{kj}-q^{-1/2}NTE_j \\
\delta\phi &= -T\dot{\phi}-L^j\partial_j\phi
\end{aligned}$$

を用いると，次の定理を得る．

定理 6.1.6

$$G=\int d^3x[T(N^\mu\mathcal{H}_\mu+A_0C_A)+L^j(\mathcal{H}_j+A_jC_A)]$$

とおくと，無限小座標変換 $\delta x^0=T(x), \delta x^j=L^j(x)$ に対する正準変数の変換は，運動方程式の解に対して

$$\delta X=\{G,X\}\ ; \quad X=X[q,p,\phi,\pi,A,E]$$

と表わされる．ただし，空間座標の変換($T=0$)に対しては，運動方程式を満たすかどうかに関係なく等号が成立する．

証明 上記の変換公式から，$Q^I=q_{jk},\phi,A_j$ に対しては

$$\delta Q^I=\{G,Q^I\} \tag{6.112}$$

が成り立つことが直接確かめられる．$P_I=p^{jk},\pi,E^j$ に対する変換公式を導くために，運動方程式

$$\begin{aligned}
\dot{Q}^I &= \{Q^I,H\} \\
\dot{P}_I &= \{P_I,H\}
\end{aligned}$$

を利用する．まず，$\delta\dot{Q}^I=(\delta Q^I)^{\cdot}$ から

$$\{Q^I, \int d^3x(\delta N^\mu \mathscr{H}_\mu + \delta A_0 C_A)\} + \{\{Q^I, H\}, P_J\}\{G, Q^J\}$$
$$+\{Q^J, \{Q^I, H\}\}\delta P_J \approx \{\partial_t G, Q^I\} + \{\{G, Q^I\}, H\}$$

が得られる．この式に $\delta N^\mu, \delta A_0$ に対する表式を代入すると

$$\{Q^J, \{Q^I, H\}\}\delta P_J \approx \{G, P_J\}\{Q^J, \{Q^I, H\}\}$$

を得る．これから，$\delta P_I \approx \{G, P_I\}$ が導かれる．

(6.112)式は実質的には P_I の定義式と同等である．また，空間座標の変換に対しては，公式6.1.5から δQ^I は P_I を含まない．したがって，上の証明で δP_I を導く過程で $\dot{P}_I$ の表式は使われず，このため δP_I に対する表式は Q, P が運動方程式を満たすかどうかと関係なく成立する．▌

d）　初期値問題

Einstein 方程式を発展方程式として解くには，拘束条件 $\mathscr{H}_\mu=0$ を満たすように初期値をとらねばならない．この問題は，数値計算により Einstein 方程式を解く場合に現実的な問題として重要となる．ここでは，この初期値問題に対して一般的でかつ有用な手続きを与える O'Murchadha-York の方法を紹介する(巻末文献[17])．

4つの拘束条件のうち，運動量拘束条件 $\mathscr{H}_j=0$ は p^j_k の発散に対する条件となっている．これから，p^j_k を

$$\frac{p^j_k}{\sqrt{q}} = S^j_k + (LW)^j_k + (1/3)p\delta^j_k\,; \tag{6.113}$$

$$(LW)^j_k = D_k W^j + D^j W_k - (1/2)D_l W^l \delta^j_k \tag{6.114}$$

$$S^j_j = 0, \quad D_j S^j_k = 0 \tag{6.115}$$

と，トレース部分 p，ゼロトレースベクトル部分 $(LW)^j_k$，ゼロトレースかつゼロ発散部分 S^j_k と分けると，この拘束条件はちょうどベクトル成分 W^j を決定する方程式となる．一方，エネルギー拘束条件 $\mathscr{H}_0=0$ は空間計量 q_{jk} の行列式 q を決定する条件となる．正確には，次の定理が成り立つ．

定理 6.1.7 $(q_{jk}, p^{jk}, \phi, \pi)$ を任意の配位データとするとき，変換

$$q_{jk} \to \hat{q}_{jk} = e^{2\Omega} q_{jk}$$
$$p^j_k \to \hat{p}^j_k = e^{3\Omega}[p^j_k + \sqrt{q}\,(LW)^j_k]$$

は $(\boldsymbol{\Omega}(\boldsymbol{x}), W^j(\boldsymbol{x}))$ をパラメーターとする可換な無限次元変換群をなす．勝手なデータ $(q_{jk}, p^{jk}, \phi, \pi)$ を1つ与えたとき，それにこの変換を施して得られる位相空間での軌道上では，拘束条件は $\boldsymbol{\Omega}$ と W^j に対する次の楕円型連立微分方程式で表わされる：

$$2\triangle\Omega + D_j\Omega D^j\Omega = \frac{1}{2}{}^3R + 2\kappa^4 e^{2\Omega}\Big[q^{-1}\Big(\boldsymbol{p}^2 - \frac{1}{2}p^2\Big) + 2q^{-1/2}(LW)^j_k p^k_j + (LW)^j_k(LW)^k_j\Big] - \kappa^2 e^{2\Omega}\hat{T}_{nn} \tag{6.116}$$

$$\triangle W_j + \frac{1}{3}D_jD_lW^l + R_{jk}W^k + 3D_k\Omega(LW)^k_j = -D_k(q^{-1/2}p^k_j) - 3D_k\Omega q^{-1/2}\Big(p^k_j - \frac{1}{3}p\delta^k_j\Big) + \frac{1}{2}\hat{T}_{nj} \tag{6.117}$$

ここで $\hat{T}_{nn}, \hat{T}_{nj}$ は T_{nn}, T_{nj} の表式で $q_{jk} \to \hat{q}_{jk}, p^j_k \to \hat{p}^j_k$ と置き換えたものである．さらに，この軌道上には

$$p^j_k = \sqrt{q}\,\Big(e^{-3\Omega}S^j_k + \frac{1}{2}\tau\delta^j_k\Big); \quad S^j_j = 0,\ D_kS^k_j = 0 \tag{6.118}$$

と表わされるデータが存在する．

証明 $(\hat{L}W)^j_k = (LW)^j_k$ となることに注意すると，変換が可換群を作ることは容易に確かめられる．また，$\boldsymbol{\Omega}$ と W^j に対する方程式は，$\Gamma^j{}_{kl}$ および R に対する共形変換の公式から直ちに得られる．最後の主張を示すには，拘束条件を満たすデータ $(\hat{q}, \hat{p})$ から，(6.118)式を満たす一般データ (q, p) への逆変換

$$e^{3\Omega}p^j_k = \hat{p}^j_k - \sqrt{\hat{q}}\,(\hat{L}W)^j_k; \quad \hat{p} = e^{3\Omega}p$$

が存在することを示せばよい．まず，W^j を楕円型微分方程式

$$\hat{D}_j\Big[\hat{q}^{-1/2}\Big(\hat{p}^j_k - \frac{1}{3}\hat{p}\delta^j_k\Big) - (\hat{L}W)^j_k\Big] = \hat{D}_j\Big[\hat{q}^{-1/2}\Big(\hat{p}^j_k - \frac{1}{3}\hat{p}\delta^j_k\Big)\Big] - \Big(\hat{q}_{kj}\hat{\triangle}W^j + \frac{1}{3}\hat{D}_k\hat{D}_jW^j + \hat{R}_{kj}W^j\Big) = 0$$

の解とする．すると，一般に $\hat{D}_j\hat{S}^j_k=e^{-3\Omega}D_j(e^{3\Omega}\hat{S}^j_k)$ が成り立つことから，S^j_k を $S^j_j=0$，$D_kS^k_j=0$ を満たす適当なテンソルとして，

$$\hat{p}^j_k-\sqrt{\hat{q}}\,(\hat{L}W)^j_k=\sqrt{\hat{q}}\;e^{-3\Omega}S^j_k+\frac{1}{3}\hat{p}\delta^j_k$$

が成り立つ．これは $\tau=2p/(3\sqrt{q})$ とおくと(6.118)式と一致する．▌

この定理から，初期条件の自由度は空間の各点ごとに，計量の共形クラス $[q_{jk}]=q_{jk}/q^{1/3}$ の自由度5とゼロトレース，ゼロ発散テンソル S^j_k の自由度2，p^j_k のトレース $p=3\sqrt{q}\,\tau/2$ の自由度1の計8となる．このうち4個は座標変換の自由度(ゲージ自由度)なので，真の力学的自由度は2＋2(＋物質場の自由度)となる．これはちょうど近似的に平坦な時空での重力波の自由度と一致している．

上記の連立楕円型方程式は必ずしも解をもつとは限らない．また，解が存在しても一般には一意的とも限らない．しかし，適当なゲージ条件のもとでは存在と一意性がいえる(巻末文献[17])．たとえば時間座標に対して $\tau\equiv 2K/(3\kappa^2)=\mathrm{const.}$（一様膨張時間スライス），空間座標に対して $T_{nj}=0$（共動ゲージ）の座標条件を課すと，W^j の方程式は単に $(LW)^j_k=0$ となる．この時，ほとんどすべてのデータ $(q_{jk}, S^j_k, T_{nn}, \tau)$ に対して Ω に対する方程式が解をもつことが示される．さらに同じゲージのもとで，$T_{nn}=S^j_k=\tau=0$ の場合を除くと，解は一意的であることも示される．この除外された場合には Ω の方程式は $e^{\Omega/2}$ に対する同次の線形方程式となるため，一般にはたくさんの解をもつが，時空が漸近的に平坦な場合には $\Omega\to 0$ $(r\to\infty)$ の境界条件のもとでは一意性が言える．また，このゲージ条件からわずかにずれたゲージ条件 $\tau=\mathrm{const.}+\delta\tau(x)$, $T_{nj}=\delta T_{nj}(x)$ に対しても解の存在と一意性が示されている．

6-2 Bianchi 宇宙論

前節でみたように，Einstein 方程式は時空構造の時間発展を記述する無限次元の力学系の理論として捉えることができる．しかし，時間発展を記述する方

程式は非常に複雑な非線形方程式であるために，この視点からこれまでになされた時空動力学の議論の多くは，差分化や高い対称性をもつ時空に制限するなど有限自由度の力学系による近似に基づくものに限られている．この節では，このような有限自由度系による近似の重要な例として，空間的に一様な時空(Bianchi 宇宙)の動力学を正準理論を用いて議論する．

a）　空間的に一様な時空の正準理論

4-1 節 c)で見たように，空間的に一様な時空の計量は，χ^I を不変微分形式の基底，N, N^I, Q_{IJ} を時間 t のみの関数として

$$ds^2 = (2\kappa^2/\Omega)[-N^2dt^2+Q_{IJ}(\chi^I+N^Idt)(\chi^J+N^Jdt)] \qquad (6.119)$$

と表わされる．ここで

$$\Omega = \int d^3x|\chi| \qquad (6.120)$$

は共動座標で測った空間の体積である．以下では，空間が開いている場合にはその体積 Ω が有限な部分を取り出して考えるものとする．一般座標での計量成分とこの式で現われる基底成分の関係は，X_I を χ^I に双対な不変ベクトル基底として

$$q_{jk}(x) = \frac{2\kappa^2}{\Omega}Q_{IJ}(t)\chi^I{}_j(\boldsymbol{x})\chi^J{}_k(\boldsymbol{x}), \qquad N^j(x) = N^I(t)X_I{}^j(\boldsymbol{x}) \qquad (6.121)$$

で与えられる．すべての力学的自由度を空間的に一様なものに制限すれば，q_{jk} の正準共役運動量 p^{jk} も時間だけの関数 P^{IJ} を用いて表わされる：

$$p^{jk}(x) = \frac{|\chi|}{2\kappa^2}P^{IJ}(t)X_I{}^j(\boldsymbol{x})X_J{}^k(\boldsymbol{x}) \qquad (6.122)$$

これらの表式を，一般時空に対する正準系の作用積分(6.110)に代入し 4.1.7 の諸公式を用いると，直ちに次の定理を得る．

命題 6.2.1　Bianchi 時空に対して，正準型 Lagrange 関数は次のように表わされる：

$$L = \dot{Q}_{IJ}P^{IJ}-H\,; \quad H = NH_0+N^IH_I$$

$$H_0 = Q^{-1/2}\left(P^{IJ}P_{IJ} - \frac{1}{2}P^2\right) - Q^{1/2}\,{}^3R + \tilde{T}_{nn}$$

$$H_I = 2(C_L P^L_I + C^K{}_{LI} P^L_K) + \tilde{T}_{nI}$$

ここで

$$-{}^3R = C_I C_J Q^{IJ} + \frac{1}{2} C^I{}_{JK} C^J{}_{IL} Q^{KL} + \frac{1}{4} Q_{II'} Q^{JJ'} Q^{KK'} C^I{}_{JK} C^{I'}{}_{J'K'}$$

$$\tilde{T}_{nn} = 4\kappa^4 \Omega^{-1} \sqrt{Q}\, T_{nn}, \qquad \tilde{T}_{nI} = 2\kappa^2 \sqrt{2\kappa^2/\Omega}\, T_{nI}$$

実は，この Lagrange 関数は，Bianchi タイプのうちクラス A のもの($C_I=0$)に対しては正しい運動方程式を与えるが，クラス B のものに対しては正しくない．実際，一般論で求めた時間発展方程式に(6.121)式および(6.122)式を代入したものは上の命題の Hamilton 関数を用いて，

$$(\dot{Q}_{IJ})_{\rm true} = \{Q_{IJ}, H\} + N_I C_J + N_J C_I \tag{6.123}$$

$$(\dot{P}^{IJ})_{\rm true} = \{P^{IJ}, H\} + C_L(N^L P^{IJ} - N^J P^{LI} - N^I P^{LJ}) - N\sqrt{Q}\, C_K\left[Q^{IK}Q^{JL}C_L + \frac{1}{2}Q^{KL}(Q^{IM}C^J{}_{ML} + Q^{JM}C^I{}_{ML})\right] \tag{6.124}$$

と表わされ，正しい時間発展方程式は正準方程式から C_I に比例した項だけずれてしまう．このようなことが起こるのは，空間的に一様な時空では空間座標の全微分で表わされる項の体積積分が一般にゼロとならないことにある．実際，

$$\partial_j|\chi| = |\chi| X_I{}^k \partial_j \chi^I{}_k, \quad dX_I{}^j = -X_I{}^k X_J{}^j d\chi^J{}_k \tag{6.125}$$

から，

$$\partial_i(|\chi| X_I{}^i) = |\chi|[\partial_i \chi^J{}_j - \partial_j \chi^J{}_i] X_I{}^i X_J{}^j = |\chi| C_I \tag{6.126}$$

したがって

$$\int d^3x \partial_i(|\chi| X_I{}^i) = \Omega C_I \tag{6.127}$$

となる．このため，$C_I \neq 0$ の場合には，一般論で変分方程式を求める際に部分積分の結果ゼロとおいている境界項が残ってしまうことになる．

b) クラス A 真空 Bianchi 時空の振舞い

(1) 対角化された系に対する正準理論

クラス A の Bianchi 時空に限っても，一般の場合の時空の振舞いの研究はやっかいである．しかし，真空時空に限定すると，4-2 節 a)で示したように計量が対角化可能であるので，自由度が小さくなり問題がかなり単純化される．

Q_{IJ} が対角化可能とし，対角成分を

$$Q_{IJ} = e^{2\alpha+2\beta_I}\delta_{IJ}\,; \tag{6.128}$$

$$\beta_1 = \beta_+ + \sqrt{3}\,\beta_-, \qquad \beta_2 = \beta_+ - \sqrt{3}\,\beta_-, \qquad \beta_3 = -2\beta_+ \tag{6.129}$$

と表わす．このとき，

$$p = 2(P^1_1+P^2_2+P^3_3), \qquad p_+ = 2(P^1_1+P^2_2-2P^3_3), \qquad p_- = 2\sqrt{3}\,(P^1_1-P^2_2) \tag{6.130}$$

とおくと，

$$L = \dot{\alpha}p + \dot{\beta}_+ p_+ + \dot{\beta}_- p_- - NH_0\,; \tag{6.131}$$

$$e^{3\alpha}H_0 = \frac{1}{24}(p_+^2+p_-^2-p^2) - e^{6\alpha}\,{}^3R \tag{6.132}$$

となるので，$(\alpha, p), (\beta_+, p_+), (\beta_-, p_-)$ が正準共役な組となる．ここで N^I の項を書かなかったが，VI_0 型以外のクラス A Bianchi 時空では，表 4-2 の基底に対して P^{IJ} が対角型という仮定のもとでは $H_I \equiv 0$ となるため，この項は自動的に消えてしまう．したがって，運動量拘束条件は自動的に満たされる．ただし VI_0 型では $H_I \equiv 0$ となるには，不変基底として表 4-2 の基底のかわりに，$\chi_1' = \chi_1 + \chi_2$，$\chi_2' = \chi_1 - \chi_2$ をとる必要がある．

拘束条件 $H_0 = 0$ を解くために，ここでは $\dot{\alpha} = 1$ というゲージ条件を課す．これは α を時間パラメーターとすることを意味する．前節で述べたように，この拘束条件に Dirac の手続きを施して得られる正準理論は，N が

$$N = -12e^{3\alpha}/p \tag{6.133}$$

と決まることを除くと，単に拘束条件を α の共役運動量 p について解いた式

$$p = -h\,; \quad h = [p_+^2 + p_-^2 + 12e^{4\alpha}\mathcal{V}(\beta_+, \beta_-)]^{1/2} \tag{6.134}$$

を上記の作用積分に代入することにより得られる：

$$S = \int [p_+ d\beta_+ + p_- d\beta_- - h d\alpha] \tag{6.135}$$

ここで，p の符号は $N>0$，すなわち α が時間とともに増大するようにとった．また，$\mathcal{V}(\beta_+, \beta_-)$ は表 6-1 に示した関数である．$\mathcal{V}$ は一般に $\beta_\pm$ と共に急速に変化する関数で，その等高線は図 6-2 に示した形状をもっている．

この作用積分から，運動方程式は

表 6-1 Bianchi モデルのポテンシャル

型	$\mathcal{V}(\beta_+, \beta_-) = -2e^{2\alpha}\,{}^3R$
I	0
II	$e^{4(\beta_+ + \sqrt{3}\beta_-)}$
VI_0	$4e^{4\beta_+}\cosh^2(2\sqrt{3}\beta_-)$
VII_0	$4e^{4\beta_+}\sinh^2(2\sqrt{3}\beta_-)$
VIII	$2e^{4\beta_+}\cosh(4\sqrt{3}\beta_-) + e^{-8\beta_+} - 2e^{4\beta_+} + 4e^{-2\beta_+}\cosh(2\sqrt{3}\beta_-)$
IX	$2e^{4\beta_+}\cosh(4\sqrt{3}\beta_-) + e^{-8\beta_+} - 2e^{4\beta_+} - 4e^{-2\beta_+}\cosh(2\sqrt{3}\beta_-)$

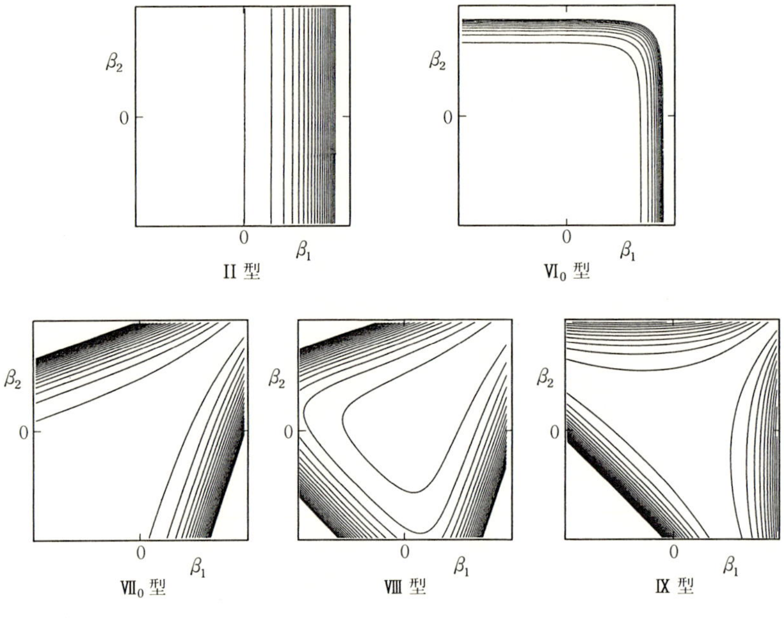

図 6-2 Bianchi モデルのポテンシャルの振舞い．

$$\frac{d\beta_\pm}{d\alpha} = \frac{p_\pm}{h} \tag{6.136}$$

$$\frac{dp_\pm}{d\alpha} = -6\frac{e^{4\alpha}}{h}\partial_\pm \mathcal{V} \tag{6.137}$$

となる．大まかに見ると，この方程式はポテンシャル $\mathcal{V}$ の中を運動する仮想的粒子の運動方程式の構造をしている．このことに着目すると，解の一般的振舞いについての情報が得られる．

(2) II 型モデルの振舞い

まず，厳密に解ける自明でない例としてII型の場合を調べてみる．この場合，ポテンシャル $\mathcal{V}$ は β_1 のみに依存するので，

$$\beta_2' = (\beta_1 + 2\beta_2)/\sqrt{3} \tag{6.138}$$

$$p_1 = (p_+ + \sqrt{3}\,p_-)/2, \qquad p_2 = (\sqrt{3}\,p_+ - p_-)/2 \tag{6.139}$$

とおくと，運動方程式は

$$\frac{d\beta_1}{d\alpha} = \frac{2p_1}{h}, \qquad \frac{d\beta_2'}{d\alpha} = \frac{2p_2}{h} \tag{6.140}$$

$$\frac{dp_1}{d\alpha} = -\frac{48}{h}e^{4(\alpha+\beta_1)}, \qquad \frac{dp_2}{d\alpha} = 0 \tag{6.141}$$

となる．これから，

$$p_1 + 2h = c = \text{const.}, \qquad p_2 = \text{const.} \tag{6.142}$$

となるので，p_1, h は

$$p_1 = \frac{1}{3}\left[-c \pm 2\sqrt{c^2 - 3p_2^2 - 36e^{4(\alpha+\beta_1)}}\,\right] \tag{6.143}$$

$$h = \frac{1}{3}\left[2c \pm \sqrt{c^2 - 3p_2^2 - 36e^{4(\alpha+\beta_1)}}\,\right] \tag{6.144}$$

と表わされる．したがって，運動方程式は $u = \alpha + \beta_1$ として

$$\frac{du}{d\alpha} = \pm\frac{3\sqrt{c^2 - 3p_2^2 - 36e^{4u}}}{2c \mp \sqrt{c^2 - 3p_2^2 - 36e^{4u}}} \tag{6.145}$$

に帰着される．

この方程式の解は，$\alpha\sim\pm\infty$ で

$$\beta_1 \cong 2\frac{-c\mp2\sqrt{c^2-3p_2^2}}{2c\pm\sqrt{c^2-3p_2^2}}\alpha \tag{6.146}$$

$$\beta_2' \cong \frac{6p_2}{2c\pm\sqrt{c^2-3p_2^2}}\alpha \tag{6.147}$$

$$h \cong \frac{1}{3}(2c\pm\sqrt{c^2-3p_2^2}) \tag{6.148}$$

となる．固有時 $d\tau=Ndt=Nd\alpha$ と α の関係はこの漸近領域で

$$e^{3\alpha} = h\tau/4+\text{const.} \qquad (\alpha\to\pm\infty) \tag{6.149}$$

となるので，実は，この漸近領域での解は Kasner 型の振舞いを示す．実際，μ を保存量 p_2/c から

$$\frac{p_2}{c} = \frac{1}{\sqrt{3}}\frac{\mu^2-1}{\mu^2+1} \tag{6.150}$$

により定義される定数として，$\alpha\to\pm\infty$ での時空構造は次のように表わされる：

$$ds^2 = -d\tau^2+\sum_I \tau^{2\sigma_I}(x^I)^2\,; \tag{6.151}$$

$$\sigma_1 = \frac{\mu}{\mu^2-\mu+1}, \qquad \sigma_2 = \frac{\mu^2-\mu}{\mu^2-\mu+1}, \qquad \sigma_3 = \frac{1-\mu}{\mu^2-\mu+1} \tag{6.152}$$

ただし，$\alpha\sim-\infty$ の領域は $\mu>0$ の解に，$\alpha\sim+\infty$ の領域は $\mu<0$ の解に対応する．

以上から，Bianchi タイプ II の時空の全体としての振舞いは，次のようになる．まず，時間発展方程式を 2 次元平面 (β_+, β_-) における仮想的な粒子の運動としてみた場合，粒子は最初ほぼ一定の速度で $\beta_1=\beta_++\sqrt{3}\beta_-$ の増大する方向に運動する．十分 β_1 が大きくなると粒子はポテンシャルバリアで跳ね返され，その後は再びほぼ一定の速度で β_1 の減少する方向に直線運動する．最初と最後の直線運動の状態は時空構造の Kasner 的な振舞いに対応し，図 6-3 に示したように，空間の 3 方向のうち 2 方向は膨張し，残り 1 方向は収縮する．ポテンシャルバリアによる反射は Kasner パラメーターの急速な変化に対応し，

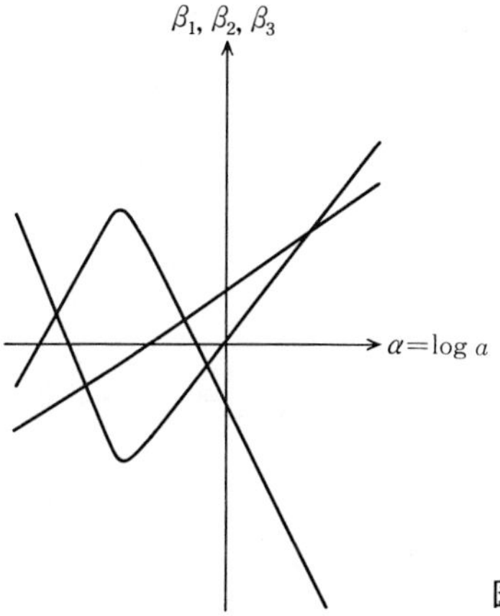

図 6-3　Bianchi タイプ II モデルの振舞い

その際，膨張と収縮の方向が入れ替わる．ただし，α は固有時の単調増加関数なので，全体として空間の体積そのものは増大を続ける．

（3）　一般の場合の振舞い

前項でみた Bianchi II 時空の振舞いは，直ちに他のクラス A 真空 Bianchi 時空の振舞いに一般化される．まず，$\partial_\pm \mathcal{V}$ の大きさは $\mathcal{V}$ と同程度なので運動エネルギーがポテンシャルエネルギーに比べて大きい領域 $p_+^2 + p_-^2 \gg e^{4\alpha}\mathcal{V}$ では，運動方程式(6.137)から $p_\pm \cong \mathrm{const.}$, $h \cong \sqrt{p_+^2 + p_-^2}$ となり，仮想的粒子は(β_+, β_-)平面内で直線運動をする．これは時空が近似的に Kasner 的振舞い

$$Q_{IJ} \cong (c\tau)^{2\sigma_I}\delta_{IJ} \tag{6.153}$$

をする事を意味する．ここで σ_I は(6.152)式に示した形をもつ定数，c は定数である．$p_+^2 + p_-^2 \sim e^{4\alpha}\mathcal{V}$ となると，仮想粒子はポテンシャルバリアにより反射され運動方向を変える．ポテンシャルは $\beta_\pm$ の指数関数であるので，この反射は α で見て非常に短い時間で起こる．反射後の粒子は再び，近似的な等速直線運動を始める．

VI$_0$ 型はポテンシャルが β_1 の代わりに β_3 のみの関数で運動方向が $\beta_- = \mathrm{const.}$ に制限されている点を除くと，II 型と同じである．これに対して，VII$_0$, VIII, IX 型の場合では少し違いが生じる．図 6-2 に示したように，$\mathcal{V}$ の等高線は近似的に 2 本の半直線，ないし 3 本の線分からなる三角形となる．した

がって，これらのモデルでは，ポテンシャルでの反射が2度以上起こることとなる．十分大きなエネルギーに対してこれらの半直線ないし線分は$\beta_1, \beta_2, \beta_3$のいずれかが一定となる直線に対応しており，その近傍ではポテンシャルは対応するβ_Iのみの関数としてよく近似されるので，そこでの粒子の反射則はII型の結果でβ_1をβ_Iで置き換えたものとなる．このことから，ポテンシャルバリアでの反射による Kasner パラメーターの変化は

$$\beta_1 = \text{const.}\ \text{での反射：} \quad \mu \to \mu' = -\mu \qquad (\mu > 0) \tag{6.154}$$

$$\beta_2 = \text{const.}\ \text{での反射：} \quad \mu \to \mu' = 2-\mu \qquad (\mu < 1) \tag{6.155}$$

$$\beta_3 = \text{const.}\ \text{での反射：} \quad \mu \to \mu' = \frac{\mu}{2-\mu} \qquad (\mu < 0,\ 1 < \mu) \tag{6.156}$$

となる．また，(6.153)式の係数cの変化はβ_Iによらず

$$c \to \left(\frac{\mu'^2-\mu'+1}{\mu^2-\mu+1}\right)^{1/3} c \tag{6.157}$$

で与えられる．

もちろん正確にはポテンシャルの等高線は，厳密な二角形や三角形ではなく，頂点の位置に細長く延びている．これは，そこでポテンシャルが平坦になっているためで，このことを考慮すると，実際の時空の振舞いは大きく変化する．いったん仮想粒子がこの溝に入り込むと，粒子はかなり長い間この溝に留まる．たとえば，粒子が溝$\beta_- \cong 0$に入り込むと，β_+はまず単調に増大し，ある点で極大に達した後，単調に減少してこの溝から出てゆく．その間，β_-はゼロの近傍で激しく振動する．VII_0型ではこのような時期は1度しかないが，VIII，IX型では，いったん溝から出た後は，上で述べたKasner的時空の系列で記述される時期を通過した後，再び(別の)溝に入り込む．全体として，時空の振舞いとしてはこの溝にある時期が最も長くなる．図6-4にBianchiタイプIX型時空の振舞いの例を示しておく．

長時間での時空の振舞いを見る上でもう1つ重要なことは，仮想粒子に対するポテンシャルが時間αと共に増大することである．粒子のエネルギーが一定とすると，これは，VIII，IX型では，粒子がポテンシャルバリアで反射され

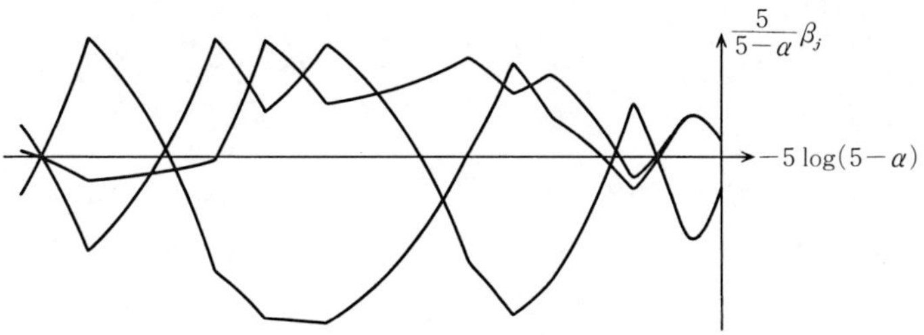

図 6-4 Bianchi タイプ IX モデルの振舞い

る位置が (β_+, β_-) 平面で次第に原点に近づき，$\beta_\pm$ の変化できる範囲がゼロの近傍のより小さな領域に制限されることを意味している．もちろん実際には粒子のエネルギーは保存されず，反射の際に増大するが，このことを考慮しても結果はあまり変化しない．実際，

$$\tilde{p}_\pm = e^{-2\alpha} p_\pm \tag{6.158}$$

$$d\xi = \frac{1}{12} e^{-\alpha} d\tau \tag{6.159}$$

とおくと，運動方程式は

$$\frac{d\beta_\pm}{d\xi} = \tilde{p}_\pm \tag{6.160}$$

$$\frac{d\tilde{p}_\pm}{d\xi} + 2\tilde{h}\tilde{p}_\pm = -6\partial_\pm \mathcal{V} \tag{6.161}$$

$$\frac{d\alpha}{d\xi} = \tilde{h} = [\tilde{p}_+^2 + \tilde{p}_-^2 + 12\mathcal{V}]^{1/2} \tag{6.162}$$

$$\frac{d\tilde{h}}{d\xi} = -2(\tilde{p}_+^2 + \tilde{p}_-^2) \tag{6.163}$$

と時間によらないポテンシャル中を速度に比例する抵抗を受けて運動する粒子に対する運動方程式の形に表わされる．したがって，VIII, IX 型の宇宙は，時間と共に次第に等方化されることが分かる．ただし，IX 型の宇宙ではこの等方化は完全には進行しない．この型では，他の型と違い，$\mathcal{V}$ が原点近傍で負となっている．このためある程度等方化し，運動エネルギーが小さくなるとある時点で $h=0$ となってしまう．これは $d\alpha/d\tau=0$ を意味するので，この時点

で宇宙は全体として膨張から収縮に転じる．これは，Bianchi タイプ IX の時空の空間は閉じており，重力のエネルギーが負となっていることに起因している．

以上では真空の場合のみを問題にしたが，物質が存在する場合も含めて Bianchi 時空の振舞いについては巻末参考書にあげてある Ryan と Shepley による教科書が詳しい．

7
統一理論と量子化

近年，電磁相互作用，弱い相互作用，強い相互作用の 3 つの基本相互作用をゲージ理論を用いて記述する素粒子の標準モデルの成功を背景として，これらの相互作用に重力を加えたすべての基本相互作用をゲージ理論を用いて統一的に記述する理論を捜す研究が盛んになってきた．現在この統一理論の研究には大まかに分けて 2 つのアプローチが存在する．その 1 つは，まず Einstein 理論と物質場のゲージ理論を融合することにより古典論の枠内で統一理論をつくり，それを量子化するもの．もう 1 つは，Einstein 理論とはまったく異なった理論形式から出発して一挙に重力と物質の統一理論をつくるものである．前者に属する理論としては，Kaluza-Klein 型理論，超重力理論などが，後者に属するものとしては超弦理論がある．これらのうち，超弦理論は近年，究極の理論として注目を浴びた非常に興味深い理論である．ただし，その記述は本書の範囲をはるかに越える．そこで，本書では，一般相対論の自然な拡張によりゲージ理論を含む統一理論を作る試みである Kaluza-Klein 理論，一般相対論の正準理論を新しい複素変数を用いてゲージ理論の形式に書き替える Ashtekar 理論および Einstein 理論の量子化の問題に話を限ることにする．

7-1 Kaluza-Klein 理論

Einstein が，一般相対論を拡張することにより幾何学的枠組みの中で統一理論を構築する研究にその晩年を費やしたことはよく知られている．彼の膨大な努力は実を結ぶことはなかったが，彼の研究の背景となった Kaluza-Klein 理論が，重力を含む統一理論の候補として再び注目されるようになった．

Kaluza-Klein 理論は，G. Nordstrøm，Th. Kaluza，O. Klein らの人々により今世紀初頭に提案された理論で，仮想的な 5 次元時空においてその計量 $d\tilde{s}^2$ が $x=(x^\mu)$ $(\mu=0\sim3)$ として

$$d\tilde{s}^2 = g_{\mu\nu}(x)dx^\mu dx^\nu+\phi^2(x)(dx^4+\kappa^2A_\mu(x)dx^\mu)^2 \tag{7.1}$$

と 5 番目の座標 x^4 に依存しない形をしているとすると，この計量に対する 5 次元での Einstein 方程式は 4 次元での電磁場と重力場に対する Maxwell-Einstein 理論と同等であるというものである．

Kaluza-Klein 理論における 5 次元計量に対する仮定は，5 次元時空が 1 次元の等長変換群をもつことと同等であり，電磁場が自然に現われるのはそれがちょうど 1 次元の Abel 群 $U(1)$ のゲージ理論となっていることと密接な関係にある．このことから，さらに高い次元の時空を考えて，それが群 G の作用に対して不変となっている場合には，その時空の Einstein 理論から群 G に対応するゲージ場と相互作用する 4 次元重力理論が得られることが予想される．この予想が実際に正しいことが R. Kerner らにより示されたことが，Kaluza-Klein 理論が重力を含む統一理論として再浮上した直接の動機である．以下で，この高次元 Einstein 理論の低次元への還元過程を詳しく説明する．

a) G 空間の不変計量の分解

$\tilde{M}$ を $n+m$ 次元の多様体とし，それに Lie 群 G が左変換群として作用しているとする．この変換群の軌道はすべて互いに微分同相であると仮定し，軌道空間 $\tilde{M}/G$ を M，$\tilde{M}$ から M への自然な射影を π，$x\in M$ に対応する軌道 $\pi^{-1}(x)\subset\tilde{M}$ を Σ_x とする．一般には変換群の軌道への作用は等方群をもち得るが，この

場合の扱いはかなりやっかいなので，本書では群の軌道への作用が自由で等方群が自明となる場合に話を限ることにする（一般の場合については巻末参考書にあげてある論文集参照）．この仮定のもとでは各軌道は Lie 群 G と微分同相となるので，G の Lie 代数 $\mathcal{G}$ の元 ξ に対応する $\tilde{M}$ の無限小変換 ξ^* は軌道に接し，その全体は各点で軌道の接ベクトル空間と一致する．これらの仮定のもとで，G 空間 $\tilde{M}$ の変換群 G に対して不変な計量 $\tilde{g}$ が，軌道空間 M 上の計量 g とゲージ場およびスカラ場により記述されることを示そう．

まず，$X\in\mathcal{X}(M)$ に対して，その水平リフト X^* を軌道に垂直でかつ M への射影が X と一致する $\tilde{M}$ のベクトル場として定義する：

$$\pi_* X^* = X \tag{7.2}$$

$$\tilde{g}(X^*, \xi^*) = 0 \qquad (\forall \xi\in\mathcal{G}) \tag{7.3}$$

$\tilde{X}_1, \tilde{X}_2\in\mathcal{X}(\tilde{M})$ に対して $\pi_*\tilde{X}_1=\pi_*\tilde{X}_2=X$ が成り立つと，$\pi_*(\tilde{X}_1-\tilde{X}_2)=0$ から $\tilde{X}_1-\tilde{X}_2$ は軌道に接する．ところが $\tilde{X}_1-\tilde{X}_2$ は同時に軌道に垂直なので，$\tilde{X}_1-\tilde{X}_2=0$ となる．したがって，水平リフトは必ず存在し一意的である．

さらに X^* は G 不変となる：

$$(L_a)_* X^* = X^* \qquad (a\in G) \tag{7.4}$$

実際，まず $\pi\circ L_a=\pi$ から $\pi_*(L_a)_*X^*=\pi_*X^*=X$ となる．また，$\xi\in\mathcal{G}$ の生成する 1 径数部分群を $b_t\in G$ とすると，任意の $a\in G$ と $z\in\tilde{M}$ に対して

$$((L_a)_*\xi^*)_z = \frac{d}{dt}(ab_t a^{-1}z)\bigg|_{t=0} = (\mathrm{ad}(a)\xi)^*_z$$

から，ξ^* は左推進に対して

$$(L_a)_*\xi^* = (\mathrm{ad}(a)\xi)^* \tag{7.5}$$

と変換する．これより，$\tilde{g}$ の G 不変性から

$$\tilde{g}((L_a)_*X^*, \xi^*) = ((L_a)^*\tilde{g})(X^*, (L_{a^{-1}})_*\xi^*) = \tilde{g}(X^*, (\mathrm{ad}(a^{-1})\xi)^*) = 0$$

となる．したがって，$(L_a)_*X^*$ は X の水平リフトとなり，水平リフトの一意性から $(L_a)_*X^*=X^*$ となる．

この不変性から，$X, Y\in\mathcal{X}(M)$ に対して $\tilde{g}(X^*, Y^*)$ は軌道に沿って一定となるので，$\tilde{g}_z(X^*, Y^*)$ $(z\in\tilde{M})$ は $x=\pi(z)\in M$ と X_x, Y_x のみできまる．したがっ

て，M 上の計量 g が

$$g_x(X, Y) = \tilde{g}_z(X^*, Y^*) \qquad (x=\pi(z)) \tag{7.6}$$

により曖昧さなく定義される．

次に，X と X^* の関係を見るために，$\tilde{M}$ の局所切断，すなわち M の開集合 $\mathcal{U}$ から $\tilde{M}$ への写像 σ で $\pi\circ\sigma=\mathrm{id}_{\mathcal{U}}$ を満たすものを 1 つとる．$\pi_*(\sigma_* X-X^*)=0$ から $\sigma_* X - X^*$ は軌道に接するので，それは $x\in M$ と X に依存した Lie 代数 $\mathcal{G}$ の元 $A_x(X)$ を用いて

$$\sigma_* X_x = X^*_{\sigma(x)} + (A_x(X))^*_{\sigma(x)} \tag{7.7}$$

と表わされる．明らかに $A_x(X)$ は X_x の線形関数なので，A は Lie 代数 $\mathcal{G}$ に値をもつ M 上の 1 形式と見なすことができる．さらに，$\mathcal{G}$ の基底 $\{\xi_\alpha\}$ に対して，M 上の m 次の正方行列に値をとる関数 $\gamma_{\alpha\beta}(x)$ および対応する Lie 代数の内積を

$$\gamma_{\alpha\beta}(x) = \gamma_x(\xi_\alpha, \xi_\beta) := \tilde{g}_{\sigma(x)}(\xi^*_\alpha, \xi^*_\beta) \tag{7.8}$$

により定義する．

明らかに，A と γ は局所切断の取り方に依存する．局所切断の変更に対するこれらの量の変換則は次のようにして求められる．まず，$\sigma'(x)$ を別の局所切断とすると，G が軌道に推移的かつ自由に作用しているので

$$\sigma'(x) = a(x)\sigma(x) \tag{7.9}$$

となる G の元 $a(x)$ が $x\in M$ ごとに一意的に存在する．σ' による X の像は

$$\begin{aligned}
\sigma'_* X_x &= \frac{d}{dt} a(x(t))\sigma(x(t))\Big|_0 \\
&= (L_a)_* \sigma_* X_x + \frac{d}{dt} a(x(t)) a^{-1}(x) a(x)\sigma(x)\Big|_0 \\
&= (L_a)_*(\sigma_* X_x + (a^{-1}\partial_X a)^*_{\sigma(x)})
\end{aligned}$$

となるので，A の定義と(7.5)式から

$$A' = \mathrm{ad}(a)A + daa^{-1} \tag{7.10}$$

を得る．これは A が群 G に対する M 上のゲージ場として振る舞うことを示している．

次にγに関しては，$\tilde{g}$の不変性と(7.5)式から$\xi,\eta\in\mathcal{G}$に対して

$$\tilde{g}_{a\sigma(x)}(\xi^*_\alpha,\xi^*_\beta) = \tilde{g}_{\sigma(x)}((L_{a^{-1}})_*\xi^*_\alpha,(L_{a^{-1}})_*\xi^*_\beta)$$
$$= \tilde{g}_{\sigma(x)}((\mathrm{ad}(a^{-1})\xi_\alpha)^*,(\mathrm{ad}(a^{-1})\xi_\beta)^*)$$

となるので，

$$\gamma'_x(\xi,\eta) = \gamma_x(\mathrm{ad}(a^{-1})\xi,\mathrm{ad}(a^{-1})\eta) \tag{7.11}$$

を得る．基底に関する成分表示で表わすと，

$$\mathrm{ad}(a)\xi_\alpha = \xi_\beta[\mathrm{ad}(a)]^\beta{}_\alpha \tag{7.12}$$

とおくとき

$$\gamma'_{\alpha\beta}(x) = \gamma_{\alpha'\beta'}[\mathrm{ad}(a)]^{\alpha'}{}_\alpha[\mathrm{ad}(a)]^{\beta'}{}_\beta \tag{7.13}$$

となるので，γはGの随伴表現に従って変換するM上のスカラ場と見なすことができる．

このように，G空間$\tilde{M}$上の各不変計量$\tilde{g}$に対して，M上の計量gとGを変換群とするゲージ場Aおよびスカラ場γが一意的に決まる．実はこの逆もいえる．まず，M上の計量gと局所切断σの変更に対して(7.10)式および(7.11)式に従って変換する量A,γが与えられると，$\mathcal{U}\in M$をσの定義域として$\pi^{-1}(\mathcal{U})$上で

$$X^*_{a\sigma(x)} = (L_a)_*(\sigma_*X-(A_x(X))^*_{\sigma(x)}) \tag{7.14}$$

によりG不変なXのリフトが定義される．$T_{a\sigma(x)}(\tilde{M})$の任意のベクトル$\tilde{X}$は

$$\tilde{X} = X^*_{a\sigma(x)}+(\xi_{\tilde{X}})^*_{a\sigma(x)} \qquad (\pi_*\tilde{X}=X,\ \xi\in\mathcal{G}) \tag{7.15}$$

と一意的に分解されるので，

$$\tilde{g}_{a\sigma(x)}(\tilde{X},\tilde{Y}) := g_x(X,Y)+\gamma_x(\mathrm{ad}(a^{-1})\xi_{\tilde{X}},\mathrm{ad}(a^{-1})\xi_{\tilde{Y}}) \tag{7.16}$$

によりG不変な$\tilde{M}$上の計量が構成される．

このようにしてMの各点の近傍$\mathcal{U}$に対して$\pi^{-1}(\mathcal{U})$上で$\tilde{g}$が構成されるが，A,γの変換則は，2つの開近傍$\mathcal{U},\mathcal{U}'$に対して$\pi^{-1}(\mathcal{U})$と$\pi^{-1}(\mathcal{U}')$の上に構成された$\tilde{g}$がその交わり$\pi^{-1}(\mathcal{U}\cap\mathcal{U}')$で一致すること保証する．したがって，$\tilde{g}$が$\tilde{M}$全体で曖昧さなく定義される．

以上の結果をまとめて次の定理を得る．

定理 7.1.1 自由に作用する変換群 G に対して不変な擬 Riemann 多様体 $(\tilde{M},\tilde{g})$ は，軌道空間 $M=\tilde{M}/G$ 上の擬 Riemann 計量 g および

$$A' = \mathrm{ad}(a)A + daa^{-1}$$
$$\gamma' = \gamma \circ \mathrm{ad}(a)$$

に従って変換する Lie 代数 $\mathcal{G}$ に値をとる 1 形式，すなわち G ゲージ場 A と $\mathcal{G}$ の内積に値をとるスカラ場 γ の組と 1 対 1 に対応する．

b）不変正規基底

軌道空間 M 上の g に関する正規直交基底を n_P，その双対基底を ν^P に対して，それらの G 不変な $\tilde{M}$ へのリフトを

$$\tilde{n}_P = n_P^* \tag{7.17}$$
$$\tilde{\nu}^P = \pi^*\nu^P \tag{7.18}$$

により定義する．このとき

$$\tilde{\nu}^P(\tilde{n}_Q) = \nu^P(\pi_* n_Q^*) = \nu^P(n_Q) = \delta_Q^P \tag{7.19}$$

が成り立つ．

次に，$\sigma : M\supset\mathcal{U}\to\tilde{M}$ を $\tilde{M}$ の局所切断として，$G\times\mathcal{U}$ から $\pi^{-1}(\mathcal{U})\subset\tilde{M}$ への自然な微分同相写像 ψ^{-1}，

$$\begin{aligned}\psi^{-1} : G\times\mathcal{U} &\to \psi^{-1}(\mathcal{U})\subset\tilde{M} \\ (a,x) &\mapsto a\sigma(x)\end{aligned} \tag{7.20}$$

から定義される $\tilde{M}$ の局所座標系 $\psi : \pi^{-1}(\mathcal{U})\subset\tilde{M}\to G\times\mathcal{U}$ を

$$\psi(z) = (\pi^{\perp}(z), \pi(z)) \tag{7.21}$$

とおく．

$\pi^{\perp}$ は $\tilde{M}$ の各軌道 Σ_x $(x\in M)$ に制限すると，$\pi^{-1}(x)=\Sigma_x$ から G への微分同相写像となるので，その逆写像 $\sigma_x^{\perp} : G\to\Sigma_x$ が存在する：

$$\pi_x^{\perp}\circ\sigma_x^{\perp} = \mathrm{id}_G \tag{7.22}$$

明らかに，$\pi^{\perp}$ と $\sigma_x^{\perp}$ は L_a の作用と可換となる：

$$\pi^{\perp}\circ L_a = L_a\circ\pi^{\perp}, \quad \sigma_x^{\perp}\circ L_a = L_a\circ\sigma_x^{\perp} \tag{7.23}$$

また，$\pi_*^{\perp}(\xi_{\sigma(x)}^*)=\xi_e$ と (7.5) 式から

$$\pi_*^\perp \xi^*_{a\sigma(x)} = \pi_*^\perp (L_a)_*(\mathrm{ad}(a^{-1})\xi)^*_{\sigma(x)} = (L_a)_*\pi_*^\perp(\mathrm{ad}(a^{-1})\xi)^*_{\sigma(x)}$$
$$= (L_a)_*(\mathrm{ad}(a^{-1})\xi)_e = (\mathrm{ad}(a^{-1})\xi)_a$$

となるので，

$$\pi_*^\perp \xi^*_{a\sigma(x)} = (\mathrm{ad}(a^{-1})\xi)_a \tag{7.24}$$

が成り立つ．これから，$\pi^\perp$ の逆写像 $\sigma_x^\perp$ に対して

$$(\sigma_x^\perp)_*\xi_a = (\mathrm{ad}(a)\xi)^*_{a\sigma(x)} \tag{7.25}$$

を得る．

次に $\gamma_{\alpha\beta}$ を

$$\gamma_{\alpha\beta}(x) = \delta_{IJ}\phi^I_\alpha(x)\phi^J_\beta(x) \tag{7.26}$$

$$\phi^\alpha_I(x)\phi^I_\beta(x) = \delta^\alpha_\beta \tag{7.27}$$

と分解すると，(7.11)式から $\phi^\alpha_I(x)$ は G の随伴表現に従って変換する M 上のスカラ場となり，

$$\phi_I(x) := \phi^\alpha_I(x)\xi_\alpha \tag{7.28}$$

により Lie 代数 $\mathcal{G}$ に値をとる M 上の関数 ϕ_I を与える．

この ϕ_I を用いると，その $\sigma_x^\perp$ による像として軌道の接ベクトル空間の自然な正規直交基底

$$(\tilde{e}_I)_{a\sigma(x)} := ((\sigma_x^\perp)_*\phi_I)_{a\sigma(x)} = (\mathrm{ad}(a)\phi_I)_{a\sigma(x)} \tag{7.29}$$

が定義される．さらに，ξ_α に双対な G の左不変 1 形式の基底を θ^α として

$$\theta^I = \phi^I_\alpha(\pi^\perp)^*\theta^\alpha \tag{7.30}$$

とおくと，$\pi^\perp, \sigma_x^\perp$ と L_a の可換性および $\xi_\alpha, \theta^\alpha$ の左不変性から $\tilde{e}_I$ と θ^I は G 不変となり，直交条件

$$\tilde{\nu}^P(\tilde{e}_I) = \nu^P(\pi_*\tilde{e}_I) = 0 \tag{7.31}$$

$$\theta^I(\tilde{e}_J) = \phi^I_\alpha\theta^\alpha(\pi_*^\perp(\sigma_x^\perp)_*\phi_J) = \phi^I_\alpha\phi^\beta_J\theta^\alpha(\xi_\beta) = \delta^I_J \tag{7.32}$$

を満足する．

θ^I は $\tilde{e}_I$ に対しては双対的であるが，$\theta^I(\tilde{n}_P)$ はゼロとならない．実際，

$$\sigma_* n_P = (\tilde{n}_P + (A(n_P))^*)_{\sigma(x)} \tag{7.33}$$

と $\pi_*^\perp\sigma_* = 0$ から

$$0 = \theta^I(\sigma_* n_P) = \theta^I((\tilde{n}_P)_{\sigma(x)}) + \theta^I((A(n_P))^*_{\sigma(x)}) \tag{7.34}$$

となるので，$\theta^I_z(\tilde{n}_P)$ が $x=\pi(z)$ のみに依存することに注意すると

$$\theta^I(\tilde{n}_P) = -\theta^I((A(n_P))^*_{\sigma(x)}) = -\phi^I_\alpha\theta^\alpha(\pi^\perp_*(A(n_P))^*_{\sigma(x)})$$
$$= -\phi^I_\alpha\theta^\alpha(A(n_P)) = -\phi^I_\alpha A^\alpha_P \tag{7.35}$$

を得る．

しかし，この式を用いると $\tilde{n}_P$ にも双対的な 1 形式 $\tilde{\theta}$,

$$\tilde{\theta}^I(\tilde{e}_J) = \delta^I_J, \quad \tilde{\theta}^I(\tilde{n}_P) = 0 \tag{7.36}$$

を容易に構成できる．実際，$(\tilde{\theta}^I-\theta^I)(\tilde{e}_J)=0$，$(\tilde{\theta}^I-\theta^I)(\tilde{n}_P)=-\theta^I(\tilde{n}_P)$ となることに注意すると，$\tilde{\theta}^I$ は

$$\tilde{\theta}^I=\theta^I-\theta^I(\tilde{n}_P)\tilde{\nu}^P = \theta^I+\phi^I_\alpha A^\alpha_P\tilde{\nu}^P \tag{7.37}$$

で与えられる．$\tilde{\theta}^I$ は明らかに G 不変となる．

以上から，$\tilde{M}$ の $\tilde{g}$ に関する自然な正規直交基底が構成されたことになる．この基底は，その構成法から次の条件により完全に特徴付けられる：

$$\pi_*\tilde{e}_I = 0, \quad \pi^\perp_*\tilde{e}_I = \phi_I \tag{7.38}$$

$$\pi_*\tilde{n}^P = n^P, \quad \pi^\perp_*\tilde{n}^P = -A(n_P) \tag{7.39}$$

$$\tilde{\theta}^I = \phi^I_\alpha((\pi^\perp)^*\theta^\alpha+\pi^*A^\alpha) \tag{7.40}$$

$$\tilde{\nu}^P = \pi^*\nu^P \tag{7.41}$$

これから特に，$\tilde{g}$ は

$$\tilde{g} = \pi^*g+\gamma_{\alpha\beta}((\pi^\perp)^*\theta^\alpha+\pi^*A^\alpha)((\pi^\perp)^*\theta^\beta+\pi^*A^\beta) \tag{7.42}$$

と表わされる．

c） 接続形式

前項で構成した正規直交基底を用いると，それに関する接続形式を比較的簡単に計算することができる．まず，$\omega^P{}_Q$ を M 上の正規直交基底 n_P に関する接続形式とすると

$$d\tilde{\nu}^P = \pi^*d\nu^P = \pi^*(-\omega^P{}_Q\wedge\nu^Q) = -\pi^*(\omega^P{}_Q)\wedge\tilde{\nu}^Q \tag{7.43}$$

が成り立つ．この式を

$$d\tilde{\nu}^P = -\tilde{\omega}^P{}_Q\wedge\tilde{\nu}^Q-\tilde{\omega}^P{}_I\wedge\tilde{\theta}^I$$
$$= \tilde{\omega}^P{}_{QR}\tilde{\nu}^Q\wedge\tilde{\nu}^R-(\tilde{\omega}^P{}_{QI}-\tilde{\omega}^P{}_{IQ})\tilde{\theta}^I\wedge\tilde{\nu}^Q+\tilde{\omega}^P{}_{IJ}\tilde{\theta}^I\wedge\tilde{\theta}^J$$

と比較して

$$\tilde{\omega}^P{}_{QR} = \omega^P{}_{QR}, \quad \tilde{\omega}^P{}_{QI} = \tilde{\omega}^P{}_{IQ}, \quad \omega^P{}_{IJ} = \tilde{\omega}^P{}_{JI} \tag{7.44}$$

を得る．

次に，左不変1形式に対する Mauer-Cartan 方程式(公式 3.1.1)

$$d\theta^\alpha = -\frac{1}{2} C^\alpha{}_{\beta\gamma} \theta^\beta \wedge \theta^\gamma \tag{7.45}$$

の右辺で，θ^α を $\tilde{\theta}^I$ と A を用いて表わすと，(7.37)式から

$$(\pi^\perp)^* d\theta^\alpha = -\frac{1}{2} C^\alpha{}_{\beta\gamma} [\phi_I^\beta \phi_J^\gamma \tilde{\theta}^I \wedge \tilde{\theta}^J - 2\phi_J^\gamma \pi^* A^\beta \wedge \tilde{\theta}^J + \pi^*(A^\beta \wedge A^\gamma)]$$

となる．これから

$$\begin{aligned} d\tilde{\theta}^I &= d\phi_\alpha^I \phi_J^\alpha \wedge \tilde{\theta}^J + \phi_\alpha^I ((\pi^\perp)^* d\theta^\alpha + \pi^* dA^\alpha) \\ &= -\pi^* \phi_\alpha^I (D\phi_J)^\alpha \wedge \tilde{\theta}^J + \pi^* \phi_\alpha^I F^\alpha - \frac{1}{2} D^I{}_{JK} \tilde{\theta}^J \wedge \tilde{\theta}^K \end{aligned} \tag{7.46}$$

を得る．ここで，

$$D\phi_I := d\phi_I - [A, \phi_I] \tag{7.47}$$

$$F = F^\alpha \xi_\alpha := dA - [A, A] \tag{7.48}$$

$$D^I{}_{JK} := \phi_\alpha^I C^\alpha{}_{\beta\gamma} \phi_J^\beta \phi_K^\gamma \tag{7.49}$$

である．F はゲージ場 A の曲率形式である．

この式を

$$\begin{aligned} d\tilde{\theta}^I &= -\tilde{\omega}^I{}_J \wedge \tilde{\theta}^J - \tilde{\omega}^I{}_P \wedge \tilde{\nu}^P \\ &= \tilde{\omega}^I{}_{JK} \tilde{\theta}^J \wedge \tilde{\theta}^K - (\tilde{\omega}^I{}_{JP} - \tilde{\omega}^I{}_{PJ}) \tilde{\nu}^P \wedge \tilde{\theta}^J + \tilde{\omega}^I{}_{PQ} \tilde{\nu}^P \wedge \tilde{\nu}^Q \end{aligned}$$

と比較して

$$\tilde{\omega}^I{}_{JK} = -\frac{1}{2}(D^I{}_{JK} + D_{JK}{}^I + D_{KJ}{}^I) \tag{7.50}$$

$$\tilde{\omega}^I{}_{PQ} = \frac{1}{2} \phi_\alpha^I F_{PQ}^\alpha ; \quad F^\alpha = \frac{1}{2} F_{PQ}^\alpha \nu^P \wedge \nu^Q \tag{7.51}$$

$$\tilde{\omega}^I{}_{JP} - \tilde{\omega}^I{}_{PJ} = \phi_\alpha^I (D_P \phi_J)^\alpha \tag{7.52}$$

を得る．最後の式は

$$\tilde{\omega}_{IJP}+\tilde{\omega}_{PIJ}=\phi_{\alpha I}(D_P\phi_J)^\alpha \tag{7.53}$$

と書かれるので，(7.44)式から

$$\tilde{\omega}_{IJP}=\phi_{\alpha[I}(D_{|P|}\phi_{J]})^\alpha \tag{7.54}$$

$$\tilde{\omega}_{PIJ}=\phi_{\alpha(I}(D_{|P|}\phi_{J)})^\alpha \tag{7.55}$$

と分解される．さらに，この第2式の右辺は

$$\begin{aligned}\phi_{\alpha(I}(D_{|P|}\phi_{J)})^\alpha &= \gamma(\phi_{(I},D\phi_{J)}) \\ &= -\frac{1}{2}(d\gamma)(\phi_I,\phi_J)-\gamma(\phi_{(I},[A,\phi_{J)}]) \\ &= -\frac{1}{2}(D\gamma)(\phi_I,\phi_J) = -\frac{1}{2}(D\gamma)_{\alpha\beta}\phi_I^\alpha\phi_J^\beta \end{aligned}\tag{7.56}$$

と書き換えられる．ここで

$$(D\gamma)_{\alpha\beta}:=d\gamma_{\alpha\beta}+\gamma_{\alpha\delta}C^\delta{}_{\gamma\beta}A^\gamma+\gamma_{\beta\delta}C^\delta{}_{\gamma\alpha}A^\gamma \tag{7.57}$$

は，γ のゲージ場 A に関する共変微分である．

以上から，接続形式は次のようになる：

$$\tilde{\omega}_{IJ}=\tilde{\omega}_{IJK}\tilde{\theta}^K+\phi_{\alpha[I}(D\phi_{J]})^\alpha \tag{7.58}$$

$$\tilde{\omega}_{PQ}=\pi^*\omega_{PQ}-l_{IPQ}\tilde{\theta}^I \tag{7.59}$$

$$h_{PIJ}:=\tilde{\omega}_{PIJ}=-\frac{1}{2}(D\gamma)_{\alpha\beta}\phi_I^\alpha\phi_J^\beta \tag{7.60}$$

$$l_{IPQ}:=\tilde{\omega}_{IPQ}=\frac{1}{2}\phi_{\alpha I}F_{PQ}^\alpha \tag{7.61}$$

特に，第2基本形式のトレースは

$$h_P:=h_P{}^I{}_I=-\frac{1}{2}\gamma^{\alpha\beta}(D\gamma)_{\alpha\beta}=-\frac{1}{2}(d\ln|\gamma|+2C_\alpha A^\alpha) \tag{7.62}$$

$$l_I:=l_I{}^P{}_P=0 \tag{7.63}$$

で与えられる．

d）作用積分

前項で求めた接続形式と公式2.2.6を用いると，$\tilde{g}$ に対するスカラ曲率を g の

スカラ曲率および M 上の量 γ, A を用いて表わすことができる．ただし，注意しないといけないことが1つある．それは，$\mathcal{R}^{/\!/}$ は $\tilde{g}$ より各軌道に誘導された計量の曲率と一致し，そのスカラ曲率は公式4.1.2において $C^a{}_{bc}$ を $D^\alpha{}_{\beta\gamma}$ で置き換えたもので与えられるのに対して，$\mathcal{R}^\perp$ は $\tilde{g}$ の M への射影である g の曲率 $\mathcal{R}$ と一致しないことである．その理由は $[n_P, n_Q]$ の水平リフト $[n_P, n_Q]^*$ と $[\tilde{n}_P, \tilde{n}_Q]$ とが一般に軌道に平行なベクトルだけずれることにある．

このずれを考慮すると $\mathcal{R}^\perp$ は $\mathcal{R}$ を用いて次のように表わされる：

$$\begin{aligned}\tilde{n}_R R^{\perp R}{}_{SPQ} &= \tilde{n}_R R^R{}_{SPQ} - \tilde{\theta}^I([\tilde{n}_P, \tilde{n}_Q])\hat{\nabla}_{\tilde{e}_I}\tilde{n}_S \\ &= \tilde{n}_R(R^R{}_{SPQ} - \tilde{\omega}^R{}_{SI}\tilde{\theta}^I([\tilde{n}_P, \tilde{n}_Q]))\end{aligned}$$

ここで $\tilde{\theta}^I([\tilde{n}_P, \tilde{n}_Q])$ が

$$\begin{aligned}\tilde{\theta}^I([\tilde{n}_P, \tilde{n}_Q]) &= -d\tilde{\theta}^I(\tilde{n}_P, \tilde{n}_Q) = (\tilde{\omega}^I{}_R \wedge \tilde{\nu}^R)(\tilde{n}_P, \tilde{n}_Q) \\ &= -2\tilde{\omega}^I{}_{PQ}\end{aligned}$$

と表わされることに注意すると，

$$R^{\perp R}{}_{SPQ} = R^R{}_{SPQ} - 2l_I{}^R{}_S l^I_{PQ} \tag{7.64}$$

$$R^\perp = R - 2l_{IPQ}l^{IPQ} \tag{7.65}$$

を得る．

この関係式と公式2.2.6を用いると，$\tilde{g}$ のスカラ曲率は次のように表わされる：

公式 7.1.2 自由に作用する変換群に対して不変な擬 Riemann 多様体 $(\tilde{M}, \tilde{g})$ のスカラ曲率 $\tilde{R}$ は，軌道空間 M 上の計量 g，ゲージ場 A，随伴スカラ場 γ を用いて

$$\begin{aligned}\tilde{R} = R &- \frac{1}{4}\gamma_{\alpha\beta}F^{\alpha}_{PQ}F^{\beta PQ} - \nabla^P(\gamma^{\alpha\beta}(D_P\gamma)_{\alpha\beta}) \\ &- \left[\frac{1}{4}(\gamma^{\alpha\beta}\gamma^{\delta\sigma} + \gamma^{\alpha\delta}\gamma^{\beta\sigma})(D_P\gamma)_{\alpha\beta}(D^P\gamma)_{\delta\sigma} + U(\gamma)\right]\end{aligned}$$

と表わされる．ここで，F は A の曲率形式，$D\gamma$ はゲージ場 A に関する共変微分で

$$F = dA - [A, A]$$

$$D\gamma = d\gamma + \gamma \circ \mathrm{ad}(A) + {}^t(\mathrm{ad}(A)) \circ \gamma$$

により与えられる．また，$U(\gamma)$ は軌道のスカラ曲率により

$$U(\gamma) = -R^{/\!/}$$

$$= \left(C_\alpha C_\beta + \frac{1}{2} C^\gamma{}_{\delta\alpha} C^\delta{}_{\gamma\beta}\right)\gamma^{\alpha\beta} + \frac{1}{4} C^\alpha{}_{\beta\delta} C^{\alpha'}{}_{\beta'\delta'} \gamma_{\alpha\alpha'} \gamma^{\beta\beta'} \gamma^{\delta\delta'}$$

と表わされる．

この表式の特徴は，$\tilde{g}$ の G 不変性の結果として，$\tilde{R}$ が軌道に沿って一定ですべて M 上の量のみで表わされていることである．このため，$\tilde{g}$ に対する Einstein-Hilbert 作用積分は，軌道に沿って積分することにより M 上の量 g, γ, A に対する作用積分を与える．ただし，この軌道に沿う積分が収束するためには軌道がコンパクト，したがって，変換群がコンパクト群でなければならない．そこで以下ではこのことを仮定する．

G 上の不変 1 形式の基底から作られる G の体積要素を

$$d\mu_G := \theta^1 \wedge \cdots \wedge \theta^m \tag{7.66}$$

とおくと，$d\mu_G$ は G 不変で，$\tilde{M}$ の体積要素 $\tilde{\Omega}$ は

$$\begin{aligned}\tilde{\Omega} &= \tilde{\nu}^1 \wedge \cdots \wedge \tilde{\nu}^n \wedge \tilde{\theta}^1 \wedge \cdots \wedge \tilde{\theta}^m \\ &= \pi^*(\nu^1 \wedge \cdots \wedge \nu^n) \wedge (\phi^1_{\alpha_1} \cdots \phi^m_{\alpha_m}) \pi^{\perp *}(\theta^{\alpha_1} \wedge \cdots \wedge \theta^{\alpha_m}) \\ &= \sqrt{-g}\,\pi^*(dx^0 \wedge \cdots \wedge dx^{n-1}) \wedge \det(\phi^I_\alpha) \pi^{\perp *} d\mu_G \end{aligned} \tag{7.67}$$

と表わされる．したがって，$\tilde{g}$ に対する Einstein-Hilbert 作用積分は

$$S = \frac{1}{16\pi\tilde{G}} \int_{\tilde{M}} \tilde{\Omega}\tilde{R} = \frac{\Omega_G}{16\pi\tilde{G}} \int_M d^n x \sqrt{-g} \sqrt{\gamma}\, \tilde{R} \tag{7.68}$$

となる．ここで

$$\gamma := \det \gamma_{\alpha\beta}, \qquad \Omega_G := \int_G d\mu_G \tag{7.69}$$

である．

この作用積分は，スカラ場がラグランジアン密度全体にかかっている点を除

くと，スカラ場γおよびゲージ場Aと相互作用する重力場に対する作用積分の形をしている．ただし，この相違は本質的ではない．実際，

$$e^{\lambda} = \gamma^{1/[2(n-2)]} \tag{7.70}$$

として，計量とスカラ場の共形変換

$$\begin{aligned} e^{2\lambda} g_{\mu\nu} &\to g_{\mu\nu} \\ e^{2\lambda} \gamma_{\alpha\beta} &\to \gamma_{\alpha\beta} \end{aligned} \tag{7.71}$$

を行ない，さらに

$$\gamma_{\alpha\beta} = e^{2\phi} \boldsymbol{\Phi}_{\alpha\beta} \qquad (\det(\boldsymbol{\Phi}_{\alpha\beta})=1) \tag{7.72}$$

と，$\gamma_{\alpha\beta}$をその行列式に相当する自由度ϕと行列式が1の部分$\boldsymbol{\Phi}_{\alpha\beta}$に分解すると，上記の作用積分は次のように一定の重力定数$G=\tilde{G}/\Omega_G$をもつ形に書き換えられる．

> **定理 7.1.3**　自由に作用するm次元変換群Gに対して不変な$n+m$次元擬 Riemann 計量$\tilde{g}$に対する Einstein-Hilbert 作用積分は，n次元軌道空間M上の擬 Riemann 計量g，ゲージ場Aおよび随伴スカラ場$e^{2\phi}\boldsymbol{\Phi}$ ($\det(\boldsymbol{\Phi})=1$)に対する次の作用積分と一致する：
>
> $$S = \frac{1}{16\pi G}\int_M d^n x\sqrt{-g}\Big[R - \frac{1}{4}e^{2\phi}\boldsymbol{\Phi}_{\alpha\beta}F^{\alpha\mu\nu}F^{\beta}_{\mu\nu} - \Big(\frac{1}{4}\boldsymbol{\Phi}^{\alpha\gamma}\boldsymbol{\Phi}^{\beta\delta}(D^{\mu}\boldsymbol{\Phi})_{\alpha\beta}(D_{\mu}\boldsymbol{\Phi})_{\gamma\delta} + C\,\nabla^{\mu}\phi\nabla_{\mu}\phi + e^{-2\phi}U(\boldsymbol{\Phi})\Big)\Big]$$
>
> ここでCはnとmで決まる次の定数である：
>
> $$C = \frac{m(n-2)}{n+m-2}$$

このように，高次元の純粋重力理論からコンパクト群に対応するゲージ場と相互作用する重力場の理論が導かれることになる．これまでに知られているゲージ場はすべてコンパクト Abel 群か実半単純群なのですべてコンパクトであり，したがって，Kaluza-Klein 理論は，物質の相互作用を幾何学的な方法で重力相互作用と統一する可能性を与える．

しかし，この方法で現実的な統一モデルをつくろうとすると，さまざまな問題が生じる．まず，通常の物質を記述するにはスピノール場を導入しなければならないが，一般相対論はスピノール場の種類や相互作用を規定しない．この任意性は，一般座標変換を拡張した局所的な超対称変換に対して理論が不変であることを要求する超重力理論ではほぼ完全に取り除かれる．しかし，この理論ではスピノールの表現が左巻(left-chiral)と右巻(right-chiral)で同じになり，標準モデルの重要な特性を表現できない．

次に，Kaluza-Klein 理論では高次元時空が高い対称性をもち，特に，軌道がコンパクトであることを仮定している．一般の高次元 Einstein 方程式の一般的な解はまったく対称性をもたないので，このような対称性は計量のみを含む理論では説明不可能である．したがって，計量以外のなんらかの場を用いて，その場との相互作用により基底状態に対応する時空構造が，局所的にわれわれの直接観測する 4 次元時空とコンパクトな空間(軌道に相当)の直積になるようなメカニズムを導入しなければならない．この問題は次元低下(dimensional reduction)ないしコンパクト化の問題と呼ばれる．

以上の問題を解決するために，これまでさまざまなアイデアが提案されているが，量子化などの他の諸問題を含めると満足すべきモデルをつくることには成功していない．しかし，Kaluza-Klein 型理論が，より進んだ統一理論である超弦理論の低エネルギー極限を表わす理論となっている可能性は残されている(巻末文献[18])．これらの Kaluza-Klein 型理論についての議論の詳細に興味をもつ読者は，たとえば，巻末参考書にあげてある論文集などを直接読むことを勧める．

7-2 Ashtekar 理論

前節で紹介した Kaluza-Klein 理論は，4 次元より高い次元の時空に Einstein 理論を拡張し，ゲージ理論を重力理論の中に取り込むことにより統一理論を構築しようとする試みであった．これに対して，逆に 4 次元の Einstein 理論そのものをゲージ理論に近い形式に書き換えることにより，重力理論とゲージ理論を結びつけようとする理論が最近 Ashtekar により提案され注目されている（巻末文献[19]）．この理論は，本質的には一般相対論の正準理論の1つであるが，複素数の運動量変数を用いるなど第6章で紹介した正準理論とはかなり異なった特色をもつ．本節では，この Ashtekar 理論の概要を紹介する．ただし，物質場を含む一般的な場合の議論はかなり煩雑となるので，本書では重力場のみの系に話を限ることにする．一般の場合の定式化や理論の応用については，巻末参考書にあげた Ashtekar 自身により書かれた教科書などを参照して欲しい．

a） 1階の作用積分

第1章および第6章で述べたように，計量を基本変数とするとき，Einstein 方程式は計量について2階までの微分を含む Einstein-Hilbert 作用積分から導かれる．このような作用積分は2階の作用積分と呼ばれる．実は，この2階の作用積分は適当な補助変数を用いることにより，基本変数の1階微分までしか含まない作用積分に書き換えることができる．このような書き換えにはさまざまなものが存在するが，Ashtekar 理論で用いられるのは4脚場と接続形式を基本変数とするものである．

まず，e_a を4脚場すなわちベクトル場の正規直交基底，θ^a をその双対基底として，線形接続のこの基底に関する接続形式を $A^a{}_b$ とする．ここで，線形接続に対しては計量条件だけを課し，トーションに関する制限は課さないものとする．したがって，接続は出発点では Riemann 接続とは限らず，計量や4脚場とは独立な変数として扱う：

$$A_{ab} = -A_{ba} = A_{ab\mu}dx^\mu \tag{7.73}$$

線形接続 A によるベクトル場 V の共変微分 $D_\mu V$ は，4脚場による成分表示 $V = V^a e_a$ のもとで，

$$D_\mu V^a := (D_\mu V)^a = \partial_\mu V^a + A^a{}_{b\mu} V^b \tag{7.74}$$

と表わされる．この共変微分は，4脚場の取り替えに対応する局所的な Lorentz 変換 $\Lambda \in SO(3,1)$，

$$e'_a = e_b(\Lambda^{-1})^b{}_a, \qquad \theta'^a = \Lambda^a{}_b\theta^b \tag{7.75}$$

に対して，

$$D_\mu V'^a = \Lambda^a{}_b D_\mu V^a \tag{7.76}$$

と変換しなければならない．これから，行列表示のもとで，接続形式 $A^a{}_b$ はこの変換に伴って，

$$A' = \Lambda A \Lambda^{-1} - d\Lambda\Lambda^{-1} \tag{7.77}$$

と変換することが分かる．したがって，接続形式 $A^a{}_b$ は局所 Lorentz 変換に対するゲージ場と見なすことができる．

接続形式 $A^a{}_b$ が 4 脚場 e_a に対する Riemann 接続の時，スカラ曲率は対応する曲率形式

$$F^a{}_b := dA^a{}_b + A^a{}_c \wedge A^c{}_b \tag{7.78}$$

を用いて，$e^{a\mu}e^{b\nu}F_{ab\mu\nu}$ と表わされる．そこで，一般の接続形式に対して

$$\begin{aligned} \mathcal{L} &= \frac{1}{2\kappa^2} e^{a\mu}e^{b\nu}F_{ab\mu\nu}|\theta|d^4x \\ &= \frac{1}{2\kappa^2} *(\theta^a \wedge \theta^b) \wedge F_{ab} \end{aligned} \tag{7.79}$$

で定義される Lagrange 関数と対応する作用積分 $S=\int \mathcal{L}$ を考えてみる．ここで $|\theta| = \det \theta^a_\mu = \sqrt{-g}$ である．

Θ^a を接続形式 $A^a{}_b$ に対するトーション形式

$$\Theta^a = d\theta^a + A^a{}_b \wedge \theta^b \tag{7.80}$$

とすると，$\mathcal{L}$ の A に関する変分は

$$2\kappa^2 \delta_A \mathcal{L} = d(\theta^a \wedge \theta^b \wedge \star\delta A_{ab}) - 2\Theta^a \wedge \theta^b \wedge \star\delta A_{ab} \tag{7.81}$$

と表わされる．ここで $\star A_{ab}$ は

$$\star A_{ab} = \frac{1}{2}\varepsilon_{ab}{}^{cd}A_{cd} \tag{7.82}$$

である．これより作用積分が A に関する変分に対してゼロとなる条件 $\delta_A S = 0$ は次の条件と同等となる：

$$\Theta^{[a} \wedge \theta^{b]} = 0 \tag{7.83}$$

ところが，この条件は$\Theta^a=0$と同等であることが容易に示されるので，結局，$\delta_A S=0$の条件はAが4脚場e_aから決まるRiemann接続$\omega(e)$と一致することと同等であることが分かる．したがって，この条件下で1階の作用積分は通常のEinstein-Hilbert作用積分と一致し，さらにe_aないし$g_{\mu\nu}$について変分することによりEinstein方程式が得られる．

b）　カイラル分解

前項で定義した作用積分は基本変数に関して1階の微係数しか含まないので，それを正準形式に書き換えることは，2階の作用積分の場合より容易である．しかし，結果として得られる正準理論は第6章で導いた正準理論の基本変数を計量から4脚場に拡張しただけで，特にすぐれた特徴を持たない．もちろん，スピノール場を導入するにはこのような書換えは避けられないが，少なくとも純粋の重力場のみからなる系では，かえって余分な自由度を導入した分だけ理論は複雑となる．

Ashtekar理論の中心的なアイデアは，接続形式を複素化することにより事態が大きく変わり，4脚場を用いた形式の方が計量のみを用いた理論よりかえって単純となるという点にある．もちろん，複素化といっても，接続形式を単純に複素数に広げるのではなく，次のような特殊な複素結合を考える：

$$
{}^{\pm}\mathscr{A}_{ab} := \frac{1}{2}(A_{ab} \pm i \star A_{ab}) \tag{7.84}
$$

この複素変数の大きな特徴は，⋆変換(7.82)に対して

$$
\star\,{}^{\pm}\mathscr{A}_{ab} = \mp i\,{}^{\pm}\mathscr{A}_{ab} \tag{7.85}
$$

と変換する点である．この性質は**自己双対性**と呼ばれる．

スピノール場の共変微分を考えると，接続形式の左カイラル場への作用は${}^{+}\mathscr{A}$のみで，右カイラル場への作用は${}^{-}\mathscr{A}$のみで表わされることが示される．そこで以下では上記の複素結合を作る操作を**カイラル分解**と呼ぶことにする．

カイラル分解は添え字に関する一種の直交分解で，非常によい性質をもつ．たとえば，○を任意の線形演算として⋆作用素に対して

$$
\star\star B_{ab} = -B_{ab} \tag{7.86}
$$

$$\star B_a{}^c \circ \star A_{cb} = \frac{1}{2}\eta_{ab}B_{cd} \circ A^{cd} + B_{bc} \circ A^c{}_a \tag{7.87}$$

が成り立つことに注意すると，${}^{\pm}\mathcal{A}_{ab}$ から作られる曲率形式 ${}^{\pm}\mathcal{F}_{ab}$ がちょうど F_{ab} のカイラル分解と一致することが示される：

$${}^{\pm}\mathcal{F}_{ab} = \frac{1}{2}(F_{ab} \pm i\star F_{ab}) \tag{7.88}$$

以上の準備のもとに，A_{ab} の代わりに ${}^{\pm}\mathcal{A}_{ab}$ から定義される 1 階の作用積分

$${}^{\pm}S = \int {}^{\pm}\mathcal{L} := \frac{1}{2\kappa^2}\int *(\theta^a \wedge \theta^b) \wedge {}^{\pm}\mathcal{F}_{ab} \tag{7.89}$$

を考える．${}^{\pm}\mathcal{F}_{ab}$ の上記の分解を用いると，${}^{\pm}\mathcal{L}$ は

$${}^{\pm}\mathcal{L}(e, {}^{\pm}\mathcal{A}) = \frac{1}{2}\mathcal{L}(e, A) \mp \frac{i}{4\kappa^2}\theta^a \wedge \theta^b \wedge F_{ab} \tag{7.90}$$

と実部と虚部に分解される．したがって，${}^{\pm}S$ に変分から得られる方程式は，7-2 節 a)の 1 階の作用積分から得られる方程式と虚部から得られる新たな方程式の連立系となる．ところが，この虚部は

$$\theta^a \wedge \theta^b \wedge F_{ab} = -d(\theta^a \wedge \Theta_a) + \Theta^a \wedge \Theta_a \tag{7.91}$$

と書かれるので，虚部から得られる変分方程式は実部から得られる方程式 $\Theta^a = 0$ のもとで自動的に満たされ，独立な方程式を与えない．したがって，作用積分 ${}^{\pm}S$ は S と同値であることが分かる．

c) 複素正準理論

作用積分 ${}^{\pm}S$ を正準形式に書き換えるために，第 6 章と同様に変数の(3+1)分解を行なう．まず，複素接続形式 ${}^{\pm}\mathcal{A}_{ab}$ は，e_0 を時間的ベクトルにとるという前提のもとで，

$${}^{\pm}\mathcal{A}_I := 2\,{}^{\pm}\mathcal{A}_{0I} \tag{7.92}$$

$${}^{\pm}\mathcal{B}_I := \varepsilon_{IJK}\,{}^{\pm}\mathcal{A}_{JK} \tag{7.93}$$

と時間的成分 ${}^{\pm}\mathcal{A}_I$ と空間的成分 ${}^{\pm}\mathcal{B}_I$ に分解される．ただし，これらの成分は ${}^{\pm}\mathcal{A}_{ab}$ の自己双対性から独立ではなく，

$${}^{\pm}\mathcal{B}_I = \mp i\,{}^{\pm}\mathcal{A}_I \tag{7.94}$$

の関係で結ばれている．したがって，実際上は同じ変数である．実の接続形式に対して同じように(3+1)分解を施した場合にはもちろんこのような関係は得られない．この違いが，実変数の理論と複素変数の理論との大きな相違を生み出す要因となっている．

接続形式と同様に，複素曲率形式も自己双対的であるので ${}^{\pm}\mathcal{F}_{0I}$ と ${}^{\pm}\mathcal{F}_{IJ}$ は従属し，

$$ {}^{\pm}\mathcal{F}_{IJ} = \mp i\varepsilon_{IJK}\,{}^{\pm}\mathcal{F}_{0K} \tag{7.95} $$

の関係で結ばれる．定義から，${}^{\pm}\mathcal{F}_{0I}$ は ${}^{\pm}\mathcal{A}_I$ を用いて

$$ {}^{\pm}\mathcal{F}_{0I} = \frac{1}{2}\left(d\,{}^{\pm}\mathcal{A}_I - \frac{1}{2}\varepsilon_{IJK}\,{}^{\pm}\mathcal{B}_J \wedge {}^{\pm}\mathcal{A}_K\right) \tag{7.96} $$

と表わされる．

以上は内部自由度に関する分解であるが，(3+1)分解を完成するにはさらに時空座標に関する分解を行なわなければならない．そのために，時空を空間的3次元超曲面の1次元系列に分解し，時間座標 t を t が各超曲面上で一定となるようにとる．さらに，適当な空間座標 x^j をとり，時空座標系 $(x^\mu)=(t,x^j)$ に関する ${}^{\pm}\mathcal{A}_I, {}^{\pm}\mathcal{B}_I$ の成分表示

$$ {}^{\pm}\mathcal{A}_I = {}^{\pm}\mathcal{A}_{I\mu}dx^\mu, \qquad {}^{\pm}\mathcal{B}_I = {}^{\pm}\mathcal{B}_{I\mu}dx^\mu \tag{7.97} $$

を用いて，3次元複素ベクトルに値をとる場を

$$ {}^{\pm}\mathcal{A}_j := ({}^{\pm}\mathcal{A}_{Ij}), \qquad {}^{\pm}\mathcal{B}_j := ({}^{\pm}\mathcal{B}_{Ij}) \tag{7.98} $$

により導入する．以下では，これらの複素ベクトル場の組を複素接続を表わす基本変数とする．たとえば，${}^{\pm}\mathcal{F}_{0I}$ はこれらの変数を用いて

$$ {}^{\pm}\mathcal{F}_{0I} = \frac{1}{2}(\partial_t\,{}^{\pm}\mathcal{A}_j - \mathcal{D}_j\,{}^{\pm}\mathcal{A}_t)_I\,dt\wedge dx^j $$

$$ \pm\frac{i}{4}\,{}^{\pm}\mathcal{F}_{Ijk}\,dx^j\wedge dx^k \tag{7.99} $$

と表わされる．ここで，

$$ {}^{\pm}\mathcal{D}_j\,{}^{\pm}\mathcal{A}_t := \partial_j\,{}^{\pm}\mathcal{A}_t - {}^{\pm}\mathcal{B}_j \times {}^{\pm}\mathcal{A}_t \tag{7.100} $$

$$ {}^{\pm}\mathcal{F}_{jk} := ({}^{\pm}\mathcal{F}_{Ijk}) := \partial_j\,{}^{\pm}\mathcal{B}_k - \partial_k\,{}^{\pm}\mathcal{B}_j - {}^{\pm}\mathcal{B}_j \times {}^{\pm}\mathcal{B}_k \tag{7.101} $$

で，×は3次元ベクトルの外積を表わす．

このように接続形式の分解は形式で単純であるが，4脚場 e_a の分解はもう少し複雑である．それは，4脚場が内部自由度と時空座標の自由度とを結び付ける役割を果たしているため，力学的自由度と局所 Lorentz 変換の自由度以外に，時空座標自体のとり方の自由度を含んでいることによる．この最後の自由度を分離するために，与えられた4脚場 e_a を適当に Lorentz 変換し，e_0 が t 一定面に垂直となるようにする．このようにして得られる4脚場を $\hat{e}_a$，その双対基底を $\hat{\theta}^a$ とすると $\hat{e}_I^t=0$ となるので，これらの量は座標基底を用いて

$$\hat{e}_0 = N^{-1}(\partial_t - N^j\partial_j), \qquad \hat{e}_I = \hat{e}_I^j\partial_j \tag{7.102}$$

$$\hat{\theta}^0 = Ndt, \qquad \hat{\theta}^I = \hat{\theta}_j^I(dx^j + N^j dt) \tag{7.103}$$

と成分表示される．ここで N と N^j は時空座標のラプス関数とシフトベクトルである．また，$\hat{e}_I^j, \hat{\theta}_j^I$ は時間一定面の内部計量 q_{jk} に対する正規直交基底(3脚場)とその双対基底である：

$$q_{jk} = \hat{\theta}_j^I \hat{\theta}_k^I \tag{7.104}$$

もとの4脚場 e_a と双対基底 θ^a は，適当な行列 $\Lambda \in SO(3,1)$ と $\hat{e}_a, \hat{\theta}^a$ を用いて

$$e_a = \hat{e}_b(\Lambda^{-1})^b{}_a, \qquad \theta^a = \Lambda^a{}_b \hat{\theta}^b \tag{7.105}$$

と表わされる．したがって，4脚場の自由度はラプス関数 N，シフトベクトル N^j，t 一定面に接する3つのベクトル場 $\hat{e}_I$ および Lorentz 変換の自由度で表現される．ただし，$\hat{e}_I$ の自由度と空間回転に相当する Lorentz 変換の自由度は重複している．

この重複を取り除くために，固有 Lorentz 変換 $SO_+(3,1)$ と複素3次元特殊直交群 $SO(3,\boldsymbol{C})$ が同型であることに着目し，$\Lambda \in SO_+(3,1)$ を対応する $SO(3,\boldsymbol{C})$ の行列で置き換える．具体的には，

$${}^{\pm}O_{IJ} := 2\Lambda^0{}_{[0}\Lambda^J{}_{I]} \pm i\epsilon_{JKL}\Lambda^K{}_{[0}\Lambda^L{}_{I]} \tag{7.106}$$

とおくと ${}^{\pm}O \in SO(3,\boldsymbol{C})$ で，Λ と ${}^{\pm}O$ の対応は1対1であることが示される．

Λ の代わりに ${}^{\pm}O$ を用いると4脚場の表式はかえって複雑になる．しかし，Lagrange 関数は簡単になる．まず，

$$*(\theta^a \wedge \theta^b) \wedge \theta^c \wedge \theta^d = g(\theta^a \wedge \theta^b, \theta^c \wedge \theta^d)\Omega = \star(\theta^a \wedge \theta^b) \wedge \theta^c \wedge \theta^d \tag{7.107}$$

から

$$*(\theta^a \wedge \theta^b) = \star(\theta^a \wedge \theta^b) \qquad (7.108)$$

となることを用いると，${}^{\pm}\mathscr{F}_{ab}$ の自己双対性から，複素 Lagrange 密度関数 ${}^{\pm}\mathscr{L}$ は

$$2\kappa^2\, {}^{\pm}\mathscr{L} = 2[\star(\theta\wedge\theta) \mp i\theta\wedge\theta]^{0I} \wedge {}^{\pm}\mathscr{F}_{0I} \qquad (7.109)$$

と表わされる．ところが，$\det \Lambda = 1$ から導かれる関係式

$$\varepsilon_{abcd}\Lambda^a{}_e \Lambda^b{}_f = \varepsilon_{efgh}\Lambda_c{}^g \Lambda_d{}^h \qquad (7.110)$$

と ${}^{\pm}O$ の定義(7.106)から

$$2\Lambda^0{}_{[I}\Lambda^K{}_{J]} \pm i\varepsilon_{KPQ}\Lambda^P{}_I \Lambda^Q{}_J = \mp i\varepsilon_{LIJ}\, {}^{\pm}O_{LK} \qquad (7.111)$$

が成り立つことを用いると，

$$[\star(\theta\wedge\theta) \pm i\theta\wedge\theta]^{0I} = [\star(\hat{\theta}\wedge\hat{\theta}) \pm i\hat{\theta}\wedge\hat{\theta}]^{0J}\, {}^{\mp}O_{JI} \qquad (7.112)$$

を得る．

ここで新しい変数を

$$\tilde{e}^j := (\tilde{e}^{Ij}) := (\sqrt{q}\, \hat{e}^{Ij}) \qquad (7.113)$$

$$\underset{\sim}{N} = \frac{N}{\sqrt{q}} \qquad (7.114)$$

$$q = \det(q_{jk}) \qquad (7.115)$$

により導入すると，

$$\varepsilon_{JKL}\hat{\theta}^K_j \hat{\theta}^L_k = \overset{(0)}{\varepsilon}{}_{jkl}\tilde{e}^{Jj} \qquad (7.116)$$

$$\hat{\theta}^J_j = \frac{1}{2\sqrt{q}} \overset{(0)}{\varepsilon}{}_{jkl}(\tilde{e}^k \times \tilde{e}^l)^J \qquad (7.117)$$

から，Lagrange 関数に表われる θ の 2 次式は

$$[\star(\hat{\theta}\wedge\hat{\theta}) \mp i\hat{\theta}\wedge\hat{\theta}]^{0J} = -\frac{1}{2}\overset{(0)}{\varepsilon}{}_{jkl}\tilde{e}^{Jl} dx^j \wedge dx^k$$

$$+ \overset{(0)}{\varepsilon}{}_{jkl}[N^k \tilde{e}^l \mp \frac{i}{2}\underset{\sim}{N}\tilde{e}^k \times \tilde{e}^l]^J dt \wedge dx^j \qquad (7.118)$$

と表わされる．この式の右辺は内部自由度に関しては 3 次元ベクトル $\tilde{e}^j$ とその外積で表わされている．ところが，外積が直交行列による変換に対してベク

トルとして変換するので，

$$^{\pm}\mathcal{E}^{j} = ({}^{\pm}\mathcal{E}^{Ij})\,; \quad {}^{\pm}\mathcal{E}^{Ij} := \tilde{e}^{Jj}\,{}^{\mp}O_{JI} \tag{7.119}$$

により複素3次元ベクトル場の組を定義すると，(7.109)式と(7.112)式から Lagrange 密度関数は

$$2\kappa^2\,{}^{\pm}\mathcal{L} = \overset{(0)}{\varepsilon}{}_{jkl}[-{}^{\pm}\mathcal{E}^{l}dx^{j}\wedge dx^{k} + \{2N^{k}\,{}^{\pm}\mathcal{E}^{l} \mp i\underset{\sim}{N}\,{}^{\pm}\mathcal{E}^{k}\times{}^{\pm}\mathcal{E}^{l}\}dt\wedge dx^{j}]^{I}\wedge{}^{\pm}\mathcal{F}_{0I} \tag{7.120}$$

と $\underset{\sim}{N}, N^j, {}^{\pm}\mathcal{E}^j, {}^{\pm}\mathcal{F}_{0I}$ のみで表わされてしまう．

この表式にさらに $\mathcal{F}_{0I}$ を ${}^{\pm}\mathcal{A}_{\mu}$ で表わす表式(7.99)を代入すると，最終的に複素作用積分に対する次の正準型の表式を得る：

$$4\kappa^2\,{}^{\pm}S = \int d^4x\,[-2\,{}^{\pm}\mathcal{E}^{j}\cdot\partial_t\,{}^{\pm}\mathcal{A}_j - (\mathcal{C}_G\cdot{}^{\pm}\mathcal{A}_t + N^j\mathcal{C}_{Mj} + \underset{\sim}{N}\mathcal{C}_H)] \tag{7.121}$$

ここで $\mathcal{C}_G, \mathcal{C}_{Mj}, \mathcal{C}_H$ は

$$\mathcal{C}_G = 2\mathcal{D}_j\,{}^{\pm}\mathcal{E}^{j} \tag{7.122}$$

$$\mathcal{C}_{Mj} = \mp 2i\,{}^{\pm}\mathcal{E}^{k}\cdot{}^{\pm}\mathcal{F}_{jk} \tag{7.123}$$

$$\mathcal{C}_H = -({}^{\pm}\mathcal{E}^{j}\times{}^{\pm}\mathcal{E}^{k})\cdot{}^{\pm}\mathcal{F}_{jk} \tag{7.124}$$

で与えられる．また・は内部自由度に関する3次元ベクトルとしての内積である．

この表式を見ると，右辺の第1項以外には変数の時間微分は含まれていないので，複素接続係数のうち ${}^{\pm}\mathcal{A}_j$ のみが力学変数で ${}^{\pm}\mathcal{E}^j$ がその正準共役量となり，これらの間の Poisson 括弧式は

$$\{{}^{\pm}\mathcal{E}^{Ij}(\boldsymbol{x}), {}^{\pm}\mathcal{A}_{Jk}(\boldsymbol{y})\} = \delta^{I}_{J}\delta^{j}_{k}\delta^{3}(\boldsymbol{x}-\boldsymbol{y}) \tag{7.125}$$

$$\{{}^{\pm}\mathcal{E}^{Ij}(\boldsymbol{x}), {}^{\pm}\mathcal{E}^{Jk}(\boldsymbol{y})\} = \{{}^{\pm}\mathcal{A}_{Ij}(\boldsymbol{x}), {}^{\pm}\mathcal{A}_{Jk}(\boldsymbol{y})\} = 0 \tag{7.126}$$

で与えられる．これに対して，$\tilde{N}, N^j, {}^{\pm}\mathcal{A}_{It}$ は共役な運動量をもたず，非力学的な任意関数となる．したがって，第6章の一般論から，${}^{\pm}S$ の変分からは ${}^{\pm}\mathcal{E}^j$ と ${}^{\pm}\mathcal{A}_j$ に対する正準運動方程式とこれらの量に対する3種類の拘束条件

$$\text{ゲージ拘束条件：}\quad \mathcal{C}_G = 0 \tag{7.127}$$

$$\text{運動量拘束条件：}\quad \mathcal{C}_{Mj} = 0 \tag{7.128}$$

$$\text{ハミルトニアン拘束条件：}\quad \mathcal{C}_H = 0 \tag{7.129}$$

が得られる．上記の Poisson 括弧式を用いると，これらの拘束条件が第 1 種であることが確かめられる．したがって，運動方程式から新たな拘束条件は現われない．

これらの拘束条件のうち後の 2 つは第 6 章で述べた計量を基本変数とする正準理論で現われたものに対応する．これに対して，最初の拘束条件はベクトル場の正規直交基底を基本変数に採用したことにより生じたもので，実は理論が 4 脚場の回転に相当する局所 Lorentz 変換に対して不変であることと密接に関係している．実際，運動量拘束関数 $\mathcal{C}_{Mj}$ が空間座標変換の生成母関数であったのと同様に，$\mathcal{C}_G$ は局所 $SO(3, \boldsymbol{C})$，すなわち局所 Lorentz 変換の生成母関数であることが確かめられる．したがって，この拘束関数が第 1 種で Hamilton 関数と可換であることは，理論が局所 Lorentz 変換で不変であること，言い換えれば理論が実質的に計量理論と同じ力学的自由度しかもたないことを保証する．

以上で導いた，Einstein 理論に対する新たな正準理論は **Ashtekar 理論**と呼ばれる．Ashtekar 理論はいくつかの優れた特徴を持っている．その第 1 は，理論に現われる諸式が基本変数の簡単な微分多項式となっていることである．第 6 章で展開した計量を基礎とする正準理論(ADM 理論)では拘束関数が計量の非常に複雑な非線形式(実は分数式)となっていたことを思い起こすと，これは大幅な進歩である．ただし，ゲージ場を含む系にまで理論を拡張すると構造は単純ではあるが分数式が現われる．

第 2 の特徴は，理論が $SO(3, \boldsymbol{C})$ ゲージ理論の形式をとっていることである．これは通常のゲージ理論の研究で用いられる方法やそこで得られた結果が重力理論の研究に利用できることを意味する．

第 3 の特徴は，時空が 4 次元の場合に限定される点である．これは接続形式のカイラル分解，したがって☆作用素が内部自由度に関して 2 階のテンソルを 2 階のテンソルに写すことが，理論で本質的な役割を果たしているためである．これは Kaluza-Klein 理論と対照的であるが，必ずしも困難であるとは言えない．

第4の特徴は，力学変数が複素数に値をとる点である．この特徴は利点となることもあるが困難を引き起こすことも多い．たとえば，(7.119)式から，空間計量 q_{jk} は複素変数 ${}^{\pm}\mathcal{E}^j$ を用いて

$$qq^{jk} = {}^{\pm}\mathcal{E}^j \cdot {}^{\pm}\mathcal{E}^k \qquad (7.130)$$

と表わされる．もちろん古典的には q_{jk} は正定値の行列でないといけない．ところが，${}^{\pm}\mathcal{E}^j$ が一般の複素ベクトルとすると正値性どころか実数性も保証されない．したがって，古典的には上記の拘束条件以外にすくなくとも q_{jk} の実数性を保証する条件を独立な拘束条件として課さねばならない．この条件は**実数性条件**(reality condition)と呼ばれている．幸いこの実数性条件も基本変数の多項式で表わされることが示される．ただし，1つだけ問題が生じる．上で展開した理論では基本変数として $({}^{+}\mathcal{E}^j, {}^{+}\mathcal{A}_j)$ と $({}^{-}\mathcal{E}^j, {}^{-}\mathcal{A}_j)$ のいずれか一方の組のみで閉じている．ところが，これらの基本変数の組が互いに複素共役であることから予想されるように，実数性条件は + 変数と − 変数の両者を含んだものとなる．古典論ではこれは困難とならないが，量子論では厄介な問題を引き起こす．

これまでのところ，Ashtekar 理論は古典論より量子論で利用され，さまざまな興味深い成果が得られている．特に，以上の特徴は次章で登場する Wheeler-DeWitt 方程式に対する厳密解を得たり，重力の量子論の独自の定式化を構成したりする上で重要な役割を果たすことが示されている．これらの Ashtekar 理論の最近の展開については冒頭で上げた Ashtekar による教科書を参照して欲しい．

7-3 重力の量子論

一般相対論は，本来，巨視的な重力現象を記述する理論として作られたものであるが，それが自然の基本法則を記述しているとすると，微視的な世界での重力相互作用も記述していると期待される．ただし，一般相対論を微視的な世界まで拡張しようとすると，新たな問題が生じる．それは，微視的な現象では物

質が量子論的振舞いを示すために，時空構造が物質により決まる一般相対論では，時空構造自体を古典的に記述することができなくなることである．したがって，微視的な世界での重力現象を整合的に記述するには，量子論の枠組みと一般相対論を融合することが必要となる．このような理論は**量子重力理論**と呼ばれる．

もちろん，原子や原子核のレベルでは時空の量子性は重要とならない．実際，Einstein 方程式

$$R_{\mu\nu}-\frac{1}{2}Rg_{\mu\nu}=\kappa^2 T_{\mu\nu} \tag{7.131}$$

から，時空計量のスケール L でのゆらぎ δg とサイズ L の領域内の物質のエネルギーのゆらぎ δE の間には

$$\frac{\delta g}{L^2}\sim\frac{G}{c^4}\frac{\delta E}{L^3} \tag{7.132}$$

という関係が成り立つことが予想される．これより，時間とエネルギーの不確定性関係

$$\delta E\gtrsim\frac{\hbar}{T}\cong\frac{\hbar c}{L} \tag{7.133}$$

を考慮すると，物質の量子性により生み出される時空計量のゆらぎは

$$\delta g\gtrsim\frac{L_{\mathrm{P}}^2}{L^2} \tag{7.134}$$

程度と評価される．ここで，L_{P} は

$$L_{\mathrm{P}}=\sqrt{\frac{\hbar G}{c^3}}\cong 1.616\times 10^{-33}\,\mathrm{cm} \tag{7.135}$$

で定義され，Planck 長と呼ばれる．したがって，時空構造の量子性は Planck 長程度のスケールで初めて重要となることが期待される．

たとえば，素粒子は通常，点粒子として扱われるが，一般相対論では質量 m が正の点粒子は厳密な意味では存在できず，裸の特異点を許さないことにすると，それはブラックホールとなる．もちろん，現実の素粒子はブラックホ

ールとして振る舞ったりはしない．この理由は，重力の量子効果にある．実際，古典論から予想されるブラックホールの Schwarzschild 半径は

$$M_{\mathrm{P}} = \sqrt{\frac{\hbar c}{G}} \cong 2.1767 \times 10^{-5}\,\mathrm{g} \tag{7.136}$$

で定義される **Planck 質量** M_{P} を用いて

$$r_{\mathrm{g}} = \frac{2Gm}{c^3} = \left(\frac{m}{M_{\mathrm{P}}}\right) L_{\mathrm{P}} \tag{7.137}$$

と表わされる．したがって，Planck 質量より小さな質量をもつ素粒子に対しては，r_{g} は Planck 長より小さくなり，r_{g} のスケールで時空構造を古典的に記述することは意味を失ってしまう．この結果は，同時に，Planck 質量より小さな質量のブラックホールは存在しないことを意味している．

このように，重力の量子性は通常の世界では実際上無視できる．しかし，宇宙初期では状況が異なる．実際，4-1 節 c)で触れたように，時空構造が古典的に記述されるとすると，宇宙は必ず初期特異点をもつ．この初期特異点に近づくと時空の曲率は限りなく大きくなるので，その近傍では時空の量子ゆらぎはもはや無視できなくなる．ところが，宇宙の初期特異点の近傍の構造は宇宙のその後の時間発展に対する初期条件となる．このため，現在の宇宙の構造の起源を完全に解明するには，時空構造の量子論的振舞いについての知識が必要となる．

a） 歴史的背景

量子重力理論を構築する試みは長い歴史をもつが，未だに成功していない．その難しさは，これまでになされた様々な試みの遭遇した困難を眺めてみることによりある程度うかがい知ることができる．

(1) 準古典論

1970 年代に盛んに研究されたアプローチは，重力場を量子化せずに矛盾のない理論をつくろうとするものである（巻末文献[20]，[21]）．このアプローチでは，重力場の量子性の原因となる Einstein 方程式の右辺をエネルギー運動量テンソルの量子状態に関する期待値で置き換える：

$$R_{\mu\nu}-\frac{1}{2}Rg_{\mu\nu} = \kappa^2\langle T_{\mu\nu}\rangle \tag{7.138}$$

このアプローチは一見うまくゆきそうに見えるが，詳しくみると，さまざまな困難を内包している．特にやっかいな点は，$T_{\mu\nu}$ が物質場の同時点での積を含んでいるためにその期待値が発散することである．平坦な時空ではこの発散は normal ordering により捨て去ることが可能であるが，曲がった時空では発散が計量に依存する．このため，それを一般共変性および Bianchi 恒等式と矛盾しない手続きで正則化しようとすると，繰り込みの過程で計量の高階微分を含む項が現われてしまう．この高階微分を含む項は，一般に時空構造の動力学的構造を質的に変えてしまい，多くの場合，Minkowski 時空が不安定となるなど病的な解を含むようになる(巻末文献[22])．

(2)　摂動論

量子重力理論を構築する最初の試みは，通常の場の量子論をまねて，一般相対論を摂動論的な方法で量子化するものであった．この方法では，まず，計量を

$$g_{\mu\nu} = \eta_{\mu\nu}+\kappa h_{\mu\nu} \tag{7.139}$$

と Minkowski 計量のまわりに展開する．このとき，作用積分は

$$S = S_2[h]+S_I[h] \tag{7.140}$$

と $h_{\mu\nu}$ に関して 2 次の部分 S_2 と高次部分 S_I に分解されるので，S_I を相互作用項と見なして摂動論により S 行列などを計算することができる．

このアプローチは自然なものであるが，具体的に摂動計算をしようとすると直ちに重大な困難が現われる．それは，理論が繰り込み可能でないことである(巻末文献[23])．実際，内線が I 本，相互作用バーテックスが N 個の Feynman ダイアグラムの含む独立なループの数は

$$L = I-N+1 \tag{7.141}$$

となる．これより，このダイアグラムの発散次数は

$$D = -2I+4L+2N = 2L+2 \tag{7.142}$$

となり，ループの数に比例して増大する．これは発散を繰り込むために最初の作用積分に加える繰り込み項が無限個必要であることを意味する．

繰り込み不可能な理論は無限個の結合常数を含むため，理論のもつべき予言可能性を失ってしまう(巻末文献[24])．摂動論的アプローチは，さらに，宇宙論など時空構造の大きなゆらぎが重要となる問題を扱えないという難点ももつ．

(3) 正準量子化

摂動論的アプローチと並んで古い歴史をもつのが正準量子化を利用したアプローチである．このアプローチでは，6-1節で導いた一般相対論の正準理論を出発点にして，通常の正準量子化の手続きにしたがって，物理量を作用素で，Poisson 括弧式を作用素の交換関係で置き換えることにより量子重力理論をつくろうとする．

ただし，一般相対論は一般共変性をもつために，6-1節で見たように正準理論には座標変換の自由度に相当する力学的でない自由度(ゲージ自由度)が残っている．また，このゲージ自由度の存在の反映として，力学変数に対する拘束条件が現われる．正準量子化に基づくアプローチは，これらの問題をどのように処理するかによりさらにいくつかのタイプに分けられる．

(A) ゲージ固定法 ゲージ自由度を処理する1つの方法は，付加的な条件を課すことによりゲージ自由度を固定してしまうものである．この方法は，拘束条件の処理法によりさらに2つに分けられる．

(A-1) ADM 理論 ゲージ条件と拘束条件を満たす正準変数の一般形を求め，それらを記述する真の物理的自由度のみで理論を記述すれば，ゲージ自由度も拘束条件もない正準理論が得られ，通常の量子力学とまったく同じ手続きで量子論を構築できることが期待される．このアプローチは，6-2節の Bianchi 時空の振舞いの研究で用いたものである．Bianchi 時空以外の例としては，時空が漸近的に平坦な場合にも，このような力学的自由度の抽出ができることが Arnowitt, Deser, Misner により示されている(巻末文献[25])．ただし，彼らの得た力学変数はもとの変数の非局所的関数であり，さらに，漸近的に平坦でない時空の場合には適用できないものであった．実際，これまで一般的な時空に対して，力学的変数を具体的に抽出することには成功していない．

(A-2) BRS 理論 ゲージ固定法のもう1つのアプローチは，電磁場などのゲージ理論で用いられるもので，ゲージ固定条件が場の方程式として導かれるように出発点の作用積分そのものを $S=S_{\mathrm{E}}+S_{\mathrm{GF}}$ と変更するものである．この場合，古典論の極限でもとの理論に帰着することを保証するために，形式的な状態空間を物理的に実現する部分空間に制限しなければならない．ただし，この制限を整合的に行なうには，Faddeev-Popov ゴースト場と呼ばれる反可換な交換関係に従うスカラ場を導入することが必要となる．このゴースト場の相互作用を，$S=S_{\mathrm{E}}+S_{\mathrm{GF}}+S_{\mathrm{FG}}$ が BRS 変換と呼ばれる Fermi 場と Bose 場を入れ換える超対称性変換に対して不変となるように選ぶと，状態空間を制限する条件がこの対称性の生成演算子 C_{BRS} を用いて

$$C_{\mathrm{BRS}}|\mathrm{Phys}\rangle = 0 \tag{7.143}$$

と表わされることが，少なくとも Yang-Mills 場に対しては示されている(巻末文献[26][27])．

(**B**) **Dirac 量子化** 4-1 節で詳しくみたように，一般相対論は第 1 種の拘束条件のみをもつ正準理論に書き換えられる．Dirac 量子化(巻末文献[28])は，これらの古典的拘束条件を

$$\mathcal{H}_\mu(\boldsymbol{x})|\mathrm{Phys}\rangle = 0 \tag{7.144}$$

と量子状態に対する拘束条件に置き換えるものである(巻末文献[29])．次節で詳しく議論するように，この方法にもさまざまな深刻な困難が存在する．

(4) 経路積分法

非相対論的量子力学では，Schrödinger 方程式

$$i\partial_t \boldsymbol{\Phi}(q,t) = \hat{H}\boldsymbol{\Phi}(q,t) \tag{7.145}$$

の解は，一般に経路積分を用いて

$$\boldsymbol{\Phi}(q,t) = \int_\Gamma Dq \exp\left[-i\int_{t_0}^t L(q,\dot{q})\right]\boldsymbol{\Phi}(q,t_0) \tag{7.146}$$

と表わされる．ここで Γ は経路空間での積分領域である．また，平坦な時空での量子場 ϕ に対する波動関数 $\boldsymbol{\Psi}[\phi,t]$ も，形式的には同様の経路積分を用いて表わされる．

そこで，作用素の交換関係と運動方程式を与える代わりに，3 次元面 Σ の計

量 q_{jk} とその上の場の配位 ϕ に対する波動関数を直接経路積分を用いて与えることにより量子重力理論を構成するアプローチが考えられる(巻末文献[30][31][32]).

このアプローチの最大の問題は，一般には経路積分に対して数学的に厳密な定義を与えることが困難な点にある．特に，重力理論に対しては特有の問題が存在し，現在でも満足な解答は与えられていない(巻末文献[33][34]).

(5) 重力理論の変更

上で述べたように，摂動論的アプローチは，Einstein の重力理論に基づく量子論が繰り込み可能でなく，たちの悪い発散を伴っていることを示唆している．近年，この困難を重力理論を修正することにより取り除こうとするさまざまな試みが行なわれた．中でも，従来の場の理論の基礎となる点粒子のかわりに紐を基本的な実体とする紐理論は，完全に発散のない可能性をもち，しかも同時に重力を含むすべての相互作用の統一理論として注目を集め，精力的に研究された(巻末文献[17])．しかし，残念ながら，この有望な理論もさまざまな技術的困難のために完成からはほど遠い段階にある．特に，宇宙論で重要となる時空構造のダイナミクスを記述できる形にはなっていない．

本書では，これらさまざまな試みのすべてを詳細に議論することはできないので，近年量子宇宙論への応用で注目を集めた Dirac 量子化および，それと密接な関係にある経路積分に基づくアプローチを中心として，量子重力理論の抱える問題点を見てゆくことにする．

b) 正準量子化と Wheeler-DeWitt 方程式

(1) Dirac 量子化

6-1 節で見たように，ゲージ場の理論や重力理論は，古典論の範囲では第 1 種の拘束条件をもつ正準理論に書き換えられる：

$$\{Q^I, P_J\} = \delta^I_J \qquad (7.147)$$

$$\dot{F} = \{F, H\}\ ; \quad F = F(Q, P) \qquad (7.148)$$

$$C_\alpha = 0\ ; \quad \{C_\alpha, C_\beta\} = f^\gamma_{\alpha\beta} C_\gamma \qquad (7.149)$$

通常の正準量子化の手続きに従うと，これらの方程式は正準変数に対応する作

用素の間の交換関係とその Heisenberg 運動方程式

$$[\hat{Q}^I, \hat{P}_J] = i\delta^I_J \tag{7.150}$$

$$\dot{\hat{F}} = i[\hat{H}, \hat{F}] \tag{7.151}$$

に置き換えられる．

通常の力学系ではこれで量子化の基本的な部分は終わったことになるが，重力理論やゲージ理論の場合にはさらに拘束条件をどのように表現するかを決定しなければならない．拘束関数 C_α に対応する作用素 $\hat{C}_\alpha$ は基本正準変数と可換ではないので，古典論と同じように $\hat{C}_\alpha=0$ とおくことはできない．そこで，Dirac 量子化では，拘束条件を状態ベクトルに対する条件

$$\hat{C}_\alpha|\Psi\rangle = 0 \tag{7.152}$$

に置き換える．量子論では物理量のとり得る値は対応する作用素の固有値であることを考慮すると，この条件は古典論での条件 $C_\alpha=0$ の量子論での自然な表現となっている．

古典的な拘束条件が第 1 種であるので，作用素積の順序の問題を無視すれば，対応する交換関係が

$$[\hat{C}_\alpha, \hat{C}_\beta] = i\hat{f}^{\ \gamma}_{\alpha\beta}\hat{C}_\gamma \tag{7.153}$$

となり，条件(7.152)は交換関係と整合的となる．したがって，形式的には拘束条件をもつ正準理論に対する量子論ができたことになる．もちろん，理論を完成させるためには，Hilbert 空間としての状態空間と作用素のその上への表現を具体的に構成し，その解釈を与えなければならない．

(2)　Wheeler-DeWitt 方程式

前項の手続きを 6-1 節 c)で導いた重力の正準理論に適用することは容易である．たとえば，正準変数に対応する作用素に対して，q_{jk} と ϕ が対角型となる表示

$$|\Psi\rangle \to \Psi[q, \phi] \tag{7.154}$$

$$\hat{q}_{jk}(\boldsymbol{x}) \to q_{jk}(\boldsymbol{x}) \tag{7.155}$$

$$\hat{p}^{jk}(\boldsymbol{x}) \to -i\frac{\delta}{\delta q_{jk}(\boldsymbol{x})} \tag{7.156}$$

$$\hat{\phi}(\boldsymbol{x}) \to \phi(\boldsymbol{x}) \tag{7.157}$$

$$\hat{\pi}(\boldsymbol{x}) \to -i\frac{\delta}{\delta\phi(\boldsymbol{x})} \tag{7.158}$$

をとると，運動量拘束条件は

$$\mathscr{H}_j\Psi = \left[2iq_{jl}(\boldsymbol{x})D_k\frac{\delta}{\delta q_{jk}(\boldsymbol{x})} + \sqrt{q}\,\hat{T}_{nj}\right]\Psi[q,\phi] = 0 \tag{7.159}$$

と表わされる．ここで $\hat{T}_{nj}$ は

$$\hat{T}_{nj} = -iD_j\phi(\boldsymbol{x})\frac{\delta}{\delta\phi(\boldsymbol{x})} \tag{7.160}$$

である．

空間座標の無限小変換 $x^j \to x^j + L^j$ に対して，波動関数は

$$\begin{aligned}\delta\Psi[q,\phi] &= \int d^3x\sqrt{q}\left[\delta q_{jk}\frac{\delta\Psi}{\delta q_{jk}(\boldsymbol{x})} + \delta\phi\frac{\delta\Psi}{\delta\phi}\right] \\ &= -i\int d^3xL^j\mathscr{H}_j\Psi \end{aligned}\tag{7.161}$$

と表わされるので，条件(7.159)は波動関数 $\Psi[q,\phi]$ が空間の座標変換で不変であることを表わしている．

したがって，配位 (q,ϕ) 全体の集合において空間の座標変換で互いに移り変わるものを同一視して得られる同値類の集合 $\mathscr{C}$ を導入すると，運動量拘束条件を満たす波動関数は $\mathscr{C}$ 上の関数と見なすことができる．この集合 $\mathscr{C}$ は **superspace** と呼ばれる．

同様に，Hamilton 拘束条件は，オペレーターの順序の問題を無視すると，

$$\mathscr{H}_0\Psi = \left[-\frac{\kappa^2}{\sqrt{q}}G_{jklm}\frac{\delta^2}{\delta q_{jk}(\boldsymbol{x})\delta q_{lm}(\boldsymbol{x})} - \frac{\sqrt{q}}{\kappa^2}\,{}^3R + \sqrt{q}\,\hat{T}_{nn}\right]\Psi[q,\phi] = 0 \tag{7.162}$$

と波動関数に対する 2 階の汎関数微分方程式となる．ここで

$$G_{jklm} = q_{jl}q_{km} + q_{jm}q_{kl} - q_{jk}q_{lm} \tag{7.163}$$

$$\sqrt{q}\,\hat{T}_{nn} = -\frac{1}{2\sqrt{q}}\frac{\delta^2}{\delta\phi(\boldsymbol{x})^2}+\sqrt{q}\left[\frac{1}{2}q^{jk}\partial_j\phi\partial_k\phi+V(\phi)\right] \qquad (7.164)$$

である．この汎関数微分方程式は**Wheeler-DeWitt 方程式**と呼ばれる．

運動量拘束条件(7.159)と Wheeler-DeWitt 方程式(7.162)は，見かけ上，空間座標の自由度に相当する無限個の連立方程式となっている．しかし，拘束条件の交換関係(定理 6.1.4)から一般に

$$[\langle f^j\hat{\mathscr{H}}_j\rangle, \langle g\hat{\mathscr{H}}_0\rangle] = i\langle(f^j\partial_j g)\mathscr{H}_0\rangle \qquad (7.165)$$

となるので，f を $\partial_j f$ が離散的な点を除いてゼロでない関数として，運動量条件のほかに 1 個の条件

$$\langle f\mathscr{H}_0\rangle|\Psi\rangle = 0 \qquad (7.166)$$

が満たされれば，すべての Hamilton 拘束条件が満たされることになる．したがって，運動量拘束条件のもとでは，独立な Wheeler-DeWitt 方程式は 1 個となる．ただし，$|\Psi\rangle$ が運動量拘束条件を満たしても，$\langle f\mathscr{H}_0\rangle|\Psi\rangle$ は同じ条件を満たさないので，この結果は，Wheeler-DeWitt 方程式が superspace 上の 1 個の方程式として表わされることを意味するわけではない．

Wheeler-DeWitt 方程式の興味深い点は，それが微分方程式として双曲型の構造をもつ点である．その理由は，G_{jklm} のもつ次の性質による．

> **命題 7.3.1**　G_{jklm} を 3 次元の 2 階対称テンソルのつくる 6 次元線形空間の内積と見たとき，その固有値は $[-,+,+,+,+,+]$ という符号をもつ．

証明　$\langle X, Y\rangle = X_{IJ}Y_{IJ}$ で定義される内積をもつ 3 次元 2 階対称テンソル X_{IJ} のつくる 6 次元線形空間 V の正規直交基底 f^{α}_{IJ} を

$$f^1_{IJ} = 2^{-1/2}(\delta_{I2}\delta_{J3}+\delta_{I3}\delta_{J2}) \qquad (7.167)$$

$$f^2_{IJ} = 2^{-1/2}(\delta_{I3}\delta_{J1}+\delta_{I1}\delta_{J3}) \qquad (7.168)$$

$$f^3_{IJ} = 2^{-1/2}(\delta_{I1}\delta_{J2}+\delta_{I2}\delta_{J1}) \qquad (7.169)$$

$$f^4_{IJ} = 2^{-1/2}(\delta_{I1}-\delta_{I2})\delta_{IJ} \qquad (7.170)$$

$$f^5_{IJ} = 6^{-1/2}(\delta_{I1}+\delta_{I2}-2\delta_{I3})\delta_{IJ} \qquad (7.171)$$

$$f^0_{IJ} = 3^{-1/2}\delta_{IJ} \tag{7.172}$$

ととる．このとき，

$$\sum_{\alpha=0}^{5} f^{\alpha}_{IJ} f^{\alpha}_{KL} = \frac{1}{2}(\delta_{IK}\delta_{JL}+\delta_{IL}\delta_{JK}) \tag{7.173}$$

が成り立つ．これから，$q^{jk}=e^j_I e^k_I$ と q^{jk} を 3 脚場 e^j_I に分解し，$G_{JKLM}=e^j_J e^k_K e^l_L e^m_M G_{jklm}$ とおくと，G_{JKLM} は

$$G_{JKLM} = 2\sum_{\alpha=1}^{5} f^{\alpha}_{JK} f^{\alpha}_{LM} - f^0_{JK} f^0_{LM} \tag{7.174}$$

と表わされる．これは $G_{JKLM}/2$ が $[-1/2, +1, +1, +1, +1, +1]$ と対角化されることを示している．▌

この証明から，θ^I_j を e^j_I の双対基底として

$$D_\alpha = \sqrt{2}\,\theta^I_j \theta^J_k f^{\alpha}_{IJ} \frac{\delta}{\delta q_{jk}} \quad (\alpha \neq 0), \qquad D_0 = \frac{1}{\sqrt{3}} q_{jk} \frac{\delta}{\delta q_{jk}} \tag{7.175}$$

とおくと，

$$G_{jklm} \frac{\delta^2}{\delta q_{jk}\,\delta q_{lm}} = -D_0^2 + \sum_{\alpha=1}^{5} D_\alpha^2 + 1\text{ 階微分の項} \tag{7.176}$$

となる．さらに物質場に関する汎関数微分は 2 階の部分が正定値となっているので，これより空間の各点 $\boldsymbol{x}$ に対して Wheeler-DeWitt 方程式が双曲型となっていることが確かめられる．空間計量を $q_{jk}=q^{1/3}\tilde{q}_{jk}$ $(\det \tilde{q}_{jk}=1)$ と分解すると $D_0 q=\sqrt{3}\,q$, $D_\alpha q=0$, $D_0\tilde{q}_{jk}=0$ となるので，ちょうど共形変換に相当する方向の 2 階微分の係数が負となっていることも分かる．

c) mini-superspace モデル

重力場は無限自由度系であるために，前項 b)で求めた Wheeler-DeWitt 方程式は関数空間での準線形汎関数微分方程式となっていた．このような非線形の汎関数微分方程式を一般的に解くことは非常に困難である．このため，これまでのところ，Wheeler-DeWitt 方程式の具体的研究は，重力場および物質場を有限自由度の力学系で近似した **mini-superspace** モデルを中心として行なわれている．この有限自由度化は，量子重力系の本質的な要素を捨ててしま

う可能性があるものの，Wheeler-DeWitt 方程式の構造やその解の振舞いの特徴を具体的に見るうえでは有用である．そこで，ここでは Bianchi モデルを例にとって，mini-superspace モデルでの Wheeler-DeWitt 方程式の構造と解の振舞いを見てみよう．

(1) 量子 Bianchi モデル

6-2 節 a)で見たように，空間的に一様な時空の構造は 3 次の正方行列で表わされる正準変数 Q_{IJ}, P^{IJ} で記述される．重力場と相互作用する物質場の構造が一般的な場合には，これらの行列要素は互いに力学的に結合するが，真空ないし物質場が一様なスカラ場の場合には，非対角成分に相当する自由度は分離し，系の力学的発展は対角成分のみで記述される．6-2 節 b)で用いた記号を用いると，この対角成分はスケール因子 e^α と非等方性を表わす 2 個の変数 $\beta_\pm$ で記述され，対応する正準運動量は $p, p_\pm$ となる．一方，物質場は，簡単のために実スカラ場 1 個からなる場合を考えると，スカラ場の値 ϕ とその共役運動量 π で記述される．したがって，空間的に一様な場合に限定すると，superspace は 4 次元の mini-superspace $(\alpha, \beta_+, \beta_-, \phi)$ に簡約され，系は 4 自由度の力学系となる．

表式を簡単にするために，スカラ場の変数およびポテンシャル V を

$$\frac{\kappa}{\sqrt{6}}\phi \to \phi, \qquad \frac{\sqrt{6}\,\Omega}{\kappa}\pi \to \pi, \qquad \frac{48\kappa^4}{\Omega}V \to V(\phi) \tag{7.177}$$

と再規格化すると，6-1 節 b)の例および 6-2 節 b)から，Bianchi 時空＋一様スカラ場の系に対する Lagrange 関数および Hamilton 関数は

$$L = \dot{\alpha}p + \dot{\beta}_+p_+ + \dot{\beta}_-p_- + \dot{\phi}\pi - NH_0 \tag{7.178}$$

$$12e^{3\alpha}H_0 = \frac{1}{2}(-p^2 + p_+^2 + p_-^2 + \pi^2) + \mathcal{U}(\alpha, \beta_+, \beta_-, \phi) \tag{7.179}$$

となる．ここで $\mathcal{U}$ は

$$\mathcal{U} := 6e^{4\alpha}\mathcal{V}(\beta_+, \beta_-) + e^{6\alpha}V(\phi) \tag{7.180}$$

である．ただし，簡単のため $N_I = 0$ ゲージを仮定した．6-2 節 b)で述べたように，VI_0 型を除くクラス A モデルではこの仮定により一般性が失われること

はない.

前節の一般論に従ってこの mini-superspace モデルを量子化すると，正準変数に対応する作用素の間の交換関係は

$$[\hat{\alpha}, \hat{p}] = [\hat{\beta}_\pm, \hat{p}_\pm] = [\hat{\phi}, \hat{\pi}] = i, \quad \text{他はゼロ} \tag{7.181}$$

で与えられる．したがって，波動関数 $\Psi(\alpha, \beta_+, \beta_-, \phi)$ に対する Wheeler-DeWitt 方程式は次の 4 次元 mini-superspace 上の偏微分方程式となる：

$$\left[\frac{\partial^2}{\partial\alpha^2} - \frac{\partial^2}{\partial\beta_+^2} - \frac{\partial^2}{\partial\beta_-^2} - \frac{\partial^2}{\partial\phi^2} + 2\mathcal{U}\right]\Psi = 0 \tag{7.182}$$

前節で一般的に示したように，この式は確かに共形的自由度 α を‘時間方向’とする双曲型方程式となっている.

(2) 厳密解

mini-superspace モデルの場合でも，Wheeler-DeWitt 方程式の厳密解が得られているのは非常に特殊な場合に限られる．ここでは，その 1 つである，空間的に一様等方で閉じた時空(Robertson-Walker 時空)とスカラ場からなるモデルに対する厳密解を例として紹介する.

Robertson-Walker 時空はスケール因子 e^α のみで記述され，これに一様なスカラ場を加えると系の力学的自由度は 2 となる．対応する Lagrange 関数は(7.178)式および(7.179)式で $\beta_\pm=0$ と置くことにより得られる．具体的な表式は表 6-1 から Bianchi IX モデルに対して $\mathcal{V}(0,0)=-3$ となることに注意すると,

$$L = \dot{\alpha}p + \dot{\phi}\pi - NH_0 \tag{7.183}$$

$$12e^{3\alpha}H_0 = \frac{1}{2}(-p^2+\pi^2-36e^{4\alpha}+2e^{6\alpha}V) \tag{7.184}$$

となる．したがって,

$$\sqrt{6}\, e^\alpha \to a \tag{7.185}$$

$$\frac{1}{108}V \to V \tag{7.186}$$

とおくと，Wheeler-DeWitt 方程式は

$$\left[\left(a\frac{\partial}{\partial a}\right)^2-\frac{\partial^2}{\partial\phi^2}-a^4+a^6V\right]\Psi=0 \tag{7.187}$$

で与えられる．

特に，スカラ場のポテンシャルが

$$V(\phi)=\mu\cosh(2\phi)+\nu\sinh(2\phi) \tag{7.188}$$

という形をもっているとすると，この Wheeler-DeWitt 方程式の一般解を求めることができる(巻末文献[35])．まず，変数を

$$x=a^2\cosh(2\phi),\qquad y=a^2\sinh(2\phi) \tag{7.189}$$

と変換すると，(7.187)式は

$$\left(4\frac{\partial^2}{\partial x^2}-4\frac{\partial^2}{\partial y^2}+\mu x+\nu y-1\right)\Psi(x,y)=0 \tag{7.190}$$

となる．この方程式は，変数分離法によって容易に解くことができ，その一般解は

$$\begin{aligned}\Psi(x,y)=\int dk[&C_{11}Ai(X)Ai(Y)+C_{12}Ai(X)Bi(Y)\\&+C_{21}Bi(X)Ai(Y)+C_{22}Bi(X)Bi(Y)]\end{aligned} \tag{7.191}$$

となる．ここで k は分離定数，C_{IJ} は k に依存した定数，$Ai(z), Bi(z)$ は Airy 関数，X, Y は

$$X=(2\mu)^{-2/3}(1+k-\mu x) \tag{7.192}$$

$$Y=(2\nu)^{-2/3}(k+\nu y) \tag{7.193}$$

で与えられる x, y の関数である．特に，$\nu=0$ の極限では，Ψ は

$$\Psi=\int dk\sum_{\varepsilon=\pm 1}[C_\varepsilon Ai(X)+D_\varepsilon Bi(X)]e^{\varepsilon\sqrt{k}\,y/2} \tag{7.194}$$

となる．

これらの一般解，あるいはそれを構成する各基本解の振舞いには，分離定数 k によらない共通の特徴がある．それは，スケール因子 a が大きいときに激しく振動することである．たとえば，$\nu=0$ の場合の基本解は $x\gg 1$ で

$$\Psi \sim \exp\left[\pm\frac{i}{3\mu}(ua^2\cosh(2\phi)-k-1)^{3/2}\right]$$
$$\times\exp\left[\pm\frac{1}{2}k^{1/2}a^2\sinh(2\phi)\right] \tag{7.195}$$

となる．この振舞いは，波動関数の WKB 解釈の基礎となっている(巻末文献[36])．

d) 波動関数の解釈の問題

通常の量子力学では，波動関数は物理量の観測値に対する確率的予言を与えるものと解釈される．より正確には，可換なエルミート作用素の組 $\{\hat{A}_\alpha\}$ に対して，その固有値を $\{a_\alpha\}$，対応する固有空間への射影演算子を $P(\{a_\alpha\})$ とするとき，状態ベクトル $\boldsymbol{\Phi}$ で表わされる状態で物理量 $\{A_\alpha\}$ が $\{a_\alpha\}$ という値をとる確率 $\mathrm{Pr}(\{a_\alpha\})$ は

$$\mathrm{Pr}(\{a_\alpha\}) = |P(\{a_\alpha\})\Psi|^2 \tag{7.196}$$

で与えられる．

ただし，このコペンハーゲン解釈を単純に量子重力系に適用することはできない．まず，この解釈では，作用素で表わされる量子系の物理量を測定する装置が外部にあり，観測結果はこの装置を記述する古典的量により表現されることが暗黙のうちに仮定されていることにある．ところが，一般相対論ではこのような対象系と観測装置との区別は存在しない．特に，宇宙全体を対象とする場合には，観測装置を外的と見なすことはできない．

さらに，コペンハーゲン解釈では物理量の値が確定すると，系の状態は対応する固有状態に変化すると仮定する．これは波束の収縮と呼ばれるが，もし波動関数が宇宙全体の状態を記述しているとすると，その状態が観測により突然(非因果的に)変化するのは奇妙であるし，そもそも観測が何を意味するか客観的定義が明確でない．量子力学は本来，同種系の集合を記述する理論であり，個々の系の個々の事象についてはほとんど予言能力ももたない．波束の収縮という現象は，この集合を対象とする理論を用いて個々の系の振舞いを理解しようとすることに起源をもつものであるが，宇宙全体を相手にしようとするとこ

の矛盾が顕著になるわけである．

以上の問題は観測問題と呼ばれ，通常の量子力学の範囲でも原理的問題として長い歴史をもつものであるが(巻末文献[37])，重力の量子論では，さらに新たな問題も生じる．それは時間発展の問題である．6-1節c)で見たように，一般相対論の正準理論では，Hamilton関数は拘束関数に比例する部分と無限遠での場の漸近値のみで決まる部分 $H_\infty=\int d^3x\mathcal{H}_\infty$ の和になる．漸近的に平坦な時空では，系の全エネルギーを表わす H_∞ はゼロとならず，拘束条件を課しても明確なHamilton関数をもつ．しかし，空間的に閉じた時空ではこの項はゼロとなり，Hamilton関数が拘束関数に比例するようになる．この場合には，対応するHamilton作用素を量子拘束条件を満たす状態 $\mathcal{H}_\mu|\Psi\rangle=0$ に作用すると常にゼロとなり，物理量の期待値は時間的によらない定数となってしまう：

$$\partial_t\langle\Psi|\hat{f}|\Psi\rangle=\langle\Psi|i[\hat{H},\hat{f}]|\Psi\rangle=0 \tag{7.197}$$

これは，理論から時間発展の概念が失われてしまうことを意味する．

このような事態が起きる原因は，理論の時径数変換不変性にある．6-1節b)で見たように，時径数変換不変性を持つ系ではHamilton関数は一般に拘束関数に比例する．古典論では，位相空間上の関数を物理量とみたときの値とそれを母関数とする正準変換の間には直接的な関係がないので，Hamilton関数が拘束関数に比例しても，拘束条件のもとで時間発展が自明となることはない．しかし，量子論では作用素自身が値をとらないためにこのような区別は存在せず，物理量は常にユニタリ変換の生成演算子と同一視される．このため，量子拘束条件は，対応する正準変換に対して状態が不変であることを意味することとなる．したがって，時径数変換に対応する量子拘束条件は状態が時間の任意の変換で不変であることを要求することになり，時間発展が失われてしまう．

6-1節b)で述べたように，実は古典論でも，物理量をゲージ不変量に制限すればよく似た事態が起こっていた．ただし，古典論ではすべてのゲージ不変量の値を指定することにより間接的に時間発展の概念を抽出することができたが，量子論の場合にはこの方法は利用できない．それは，量子論では，可換な作用素のみが同時に値をもち得るために，すべてのゲージ不変量の値と時間を表わす物理量の値を同時に確定できないことによる．

以上の正準量子重力理論の解釈問題を解決するために，WKB 近似に基づく解釈(巻末文献[36])，多世界解釈(巻末文献[38]-[41])，経路積分を用いた量子力学の拡張(巻末文献[42])などさまざまなアイデアが提案されている．しかし，現在でも依然として満足のゆく解答は与えられていない．

補章

[A] Bianchi 時空のコンパクト化

第 4 章で述べたように，Bianchi 時空，すなわち空間的に一様な時空は，空間が単連結なものに限定すると Lie 代数により完全に分類される．ただし，この制限下では，IX 型を除いて空間は位相的に $\boldsymbol{R}^3$ と同相となり，宇宙モデルとしては開いた宇宙モデルが得られる．この開いた宇宙モデルのダイナミクスを正準理論を用いて記述しようとすると，第 6 章で見たように，ハミルトニアンを有限にするために人為的に有限領域を取り出して考えることが必要となる．このような人為的操作を避ける自然な方法は，局所的には Bianchi 時空と同型で空間がコンパクトとなる時空を考えることである．このような時空は**空間的にコンパクトで局所一様な時空**，あるいは単に **Bianchi 時空のコンパクト化**と呼ばれる．

最近，mini-superspace モデルなど量子重力理論への応用との関連で，このコンパクト化された Bianchi 時空が詳しく研究され，その分類がほぼ完成された．このコンパクト化は，単に空間の体積を有限にするだけでなく，空間の大域的構造を記述する新たな力学的自由度を生み出す．例えば，Bianchi タイプ I 型の空間を，3 個の 1 次独立なベクトル $\boldsymbol{v}_1, \boldsymbol{v}_2, \boldsymbol{v}_3$ で生成される離散等長群

$$\Gamma = \{n_1\boldsymbol{v}_1+n_2\boldsymbol{v}_2+n_3\boldsymbol{v}_3 | n_1, n_2, n_3 \in \boldsymbol{Z}\}$$

で同一視して得られる空間 $M = \boldsymbol{R}^3/\Gamma$ は，局所的に Euclid 空間と同型な 3 次元トーラスとなるが，明らかに $\boldsymbol{v}_1, \boldsymbol{v}_2, \boldsymbol{v}_3$ を変化させると一般には大域的に同型でない 3 次元空間が得られる．したがって，このタイプのコンパクト化では，回転の自由度を考慮すると，空間の構造を記述するのに 6 個のパラメーターが必要となる．より複雑なコンパクト化や他の Bianchi タイプについては，巻末文献[43]，[44]，[45]参照．

[B]　時空特異点

第 4 章や第 5 章で見たように，対称性をもつ Einstein 方程式の厳密解は特異点をもっている．第 4 章で触れたように，この特異点の発生は，対称性をもつ解に特有のものではなく，因果条件や物質のエネルギーの局所正値性などの自然な物理的条件を仮定するかぎり，強い重力場を伴う解のもつ一般的性質であることが，Geroch，Penrose，Hawking らによって 1960 年代後半に示されている[参考書の文献参照]．

この特異点定理の証明以降，時空特異点の構造やその物理的効果が多くの人々により研究されてきた．これらの研究には大まかに分けて 2 つの方向がある．その 1 つは，時空の特異点では物質や時空自身の量子論的効果が重要となり，これらの効果を考慮すれば時空特異点の発生が回避される可能性があるという考え方に基づくものである．現在盛んになった量子重力理論や超ひも理論の研究はこの考え方に沿ったものである．もう 1 つは，宇宙初期の特異点など現在直接観測不可能なものを別にすると，時空の特異点の発生に伴うと思われるような特異な宇宙現象が観測されていないことから，現実の宇宙では**裸の特異点**，すなわち我々に直接観測可能な影響を及ぼす時空特異点は発生しないのではないかという考え方に沿った研究である．このアイデアは，最初 Penrose によ

り提案されたもので，**宇宙検閲仮説**と呼ばれている．

この宇宙検閲仮説は，ブラックホールの一意性定理や漸近的に平坦な時空に対する正エネルギー定理などで基本仮定として本質的な役割を果たし，多くの人々により証明が試みられてきた．しかし，これらの努力は，その証明に成功するよりむしろ多くの反例を生み出す結果となった．最近の興味深い反例としては巻末文献[46]，[47]，[48]がある．

[C] ブラックホール

C.1 一意性定理

第5章で見たように，時間的に定常で軸対称なブラックホールを表わすEinstein方程式の解は無限個存在する．しかし，これらのほとんどはホライズンで隠されない時空特異点，すなわち裸の特異点をもっている．実際，この裸の特異点をもたない定常的なブラックホール解は非常に限られたものとなる．正確には，次の定理が成り立つ．

> **定理 C.1** ホライズン上およびホライズンの外に特異点はなく，ホライズンの外には高々電磁場しか存在しないとする．このとき，無限遠で時間的となる Killing ベクトル ξ をもつ定常ブラックホール解について，
>
> (1) ξ がホライズンの外でいたるところ時間的なブラックホール解は Reissner-Nordstrøm 解のみである．
>
> (2) ホライズンの外部が $S^2 \times \boldsymbol{R}^2$ と同相，未来のホライズンが $S^2 \times \boldsymbol{R}$ と同相ならば，ξ がホライズン上で空間的となるブラックホール解は Kerr-Newman 解のみである．

この定理は，宇宙検閲仮説のもとでは，高々電磁場しか存在しない定常ブラックホール解は必ず軸対称で，すべて Kerr-Newman 解で尽くされることを示しており，**ブラックホールの一意性定理**と呼ばれる．この定理の証明の概要に

ついては巻末文献[49],[50]の解説が優れている．

この定理で注意すべきことは，後半の回転するブラックホールに関する定理においてホライズンの位相についての条件が仮定されていることである．この条件はブラックホールが1個しかないことを意味するもので，本質的なものである．実際，2つのブラックホールが重力による引力と電気力による斥力でつりあって平衡状態にある解が存在するので，この仮定を除くと一意性定理は成立しない．ただし，静的なブラックホールに関する前半の主張にはこの仮定は必要ない．この一般的な主張の証明は正エネルギー定理の利用により初めて可能となったものである．また，後半の最終的な証明では，非線形シグマモデルと呼ばれる素粒子論のモデルが利用される．

実際の宇宙現象では，ブラックホールは星の重力崩壊のような不安定な重力収縮により作られる．これらのブラックホールは重力波や電磁波を放出し，十分時間が経つと定常状態になると考えられる．上記の一意性定理は，このブラックホールの終状態が，宇宙検閲仮説のもとでは，質量，角運動量，電荷という3つのパラメーターにより決まるKerr-Newman解で記述されることを意味している．

以上ではブラックホールの外に電磁場のみが存在するとした．これは有限なエネルギーをもつ粒子は有限な時間でブラックホールに落ち込んでしまうか無限遠に飛び去ってしまうので，定常解ではホライズンの外に高々質量ゼロの場のみが存在すると考えられるからである．これは，逆に，電磁場以外に質量ゼロの場が存在するとKerr-Newman解以外の非特異なブラックホール解が存在しうることを示唆する．実際，電磁場の代わりに非可換ゲージ場ないしそれとHiggs場の組を考えると，さまざまな非特異ブラックホール解が存在することが示されている．これらの解についてはその安定性が巻末文献[51],[52]で議論されている．

C.2　ブラックホール形成における臨界現象

本書ではブラックホールの形成過程については触れなかったが，この問題は現実の宇宙現象においてどのような場合にブラックホールが作られるか，どのようなブラックホールができるのか，また，宇宙検閲仮説が実際に成立するのかなどの点を明らかにする上で重要である．このブラックホール形成の研究は通常，計算機を使った数値シミュレーションを用いて行なわれるが，最近，Choptuik はスカラ場によるブラックホール形成の問題を数値シミュレーションにより研究し，非常に興味深い現象を発見した(巻末文献[53])．

Choptuik は，中心に向かって伝播する球対称な質量ゼロのスカラ場によりブラックホールが作られるかどうかを，スカラ場の波形や振幅を変えて調べた．当然，振幅の小さい場合には，スカラ場は単にいったん中心に集まった後，そのまま無限遠に広がってしまう．しかし，振幅を次第に大きくし，中心に集まった時点でのエネルギー密度がある臨界点を超えると中心にブラックホールが形成されるようになる．これ自体は一般的に予想されることであるが，Choptuik はこの臨界点近傍での解の振舞いを詳しく調べ，次のような興味深い現象を発見した．

(i) 臨界点近傍では，場は離散的な自己相似性をもつ，すなわち離散的なスケール変換で解が不変となっている：$\Phi(te^{\Delta}, re^{\Delta})\cong\Phi(t,r)$．これは，原点での固有時間 t の対数について Δ だけずらせば，同じパターンが繰り返されることを意味している．

(ii) ブラックホールの質量は波形や振幅などの初期条件を特徴づけるパラメーター p に関するべき則に従う：$M\propto|p-p^*|^{\beta}$ (p^* は臨界点に対応する初期値)．

(iii) 臨界点の振舞いを特徴づけるパラメーターの値は，初期条件に依存しない：$\beta\cong0.37$，$\Delta\cong3.4$．

(ii)は M を秩序パラメーター，p を制御パラメーターと見なせば，統計力学系での相転移現象に伴う臨界現象と類似の現象が起きていることを意味している．また，(iii)はそれが少なくとも初期条件に関して普遍性をもつことを示唆している．この普遍性が，初期条件についてだけでなく重力崩壊する物質の詳細にもよらないという，より強い意味でも成立するのではないかという予想のもとに，重力波(巻末文献[54])や輻射流体(巻末文献[55])の重力崩壊について

表 C.1　β, Δ の物質依存性

物質	β	Δ
無質量スカラ場	0.37	3.4
ポテンシャル付きのスカラ場	0.37	3.4
重力波	0.37	0.6
輻射流体	0.36	任意
アクシオン-ディラトン系	0.26	任意

も同様の解析が行なわれた．

これらの論文で得られた値は，重力波については $\beta \cong 0.37$，$\Delta \cong 0.6$，輻射流体については $\beta \cong 0.36$，Δ は任意(つまり連続的自己相似性)であった．この結果は臨界指数については普遍性が成り立っているのではないかという期待を抱かせたが，その後の他の系についての解析は，表 C.1 に示したように，強い意味での普遍性に対しては否定的な結果を与えている(巻末文献[56]，[57])．また，完全流体で状態方程式を変えたものに対する数値計算は行なわれていないが，後述する連続的自己相似解からの線形摂動を行なうことにより，臨界指数は状態方程式に依存することが示唆されている(巻末文献[58])．

以上は数値計算に基づく研究であるが，この臨界現象が起きるメカニズムや臨界指数を解析的方法で研究しようとする試みも進んでいる．たとえば，臨界指数 β は，ブラックホールの質量がゼロとなる臨界点に対応する自己相似解からの線形摂動の解析により決定することができることが知られている(巻末文献[59]，[58]，[60])．基本的な考え方は次のようなものである．まず，自己相似解からの線形摂動方程式が不安定なモードを1つもつとすると，その振舞いは一般に $\epsilon(-t)^{-k}$ と表わされる．ここで ϵ は初期値の臨界点からのずれ $p-p^*$ に比例する定数である．ブラックホールができる時間 t_1 は，この摂動の振幅がオーダー1となる時間と推定される．一方，対応するホライズン半径 r は，非摂動解のスケール不変性より t_1 に比例すると考えられる．したがって，ブラックホールの質量は

$$M \cong r \propto (-t_1) \propto \epsilon^{1/\mathrm{Re}(k)} \qquad \text{(C.1)}$$

と表わされる．これは臨界指数が $\beta = 1/\mathrm{Re}(k)$ で与えられることを示している．

この方法により輻射流体については$\beta \cong 0.35580192$(巻末文献[59])，スカラ場については$\beta \cong 0.374$(巻末文献[60])という値が得られている．また，エコーの周期Δは離散的自己相似性を課したときの方程式の固有値として求まることが示されている(巻末文献[60],[61])．たとえば，この方法で，スカラ場に対する正確な値として$\Delta \cong 3.4453$が得られている．

C.3 宇宙論的ブラックホール

ブラックホールはもともと，無限遠でMinkowski時空に近づくEinstein方程式の解として考えられたものであるが，漸近的に平坦でない宇宙論的な時空においても，その無限遠の構造がMinkowski時空と類似の構造をもつ場合にはブラックホールを考えることができる．また，正の宇宙項をもつ空間的に閉じた宇宙モデルでもブラックホールを定義することが可能である．最も単純な例は，Schwarzschild-de Sitter解である．ただし，このような宇宙論的ブラックホールは一般に定常的でないため，非特異な厳密解はほとんど知られていない．1つの例外は，最近KastorとTraschenにより発見された解である(巻末文献[62])．この解は，de Sitter的宇宙の中に，$m=e$となる臨界Reissner-Nordstrøm解に対応するブラックホールを含む解で，ブラックホールの個数とその配置を任意パラメーターとして含む．この**Kastor-Traschen解**は，対称性をもたない動的なブラックホール解として興味をもたれている(巻末文献[63])．

［D］ 低次元重力

一般相対論の形式は多様体の次元に依存していないので，4次元以外の時空にも適用できる．Kaluza-Klein理論(第7章)は高次元への拡張であり，3次元以下の場合が低次元である．ただし，$n=2$ではEinsteinテンソルは恒等的にゼロになるので，理論は自明となる．$n \geqq 3$ではn次元Riemann空間の曲率テンソルとRicciテンソルの独立な成分数は各々$n^2(n^2-1)/12$，$n(n+1)/2$であり，$n=3$の場合に両者は一致する．このため曲率テンソルがEinstein方程式を通してエネルギー運動量テンソル $T_{\mu\nu}$ により完全に決定され，局所的には重力の新しい自由度が付加される余地がない(巻末文献[64])．遠達力や重力波はなく，重力の効果は時空の大域的構造にのみ及ぶ．

3次元重力のゲージ理論としての性格づけは，重力の量子論をYang-Mills場の量子論と対応づけて展開していく上で重要である．たとえば，基底ベクトルと接続形式を変数としてEinstein-Hilbert作用を書き換えればゲージ場に対する**Chern-Simons作用**のかたちになることがWittenにより示されている(巻末文献[65],[66],[67])．

時空の大域的構造が重要となる簡単な例として3次元時空での質点 m の外場を考えてみる．静的時空の計量は

$$ds^2 = -N(r)^2dt^2+\phi(r)(dr^2+r^2d\theta^2) \tag{D.1}$$

にとることができる．Einstein方程式の G^i_j 成分から $N(r)=$一定 が結論され，G^0_0 成分は

$$-\frac{1}{2}\nabla^2 \ln \phi = 8\pi Gm\delta^2(0) \tag{D.2}$$

となる．平坦空間のラプラシアン ∇^2 のGreen関数が $\ln r$ であることを用いて，計量は次のように求められる．

$$ds^2 = -dt^2+r^{-8Gm}(dr^2+r^2d\theta^2) \tag{D.3}$$

ここで $\alpha\equiv 1-4Gm$ として座標変換 $\rho=\alpha^{-1}r^{\alpha}$，$\theta'=\alpha\theta$ をおこなうと平坦計量 $ds^2=-dt^2+d\rho^2+\rho^2d\theta'^2$ が得られるが，θ' の変域が $0\leqq\theta'\leqq 2\pi\alpha$ であるので，2次元空間は質点を頂点とする錐面であることがわかる．この問題は多体系やスピンをもつ粒子にも拡張され，またこうした時空でのLorentz変換が議論されている(巻末文献[68],[69],[70])．

質点のような特異点を含まない場合でも，トーラス構造などの自明でないトポロジーをもつ時空を表現する幾何学的量が3次元重力の力学変数となる(巻末文献[71])．例えば一様な2次元空間がトーラスとなる宇宙モデルに対して，変形の自由度の発展を正準理論(第6章)で扱う試みが古典論および量子論でなされている(巻末文献[72],[73],[74])．Euler数などで表現されるトポロジー

は古典的発展では変化しないが，量子的には変化できる．**量子トンネル解**で可能なトポロジー変化が，負の宇宙項をもつ場合について調べられている(巻末文献[75])．また Chern-Simons 作用でのトポロジー変化の意味も与えられている(巻末文献[76],[77])．

一様空間ではなく地平線を含む低次元ブラックホールも研究されている．重力の担い手として **dilaton** と呼ばれるスカラ場を導入した2次元重力理論でのブラックホール解が得られており，**ブラックホール蒸発**などの量子的効果を調べるモデルを提供している(巻末文献[78],[79])．また3次元重力でのブラックホール解も与えられている(巻末文献[80])．

文献・参考書

文献

[1] 伊勢幹夫・竹内勝：リー群論(岩波書店, 1992)

[2] D. Montgomery and L. Zippin: *Topological Transformation Groups*(Wiley, New York, 1955)

[3] N. Jacobson: *Lie Algebra*(Interscience Pub., 1962)

[4] S. Helgason: *Differential Geometry, Lie Groups, and Symmetric Spaces*(Academic Press, 1978)

[5] 服部晶夫：位相幾何学(岩波基礎数学選書)(岩波書店, 1990)

[6] S. Kobayashi and K. Nomizu: *Foundations of Differential Geometry*, I, II (Interscience Pub., 1963)

[7] L. P. Eisenhart: *Continuous Groups of Transformations* (Princeton Univ. Press, New York, 1933)

[8] D. Kramer, H. Stephani, M. MacCallum and E. Herlt eds.: *Exact Solutions of Einstein's Field Equations*(Cambridge Univ. Press, Cambridge, 1980)

[9] A. Z. Petrov: *Einstein Spaces*(Pergamon Press, 1969)

[10] R. Penrose: Conformal Approach to Infinity, in B. S. DeWitt and C. M. DeWitt eds.: *Relativity, Groups and Topology: the* 1963 *Les Houches Lectures*, page 565(Gordon and Breach, New York, 1964)

[11] R. Penrose and W. Rindler: *Spinors and Space-Time*, Volume 2(Cambridge Univ. Press, Cambridge, 1986)

[12] S. W. Hawking and G. F. R. Ellis: *The Large Scale Structure of Space-Time* (Cambridge Univ. Press, Cambridge, 1973)

[13] A. O. Barut and R. Raczka: *Theory of Group Representations and Applications* (World Scientific, Singapore, 1986)

[14] W. P. Thurston: Bull. Amer. Math. Soc. **6**(1982)357, P. Scott: Bull. London Math. Soc. **15**(1983)401

[15] A. Vilenkin: Phys. Report **121**(1985)263-315

[16] A. K. Raychaudhuri: Phys. Rev. **D41**(1990)3041

[17] N. Ó Murchadha and W. York, Jr.: Phys. Rev. **D10**(1974)428

[18] M. B. Green, J. H. Schwarz and E. Witten: *Superstring Theory*(Cambridge Univ. Press, Cambridge, 1987)

[19] A. Ashtekar: Phys. Rev. Lett. **57**(1986)2244, Phys. Rev. **D36**(1987)1587

[20] N. D. Birrell and P. C. W. Davies: *Quantum Fields in Curved Space*(Cambridge Univ. Press, Cambridge, 1982)

[21] R. M. Wald: *General Relativity*(Univ. of Chicago Press, Chicago, 1984)

[22] G. T. Horowitz: Is flat spacetime unstable? in C. J. Isham, R. Penrose and D. W. Sciama eds.: *Quantum Gravity* 2, page 106(Clarendon Press, Oxford, 1981)

[23] E. Alvarez: Rev. Mod. Phys. **61**(1989)561

[24] S. Weinberg: Ultraviolet Divergences in Quantum Theories of Gravitation, in S. W. Hawking and W. Israel eds.: *General Relativity: an Einstein Centenary Survey*, page 790(Cambridge Univ. Press, Cambridge, 1979)

[25] R. Arnowitt, S. Deser and C. W. Misner: *Gravitation: An Introduction to Current Research*, page 227(Wiley, New York, 1962)

[26] T. Kugo and I. Ojima: Prog. Theor. Phys. Supplement **66**(1979)1-130

[27] M. Henneaux: Phys. Report **126**(1985)1-66

[28] P. A. M. Dirac: *Lectures on Quantum Mechanics*(Belfer Graduate School of Science, Yeshiba University, New York, 1964)

[29] B. S. DeWitt: Phys. Rev. **160**(1967)1113

[30] S. W. Hawking: The Path-Integral Approach to Quantum Gravity, in S. W. Hawking and W. Israel eds.: *General Relativity: an Einstein Centenary Survey*, page 746(Cambridge Univ. Press, Cambridge, 1979)

[31] S. W. Hawking: Nucl. Phys. **B239**(1984)257

[32] J. J. Halliwell and J. B. Hartle: Phys. Rev. **D43**(1991)1170

[33] J. J. Halliwell: Phys. Rev. **D38**(1988)2468

[34] J. J. Halliwell and J. B. Hartle: Phys. Rev. **D41**(1990)1815

[35] L. J. Garay, J. J. Halliwell and G. A. M. Marugan: Phys. Rev. **D43**(1991)2572

[36] T. Banks: Nucl. Phys. **B249**(1985)332

[37] 柳瀬睦男・並木美喜雄・町田茂：量子力学における観測の理論(新編物理学選集69)(日本物理学会, 1975)

［38］ B. S. DeWitt and R. N. Graham eds.: *The Many World Interpretation of Quantum Mechanics*（Princeton Univ. Press, Princeton, 1973）

［39］ W. Zurek: Phys. Rev. **D26**（1982）1862

［40］ R. Omnès: J. Stat. Phys. **57**（1989）357

［41］ E. Joos and H. D. Zeh: Zeit. Phys. **B59**（1985）223

［42］ J. B. Hartle: The Quantum Mechanics of Cosmology, in S. Coleman et al. eds.: *Quantum Cosmology and Baby Universe*（Jerusalem Winter School, 1991）

［43］ Y. Fujiwara, H. Kodama and H. Ishihara: Class. Quantum Grav. **10**（1993）859

［44］ T. Koike, M. Tanimoto and A. Hosoya: J. Math. Phys. **35**（1994）4855

［45］ M. Tanimoto, T. Koike and A. Hosoya: preprint TIT/HEP-322/COSMO-68（1996）

［46］ S. L. Shapiro and S. A. Teukolsky: Phys. Rev. Lett. **66**（1991）994

［47］ S. L. Shapiro and S. A. Teukolsky: Phys. Rev. **D45**（1992）2006

［48］ A. M. Abrahams, K. R. Heiderich, S. L. Shapiro and S. A. Teukolsky: Phys. Rev. **D46**（1992）2452

［49］ B. Carter: The general theory of the mechanical, electromagnetic and thermodynamic properties of black holes, in S. W. Hawking and W. Israel eds.: *General Relativity: An Einstein centenary survey*, page 294（Cambridge Univ. Press, Cambridge, 1979）

［50］ B. Carter: Mathematical foundations of the theory of relativistic stellar and black hole configurations, in B. Carter and J. B. Hartle eds.: *Gravitation in Astrophysics*（*Cargèse Summer School 1986*）, page 63（Plenum, New York, 1987）

［51］ T. Torii, K. Maeda and T. Tachizawa: Phys. Rev. **D51**（1995）1510

［52］ N. E. Mavromatos and E. Winstanley: Phys. Rev. **D53**（1996）3190

［53］ M. W. Choptuik: Phys. Rev. Lett. **70**（1993）9

［54］ A. M. Abrahams and C. R. Evans: Phys. Rev. Lett. **70**（1993）2980

［55］ C. R. Evans and J. S. Coleman: Phys. Rev. Lett. **72**（1994）1782

［56］ M. W. Choptuik: in R. d'Inverno ed.: *Approaches to Numerical Relativity*（Cambridge Univ. Press, Cambridge, 1992）

［57］ R. S. Hamade, J. H. Horne and J. M. Stewart: preprint: gr-qc/9511024（1995）

［58］ D. Maison: Phys. Lett. **B366**（1996）82

［59］ T. Koike, T. Hara and S. Adachi: Phys. Rev. Lett. **74**（1995）5170

［60］ C. Gundlach: preprint: gr-qc/9604019（1996）

［61］ C. Gundlach: Phys. Rev. Lett. **75**（1995）3214

［62］ D. Kastor and J. Traschen: Phys. Rev. **D47**（1993）5370

[63] G. W. Gibbons, D. Kastor, L. London, P. K. Townsend and J. Traschen: Nucl. Phys. **B416**(1994)850

[64] S. Giddings, J. Abbot and K. Kuchar: Gen. Rel. Grav. **16**(1984)751

[65] E. Witten: Phys. Rev. Lett. **61**(1988)670

[66] E. Witten: Nucl. Phys. **B311**(1989)46

[67] E. Witten: Phys. Rev. **D44**(1991)314

[68] S. Deser, R. Jackiw and G. 't Hooft: Ann. Phys. **152**(1984)220

[69] S. Deser and R. Jackiw: Comm. Math. Phys. **118**(1988)495

[70] G. 't Hooft: Comm. Math. Phys. **117**(1988)685

[71] S. Carlip: Class. Quantum Grav. **8**(1991)5

[72] V. Moncrief: J. Math. Phys. **30**(1989)2907

[73] A. Hosoya and K. Nakao: Prog. Theor. Phys. **84**(1990)739

[74] S. Carlip and J. E. Nelson: Phys. Lett. **B324**(1994)299

[75] Y. Fujiwara, S. Higuchi, A. Hosoya, T. Mishima and M. Siino: Phys. Rev. **D44**(1991)1756

[76] K. Amano and S. Higuchi: Nucl. Phys. **B377**(1992)218

[77] S. Carlip: Phys. Rev. **D45**(1992)3584

[78] C. G. Callan, S. B. Giddings, J. A. Harvey and A. Strominger: Phys. Rev. **D45**(1992)1005

[79] J. G. Russo, L. Susskind and L. Thorlacius: Phys. Rev. **D47**(1993)533

[80] M. Banados, M. Henneaux, C. Teitelboim and J. Zanelliand: Phys. Rev. **D48**(1993)1356

参考書

本書は一般相対論の基礎を学んだ読者を対象としているために，第1章に必要な基礎事項を一応まとめてあるものの，初学者には取っつきにくいかもしれない．また，一般相対論の数学的側面に重点を置いたため，天体物理学，宇宙論などの具体的な物理現象への応用については触れることができなかった．これらの相対論の物理的な基礎や応用に興味のある読者は，たとえば次のような教科書を読んでいただきたい．

佐藤文隆：相対論と宇宙論(サイエンス社，1981)

富田憲二：相対性理論(パリティ物理学コース)(丸善，1991)

S. Weinberg: *Gravitation and Cosmology*(Wiley, New York, 1972)

L. D. Landau and E. M. Lifshitz: 場の古典論(東京図書，1978)

C. W. Misner, K. S. Thorne and J. A. Wheeler: *Gravitation*(Freeman, San

Francisco, 1973)

R. M. Wald: *General Relativity*(Univ. of Chicago Press, Chicago, 1984)

特に，最後から2番目の本は1000ページを越える大著であるが，近年，一般相対論の標準的教科書として学生のみならず研究者にも広く愛用されてきた教科書である．

本書では，積極的に現代数学の記法と概念を取り入れたために，古典的な教科書で相対論を学んだ読者のために第2章と第3章の前半で本書で必要となる数学的諸概念の定義と基本的な性質をまとめてある．本書を読む上ではこれらの箇所に書かれた内容で十分であるが，その背景となっている数学的事項についてもう少しきちんと学びたい読者には現代的教科書として，たとえば次のようなものがある：

彌永昌吉・彌永健一：集合と位相(岩波基礎数学選書)(岩波書店，1990)

志賀浩二：多様体論(岩波基礎数学選書)(岩波書店，1990)

伊勢幹夫・竹内勝：リー群論(岩波書店，1992)

N. Jacobson: *Lie Algebra*(Interscience Pub., 1962)

A. O. Barut and R. Raczka: *Theory of Group Representations and Applications* (World Scientific, Singapore, 1986)

S. Helgason: *Differential Geometry, Lie Groups, and Symmetric Spaces*(Academic Press, 1978)

服部晶夫：位相幾何学(岩波基礎数学選書)(岩波書店，1990)

S. Kobayashi and K. Nomizu: *Foundations of Differential Geometry*, I, II (Interscience Pub., 1963)

B. F. Schutz: *Geometrical Methods of Mathematical Physics*(Cambridge Univ. Press, 1980)[家正則・二間瀬敏史ほか訳：物理学における幾何学的方法(吉岡書店，1987)]

小林昭七：接続の微分幾何学とゲージ理論(裳華房，1989)

第4章で扱った一様な宇宙モデルについては，さまざまな厳密解の振舞いや特異点の構造，物質が存在する場合の振舞いなど総合的な視点から平易に解説した良書として

M. P. Ryan, Jr. and L. C. Shepley: *Homogeneous Relativistic Cosmologies*(Princeton Univ. Press, Princeton, 1975)

がある．この本には第6章で扱ったBianchi時空の正準理論についても詳しい記述がある．また，現実的な宇宙モデルへの応用については，たとえば次の教科書がある：

小玉英雄：相対論的宇宙論(丸善，1991)

成相秀一・富田憲二：一般相対論的宇宙論(裳華房，1989)

第5章では定常軸対称解の間のNeugebauer-Kramer変換論によりすでに知られている解から新しい解を得ることができることを示したが，この種の解の変換にはさらに一般的なものが存在し，それを用いてさまざまな興味深いブラックホール解が得られている．この変換論については，たとえば

D. Kramer, H. Stephani, M. MacCallum and E. Herlt eds.: *Exact Solutions of Einstein's Field Equations*（Cambridge Univ. Press, Cambridge, 1980）

B. C. Xanthopoulos, in R. Martini ed.: *Geometrical Aspects of the Einstein Equations and Integrable Systems*（Lecture Note in Physics, No. 239）, pages 77-108（Springer Verlag, Berlin, 1985）

J. B. Griffiths: *Colliding Plane Waves in General Relativity*（Clarendon Press, Oxford, 1991）

などを見ていただきたい．これらのうち，最初の本は1979年までに発見されたEinstein方程式の厳密解をほぼ完全に網羅したものである．また，最後の本は重力波の厳密解への変換論の利用について書かれたものである．本書ではブラックホール時空の詳しい構造やその上での粒子や場の振舞いには立ち入らなかったが，これについては

S. Chandrasekhar: *The Mathematical Theory of Black Holes*（Oxford Univ. Press, Oxford, 1983）

に完全な記述がある．

第3章～第5章を中心として，本書では個々の厳密解の振舞いとの関連で時空の大域的な構造について言及したが，その一般論には立ち入ることができなかった．この問題をさらに深く学びたい読者には次の教科書ないしレビューを読むことを勧める：

S. W. Hawking and G. F. R. Ellis: *The Large Scale Structure of Space-Time*（Cambridge Univ. Press, Cambridge, 1973）

F. J. Tipler, C. J. S. Clarke and G. R. R. Ellis: Singularity and Horisons——a Review Article, in A. Held ed.: *General Relativity and Gravitation*, pages 97-206（Plenum Press, 1980）

R. P. Geroch: Asymptotic Structure of Space-Time, in F. P. Esposito and L. Witten eds.: *Asymptotic Structure of Space-Time*（Plenum, New York, 1977）

これらのうち最初のものは特異点定理に関する標準的教科書で，時空の大域的構造に関する基礎概念と基本定理について厳密な記述がなされている．ただし，読みこなすにはかなりの力量を要する．また，第2のものはこの教科書が書かれて以降の特異点定理に関する研究の発展をまとめたもの，最後のレビューは漸近的に平坦な時空の無限遠の構造に関するものである．また，共形図式の一般論については

R. Penrose: Conformal Approach to Infinity, in B. S. DeWitt and C. M. DeWitt eds.: *Relativity, Groups and Topology: the* 1963 *Les Houches Lectures*（Gordon and Breach, New York, 1964）

R. Penrose and W. Rindler: *Spinors and Space-Time*, Volume 1, 2（Cambridge Univ. Press, Cambridge, 1986）

に提案者による解説がある．特に，後者は曲がった時空でのスピノールに関する解説書で，本書で触れなかったPetrovタイプやEinstein方程式のNewman-Penroseによる

定式化についても詳しい記述がある．これらは解の分類や時空構造の具体的な研究で重要な役割を果たすものである．

第6章で述べた重力の正準理論には2つの応用がある．その1つは第7章で触れた重力の正準量子化である．この方面の議論は現段階ではかなり形式的な性格の強いものである．その基礎となっているDiracの正準理論については本書で十分詳しく説明したつもりであるが，さらに一般的な場合の取扱いについては次の教科書に書かれている：

P. A. M. Dirac: *Lectures on Quantum Mechanics*(Belfer Graduate School of Science, Yeshiba University, New York, 1964)

A. Hanson, T. Regge and C. Teitelboim: *Constrained Hamiltonian Systems* (Academia Nazionale dei Lincei, Rome, 1976)

もう1つは数値計算により時空の発展を具体的に計算する数値相対論への応用で，これに関する最近の発展については

J. M. Centrella ed.: *Dynamical Spacetimes and Numerical Relativity*(Cambridge Univ. Press, Cambridge, 1986)

に詳しい．

第7章で紹介したKaluza-Klein理論についてさらに詳しく学ぶには，原論文を直接読む必要がある．たとえば，

T. Appelquist, A. Chodos and P. G. O. Freund: *Modern Kaluza-Klein Theories* (Addison-Wesley Pub., 1987)

には重要な論文が簡単な解説付きでまとめられている．また，Ashtekar理論については提案者自身によって書かれた次の教科書がある：

A. Ashtekar: *Lectures on Non-Perturbative Canonical Gravity*(World Scientific, Singapore, 1991)

最後に，量子重力理論については本書ではその触り程度しか紹介できなかった．これは，量子重力理論に関する研究が膨大で多岐にわたるためでもあるが，最も大きな理由はそれが未完成で明確な基盤を持たないことにある．たとえば，

R. Penrose and C. J. Isham: *Quantum Concepts in Space and Time*(Clarendon Press, Oxford, 1986)

E. Alvarez: Rev. Mod. Phys. **61**(1989)561

にはこの量子重力理論の現状や原理的問題点が紹介されている．

第2次刊行に際して

一般相対論は長い歴史をもつ古い理論であり，これまでに得られた研究成果は膨大で多岐にわたる．その全容を1冊の本で紹介することは不可能である．そこで本書では，最も研究の完成度の高い，対称性をもつ時空に限定して，一般相対論の中心課題である時空のダイナミクス，ブラックホール，量子化などの問題について解説した．このため，本書で主に対象とした数学的側面に限っても，特異点定理やブラックホールの一意性定理などの重要な成果に触れることができなかった．このたび，本講座の第2次刊行に際して補章を設けることになったので，この機会を利用して，最近の興味ある研究の紹介とともにこれらの成果にも簡単に触れることにした．

補章で紹介した最近の研究は，大まかに2つの内容からなる．その1つは，量子重力理論の研究を背景とした，トポロジーと量子論の関わりに関するものである．まず，[A]では4次元におけるこの問題の研究にとって重要な，空間的に一様な4次元時空のコンパクト化についての最近の成果について触れた．さらに，[D]では，位相的自由度の抽出と量子化が厳密に取り扱える対象としてさまざまな研究がなされ，多くの興味深い成果が得られている低次元重力について解説した．

もう1つは，天体の重力崩壊によるブラックホール形成が生み出す特異点の構造に関する研究である．[B]でその背景にある宇宙検閲仮説について簡単に触れた後，[C]でこの問題と関連して最近注目を集めているブラックホール形成に伴う臨界現象について解説した．また，本書のブラックホールの解説を補う意味で，ブラックホールの一意性定理とその最近の展開，および宇宙論的ブラックホール解についても簡単に触れた．

これらの補章の作成に当たって，ブラックホールの臨界現象に関しては京都大学基礎物理学研究所COE研究員の千葉剛君に，低次元重力に関しては京都大学理学部学振特別研究員の椎野克君に協力していただいた．また，東京工業大学理学部大学院生の石橋明浩君と京都大学理学部研修員の谷本真幸君には，初版の誤植や間違いをたくさん指摘していただいた．これらの方々には，この場を借りてお礼を申し上げる．

1996年7月

著　者

索引

U, W

Y, Z

■岩波オンデマンドブックス■

現代物理学叢書
一般相対性理論

2000年6月15日　第1刷発行
2007年1月15日　第4刷発行
2016年9月13日　オンデマンド版発行

著　者　佐藤文隆（さとうふみたか）　小玉英雄（こだまひでお）

発行者　岡本　厚

発行所　株式会社　岩波書店
〒101-8002　東京都千代田区一ツ橋2-5-5
電話案内　03-5210-4000
http://www.iwanami.co.jp/

印刷／製本・法令印刷

ISBN 978-4-00-730480-4　　Printed in Japan

ISBN978-4-00-730480-4

C3342 ¥4600E

9784007304804

1923342046002

定価(本体 4600 円 + 税)